電子情報通信学会編

新版 画像工学

電気通信大学名誉教授　工学博士
長谷川　伸

電子情報通信学会
大学シリーズ
J-5

コロナ社

電子情報通信学会大学シリーズ特別委員会

(昭和61年10月1日設置)

委 員 長	東京工業大学名誉教授	工学博士	岸　　　源　也
委　　員	東京工科大学学長 慶応義塾大学名誉教授	工学博士	相　磯　秀　夫
	東京大学名誉教授	工学博士	神　谷　武　志
	東京工業大学名誉教授 高知工科大学名誉教授	工学博士	末　松　安　晴
	東京大学名誉教授	工学博士	菅　野　卓　雄
	東京工業大学名誉教授 東京電機大学名誉教授	工学博士	当　麻　喜　弘
	早稲田大学教授	工学博士	富　永　英　義
	東京大学教授	工学博士	原　島　　　博
	早稲田大学名誉教授	工学博士	堀　内　和　夫

(五十音順)

電子通信学会教科書委員会

委 員 長	前長岡技術科学大学長 元東京工業大学長	工学博士	川　上　正　光
副委員長	早稲田大学教授	工学博士	平　山　　　博
	芝浦工業大学学長 東京大学名誉教授	工学博士	柳　井　久　義
幹事長兼 企画委員長	東京工業大学教授	工学博士	岸　　　源　也
幹　　事	慶応義塾大学教授	工学博士	相　磯　秀　夫
	東京大学教授	工学博士	菅　野　卓　雄
	早稲田大学教授	工学博士	堀　内　和　夫
企画委員	東京大学教授	工学博士	神　谷　武　志
	東京工業大学教授	工学博士	末　松　安　晴
	東京工業大学教授	工学博士	当　麻　喜　弘
	早稲田大学教授	工学博士	富　永　英　義
	東京大学教授	工学博士	宮　川　　　洋

(五十音順)

序

　当学会が"電子通信学会大学講座"を企画刊行したのは約20年前のことであった．その当時のわが国の経済状態は，現在からみるとまことに哀れなものであったといわざるを得ない．それが現在のようなかりにも経済大国といわれるようになったことは，全国民の勤勉努力の賜物であることはいうまでもないが，上記大学講座の貢献も大きかったことは，誇ってもよいと思うものである．そのことは37種，総計約100万冊を刊行した事実によって裏付けされよう．

　ところで，周知のとおり，電子工学，通信工学の進歩発展はまことに目覚ましいものであるため，さしもの"大学講座"も現状のままでは時代の要請にそぐわないものが多くなり，わが学会としては全面的にこれを新しくすることとした．このような次第で新しく刊行される"大学シリーズ"は従来のとおり電子工学，通信工学の分野は勿論のこと，さらに関連の深い情報工学，電力工学の分野をも包含し，これら最新の学問・技術を特に平易に叙述した学部レベルの教科書を目指し，1冊当りは大学の講義2単位を標準として全62巻を刊行することとした．

　当委員会として特に意を用いたことの一つは，これら62巻の著者の選定であって，当該科目を講義した経験があること，また特定の大学に集中しないことなどに十分意を尽したつもりである．

　次に修学上の心得を参考までに二，三述べておこう．

① "初心のほどはかたはしより文義を解せんとはすべからず．まず，大抵にさらさらと見て，他の書にうつり，これやかれやと読みては，又さきによみたる書へ立かえりつつ，幾遍も読むうちには，始めに聞えざりし事

も，そろそろと聞ゆるようになりゆくもの也．"本居宣長──初山踏(ういやまぶみ)

② "古人の跡を求めず，古人の求めたる所を求めよ．"芭蕉──風俗文選(もん)

　　換言すれば，本に書いてある知識を学ぶのではなく，その元である考え方を自分のものとせよということであろう．

③ "格に入りて格を出でざる時は狭く，又格に入らざる時は邪路にはしる．格に入り格を出でてはじめて自在を得べし．"芭蕉──祖翁口訣(そおうくけつ)

　　われわれの場合，格とは学問における定石とみてよいであろう．

④ 教科書で勉強する場合，どこが essential で，どこが trivial かを識別することは極めて大切である．

⑤ "習学これを聞(もん)といい，絶学これを鄰(りん)といい，この二者を過ぐる，これを真過という．"肇(じょう)法師──宝蔵論

　　ここで絶学とは，格に入って格を離れたところをいう．

⑥ 常に（i）疑問を多くもつこと，（ii）質問を多くすること，（iii）なるべく多く先生をやり込めること等々を心掛けるべきである．

⑦ 書物の奴隷になってはいけない．

要するに，生産技術を master したわが国のこれからなすべきことは，世界の人々に貢献し喜んでもらえる大きな独創的技術革新をなすことでなければならない．

これからの日本を背負って立つ若い人々よ，このことを念頭において，ただ単に教科書に書いてあることを覚えるだけでなく，考え出す力を養って，独創力を発揮すべく勉強されるよう切望するものである．

　昭和55年7月1日

電子通信学会教科書委員会

委員長　川上　正光

新版執筆にあたって

　筆者が電気通信大学で担当していた講義「画像電子工学」のノートを基として 1983 年に著した教科書『画像工学』は，改訂版と合わせ，多くの方にご利用頂いた．本書はこれを近年の画像装置や画像応用の実態に合わせ，東京工芸大学その他で行った講義の経験を参考として再度改訂したものである．

　全体の趣旨・構成・記述の深さは初版の方針そのまま，すなわち理工系学部の初歩の知識をもって画像電子工学を学ぼうとする読者の教科書として，画像の性質と分野全般にわたり装置の仕組みを解説した．この際

　① 自然画像を扱う伝送・記録の装置や処理の基礎に重点

　② 専門課程や大学院の分野を絞った講義の理解に必要な周辺部の鳥瞰(かん)

　③ 卒論や修論，また業務として画像を扱うこととなった方の独学の参考

を念頭に置き，物理的なイメージの適切な解説を心掛けた．

　画像は報道や娯楽など放送・通信・記録に利用する歴史が長いほか，各種の観測や監視，計測・処理など対象物の確実な情報を得る手段として，医療や産業その他広い分野で使われている．画像は多次元情報であり情報量が大きく，扱うシステムには高画質で小形かつ高速動作が求められることが多い．出力は最終的に肉眼という精密な計器で検査され，高精度の計算に使われる場合もある．こうした状況から画像を扱う装置は高度な技術に支えられ，各種装置には光学・物性・情報などの先端技術が利用され，進歩が著しい．

　画像に関連する研究や実務に携わる場合，直接の課題は画像装置の一部の研究といった場合でも，出力像はシステム各部の影響を受けるため系全般の理解が必要，さらに画像（色を含むアナログ情報）の性質や視覚の特性の知識も欠かせない．画像を計測に利用する場合なども同様である．

　一方，これらを扱う画像工学は範囲が広く進歩が早く，全領域を見渡して体

系的に学ぶことが難しい．画像に関する成書は狭い範囲の高度な内容の専門書と，異分野の専門家多数の共著になる大部の書物が多く，画像分野全体を適切に扱った書物が乏しい．本書は画像電子工学の専門基礎の学習に適するよう広い範囲について解説してあり，講義の教科書として，また卒論・修論や業務などで画像分野に深くかかわる際の入門書として適切と考える．

具体的には1～3章は基礎を扱い，画像のディジタル符号化を加えたほかは前書の小修正に止めてある．4～8章は画像システムの5種の機能について装置や技術の内容を最近の進展に合わせて扱った．9章では広範にわたる画像システムの中から人体の不可視情報を可視化する医用装置に重点を置いて全体の流れがわかるように心掛けた．医用画像には外観像，X線の透視像，断面像など多種の画像があり

① 対象から出力像まで，どうして見えたか，どう見えたかが見通せる．
② 基礎科学，ハード，ソフト技術を組み合わせた適切な規模のシステム
③ 身近で関心が深く，先端の研究成果が他の分野にも応用される適例

などの特徴をもつためである．至らぬ点が多いと思われるが，ご叱正を頂ければ幸いである．

最後に新版発行を許された本シリーズ編集委員会，貴重な写真を使わせていただいた方々，また作っていただいた山口高弘氏，努力の結晶を学ばせていただいた先達，著書や論文の筆者，出版に際し内容に踏みこんで行き届いた面倒をみていただいたコロナ社の方々に厚く御礼申し上げる．

平成18年11月

長谷川　伸

目　　次

1. 画像工学の基礎

1.1 画像工学の発達 …………………………………………………… *1*
1.2 画像とは …………………………………………………………… *3*
1.3 画像工学の分野 …………………………………………………… *4*
1.4 テレビの概要 ……………………………………………………… *5*
1.5 光と光学素子 ……………………………………………………… *8*
　　1.5.1 光の基礎的性質 …………………………………………… *8*
　　1.5.2 光学素子 ……………………………………………………*11*
1.6 光の量,像の明るさ ………………………………………………*13*
1.7 光物性と応用 ………………………………………………………*18*
　　1.7.1 光電効果 ……………………………………………………*18*
　　1.7.2 光電素子 ……………………………………………………*18*
　　1.7.3 発光現象 ……………………………………………………*20*
　　1.7.4 光源 …………………………………………………………*21*
　　1.7.5 種々の光物性 ………………………………………………*22*
1.8 画像情報の特長 ……………………………………………………*22*
演習問題 ……………………………………………………………………*25*

2. 視覚と色

2.1 肉眼の構造 …………………………………………………………*27*
2.2 視覚の特性 …………………………………………………………*29*
2.3 色の科学 ……………………………………………………………*31*
　　2.3.1 肉眼と色感 …………………………………………………*31*
　　2.3.2 RGB表色系 …………………………………………………*32*
　　2.3.3 XYZ表色系 …………………………………………………*34*

  2.3.4 均等色空間 ……………………………………………………37
  2.3.5 減法混色 ………………………………………………………38
 演習問題 …………………………………………………………………39

3. 画像の変換と画質

3.1 画像のフーリエ解析 ……………………………………………………40
  3.1.1 回路系と画像系とのアナロジー ……………………………40
  3.1.2 1次元画像のフーリエ解析 …………………………………42
  3.1.3 2次元画像のフーリエ解析 …………………………………45
  3.1.4 離散フーリエ変換 ……………………………………………46
  3.1.5 光学フーリエ変換 ……………………………………………48
3.2 たたみ込みとOTF ………………………………………………………50
  3.2.1 たたみ込み（1次元）…………………………………………51
  3.2.2 たたみ込み（2次元）…………………………………………52
  3.2.3 OTF ……………………………………………………………54
  3.2.4 OTFの測定 ……………………………………………………56
  3.2.5 自己相関関数と周波数スペクトル …………………………59
  3.2.6 標本化 …………………………………………………………61
  3.2.7 走査画像のスペクトル ………………………………………62
3.3 特徴による画像の記述 …………………………………………………64
  3.3.1 構造線 …………………………………………………………64
  3.3.2 ランレングス符号化 …………………………………………65
  3.3.3 ハフ変換 ………………………………………………………66
3.4 画質 ………………………………………………………………………67
  3.4.1 階調 ……………………………………………………………67
  3.4.2 解像特性 ………………………………………………………68
  3.4.3 アナログ装置の解像度 ………………………………………70
  3.4.4 ディジタル装置の解像度 ……………………………………71
  3.4.5 画像雑音 ………………………………………………………73
  3.4.6 画像雑音と解像度 ……………………………………………75
  3.4.7 色再現 …………………………………………………………76
3.5 画像のディジタル符号化 ………………………………………………77
  3.5.1 映像信号のディジタル化 ……………………………………78

  3.5.2 高能率符号化 …………………………………………… 79
  3.5.3 フレーム内符号化 ………………………………………… 79
  3.5.4 フレーム間符号化 ………………………………………… 82
  3.5.5 モデルベース符号化 ……………………………………… 83
  3.5.6 実際の高能率符号化 ……………………………………… 83
演 習 問 題 …………………………………………………………………… 86

4. 画像信号の発生

4.1 撮像装置の機能 ……………………………………………………… 89
4.2 撮像装置の歴史 ……………………………………………………… 91
4.3 固体撮像素子 ………………………………………………………… 92
  4.3.1 アドレス走査方式固体撮像素子 ………………………… 93
  4.3.2 電荷転送方式撮像素子 …………………………………… 95
4.4 撮像システム ………………………………………………………… 98
  4.4.1 撮像素子の駆動 …………………………………………… 98
  4.4.2 テレビカメラ ……………………………………………… 99
  4.4.3 カメラの特性 ……………………………………………… 101
4.5 各種画像入力システム ……………………………………………… 103
演 習 問 題 …………………………………………………………………… 105

5. 電気信号の画像化

5.1 画像表示装置の機能 ………………………………………………… 106
5.2 表示の歴史 ── ブラウン管 ………………………………………… 109
  5.2.1 構　　　造 ………………………………………………… 110
  5.2.2 動作・特性 ………………………………………………… 111
5.3 液晶表示装置 ………………………………………………………… 112
  5.3.1 素子の構造・動作 ………………………………………… 112
  5.3.2 実際の液晶表示装置 ……………………………………… 113
5.4 プラズマ表示装置 …………………………………………………… 114
  5.4.1 素子の構造・動作 ………………………………………… 115
  5.4.2 実際のプラズマ表示装置 ………………………………… 117

5.5	その他の表示装置・システム	118
5.6	ハードコピー技術	120
演習問題		122

6. 画像の伝送

6.1	画像伝送システム	123
6.2	テレビシステム	125
	6.2.1 輝度情報の伝送	126
	6.2.2 カラー情報の伝送	128
6.3	アナログテレビ放送	130
6.4	高精細度テレビ	132
	6.4.1 HDTV	132
	6.4.2 EDTV	133
6.5	デジタル放送	134
6.6	ネットワークによる画像通信	137
6.7	ファクシミリ	138
	6.7.1 基本原理	138
	6.7.2 高速ファクシミリ	139
	6.7.3 専用回線ファクシミリ	143
演習問題		144

7. 画像信号の記録・再生・蓄積

7.1	画像情報の記憶	146
7.2	メモリカード	148
7.3	録画装置・再生装置	148
7.4	ビデオテープレコーダ	151
	7.4.1 録画・再生原理	152
	7.4.2 アナログVTR	153
	7.4.3 ディジタルVTR	154
7.5	光ディスク	155

目　　　　次　　ix

  7.5.1　光ディスクの原理 …………………………………… *156*
  7.5.2　記録形光ディスク …………………………………… *159*
 演 習 問 題 ……………………………………………………… *161*

8. 画 像 処 理

8.1　画像処理概説 ………………………………………………… *162*
8.2　基本的処理手法 ……………………………………………… *165*
  8.2.1　点　　処　　理 ……………………………………… *165*
  8.2.2　近 傍 処 理 ……………………………………………… *166*
  8.2.3　空間周波数処理 ……………………………………… *168*
8.3　画像処理システム …………………………………………… *169*
  8.3.1　コンピュータ処理システム ………………………… *169*
  8.3.2　画像処理回路――ディジタルフィルタ …………… *171*
8.4　画像改善処理 ………………………………………………… *172*
  8.4.1　階調処理・色補正 …………………………………… *173*
  8.4.2　ぼけ・流れの修正 …………………………………… *175*
  8.4.3　ノイズ除去 …………………………………………… *178*
  8.4.4　幾何学的処理 ………………………………………… *180*
8.5　特徴抽出・計測 ……………………………………………… *181*
  8.5.1　領 域 分 割 ……………………………………………… *181*
  8.5.2　構造線の抽出 ………………………………………… *183*
  8.5.3　線 の 表 現 ……………………………………………… *185*
  8.5.4　特徴の抽出 …………………………………………… *186*
  8.5.5　点・線に伴う特徴量 ………………………………… *187*
  8.5.6　面に伴う特徴量 ……………………………………… *188*
8.6　画 像 認 識 ……………………………………………………… *189*
  8.6.1　画像認識の概要 ……………………………………… *189*
  8.6.2　文 字 認 識 ……………………………………………… *190*
  8.6.3　画 像 認 識 ……………………………………………… *193*
8.7　各種の画像処理 ……………………………………………… *196*
演 習 問 題 ………………………………………………………… *198*

9. 画像電子システム

- 9.1 不可視情報の可視画像化 …………………………………… 200
  - 9.1.1 可視画像化デバイス ………………………………… 200
  - 9.1.2 可視画像化システム ………………………………… 202
- 9.2 X線透視画像システム ……………………………………… 204
  - 9.2.1 透視静止画像システム ……………………………… 205
  - 9.2.2 透視動画像システム ………………………………… 207
  - 9.2.3 ディジタルラジオグラフィー ……………………… 208
- 9.3 RIシンチレーション像 …………………………………… 210
- 9.4 コンピュータ断層システム ………………………………… 210
  - 9.4.1 画像再構成 …………………………………………… 211
  - 9.4.2 X線コンピュータトモグラフィーの発展 ………… 215
  - 9.4.3 X線以外のコンピュータトモグラフィー ………… 216
- 9.5 超音波エコー画像システム ………………………………… 217
  - 9.5.1 超音波の性質 ………………………………………… 218
  - 9.5.2 超音波診断装置 ……………………………………… 220
- 9.6 コンピュータ支援診断 ……………………………………… 222
- 演習問題 ………………………………………………………… 224

- 参考文献 ………………………………………………………… 226
- 演習問題の略解 ………………………………………………… 227
- むすび …………………………………………………………… 233
- 索引 ……………………………………………………………… 235

1. 画像工学の基礎

　画像工学は広範な科学技術を基礎として成り立ち，その範囲，応用分野も多岐にわたる．本章では画像分野全体を概観したうえで，後章の基礎となる光の性質，光学素子，光電現象について概説する．

1.1 画像工学の発達

　画像は情報の確実な担い手として重要である．画像は，過去の事実や遠隔地の事象を時空間を超えて過誤なく伝え，さらに科学的現象を記録したり，病状診断など，情報を処理する際に不可欠な情報メディアとなっている．

　20世紀は電子の世紀であり，初頭に真空管の発明で電子工学の第一歩を記したのち進歩を重ね，1世紀後には情報の伝送，記録，処理を柱とする電子システム，世界を網羅する電子情報ネットワークが作られた．この間，無線通信については当初モールス信号の記号伝送，つぎにラジオの音声伝送，さらにテレビによる画像伝送と順を追って機能が進んだ．有線通信，情報記録など多くの分野でも同様である．人間は外界の情報の大半を眼から得るといわれ，画像情報の扱いは重要であるがその情報量があまりに多いため，実用装置の出現が遅れることを示している．画像・電子技術の歴史を図 *1.1* に示す．

　1930年来，テレビ開発は世界の電子工学の主要な課題であった．当初は白黒テレビ，つぎにカラー化，VTR，1970年代から高精細度テレビの開発に力が注がれた．その多くに日本の研究開発が主導的役割を果たし，日本の画像電子技術が国内の電子産業を支え，世界のテレビ技術をリードする基礎を作っ

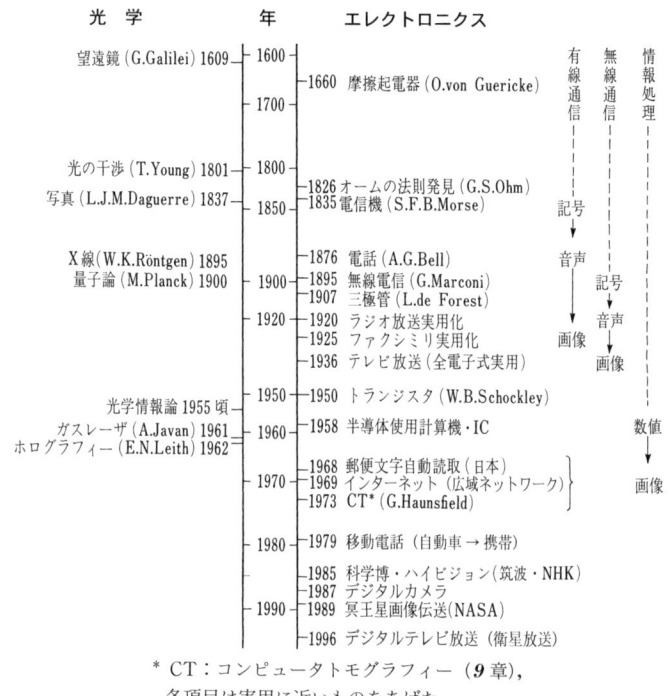

* CT：コンピュータトモグラフィー（**9**章），
各項目は実用に近いものをあげた．

図 **1.1** 画像・電子技術の歴史

た．1970年以降の画像処理技術の急発展はコンピュータや周辺装置の性能向上など直接的な要因のほか，X線像と病理の関係解明など広い理工学分野の現象理解，産業や事務の高度化・効率化など間接的・総合的な科学技術の進歩の成果であろう．こうしたなかで1970年頃，**画像工学**という用語が生まれ，電子工学，光学，情報をはじめ医学や産業など応用分野で画像を扱う広範な研究者，技術者が交流し，共同して研究を行うようになった．20世紀末にはデジタルカメラが普及し，生活の小道具とさえいわれるようになった．画像電子工学（**1.3**節参照）の内容は年々更新され"電子工学の爆発的発展"の一翼を担っている．

1.2 画像とは

工学の対象となる画像は一般に「2次元の空間座標を含む多次元の視覚情報」とされる．電気信号 $i(t)$ は時間 t を変数とする電流キャリヤの強度分布で分布の形に情報が含まれる．これと同じ意味で通常の光景は情報として座標 x, y, z, 時間 t, 光の波長 λ の5次元の変数をもつ強度分布 $f(x, y, z, \lambda, t)$ で表される．キャリヤは可視光である場合が多いが，表 **1.1** に示すように X 線や赤外線などの不可視線の場合もある．

表 **1.1** 画像情報のキャリヤとその例

像の名称	情報のキャリヤ	応 用 例
可 視 像	可視光	通常の画像
不 可 視 線 像	不可視電磁波	赤外線像，X線像など
超 音 波 像	超音波	超音波診断装置の像など
電位（電荷）像	電位（電荷）	撮像デバイス内部
物 性 画 像	光学的異方性など	液晶表示装置の層表面
表 形 画 像	凹凸，孔分布など	硬貨，メダルなどの表面像

画像の次元について上述の5変数をそのまま扱うことは少ない．工学で扱う画像は表 **1.2** のようにいくつかの変数を欠いており，z 軸のない平面に表現された画像を扱うことが多い．

表 **1.2** 画像の変数による分類とその例

画像の種類	変 数	例
無彩色静止画像	x, y	白黒写真，文字
無彩色動画像	x, y, t	白黒テレビ，白黒映画
3次元単色静止画像	x, y, z	ホログラフィ
立体カラー静止画像	x, y, z, λ	立体絵葉書
カラー動画像	x, y, λ, t	カラーテレビ

種々の画像の種類と例を表 **1.3** に示す．

最も基本的な画像は**単色**（monochrome）**静止画**で，$f(x, y)$ と表現される．$f(x, y) \leq 1$ の条件に当てはまるときこれを**画像関数**（image function）という．白黒写真の反射率分布や，白黒スライドの透過率分布がこれに当たる．表

4   1. 画像工学の基礎

表 1.3 画像の種類と例

種類	内容	例
ハードコピー	手にとれる画像	写真・印刷物
ソフトコピー	映し出された画像	テレビ受像機の像, 投影像
1 次 元 画 像	ある方向に変化がない画像	縦じま模様：$f(x)$
2 次 元 画 像	通常の 2 次元的な画像	写真, テレビ受像機の像
立 体 画 像*	両眼で見て立体感を得る像	博覧会の立体像, 立体絵葉書
3 次 元 画 像	物体からの光の場の再現像	ホログラム
2 値 画 像	中間調のない白黒のみの像	文字, 記号, 輪郭像
多 値 画 像	白黒の中間の階調をもつ像	通常の写真
自 然 画 像	自然の対象を画像としたもの	人物像, X 線像
記 号 画 像	記号的な像	文字, 各種標識

* 物体を見たとき両眼が見るわずか異なる像をそのまま両眼に見えるようにしたシステム

1.3 の 1 次元画像は画像解析によく用いられる．この場合, 変化の方向を x 軸にとれば画像関数は $f(x)$ となる．

1.3　画像工学の分野

　画像工学は発展途上の広い分野である．画像工学の伝統的な目的は画像情報の伝送・記録・処理であるが, 情報システムの進展に伴って画像生成も加わり, それらのための装置やソフトウェアの開発, 各種分野への応用が画像工学の内容となっている．これらはネットワークの発展などと密接な関係があり, 十分に体系化されているとはいいがたい．しかし, 労働・家事・勉学など人間の仕事の大半は"見て理解して行動する"すなわち視覚情報の知能処理であり, その仕組みの解明や人工知能への置き換えは将来へ続く問題である．
　つぎに画像を扱う手法について考えよう．これは大きく 2 つに分けられる．
　その 1 つは, 電気的手段で, 画像を一度電気信号に変えたのち伝送・処理する．この分野は **画像電子工学** と呼ばれ, 応用システムは図 1.2 のように表される．大部分のシステムでは信号伝送系や処理系は本質的に直列系であり, 対応する音響機器（例えばテレビに対するラジオ）と変わらないが, 画像の持つ

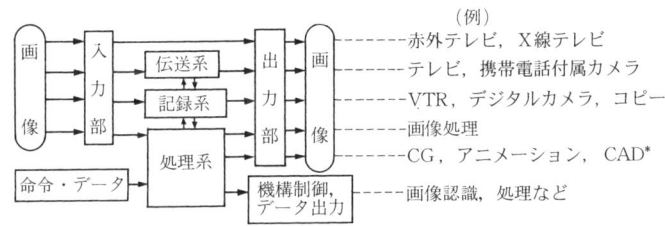

図 **1.2** 画像電子工学の応用システムの構成と例

情報量がきわめて大きいことに対して考慮されている．しかし，入出力部は画像電子装置に特有で，キャリヤ変換と次元変換に工夫がされている．当初は例に示したような装置が単独に用いられたが，ディジタル技術・ネットワークの発達に伴ってシステム化され，機能が広がるなど発展が著しい．

他の1つは，応用光学的手段で，望遠鏡やファイバスコープなどの画像伝送，写真による画像記録などがこの範疇に入る．光学的手段は1画面分の画像情報を同時に伝送または記録する並列システムで，瞬時に大量の情報を扱い得るが処理や伝送の内容は限られている．本書ではこの分野は扱わない．

1.4 テレビの概要

白黒テレビは画像電子工学の歴史のなかで最も長期間研究され，ほかの画像電子装置の技術的なよりどころともなっている．ここでは基本的な白黒テレビ（アナログ伝送）の動作原理について簡単に述べておく．

白黒テレビは，動く被写体から輝度情報だけを取り出して電気信号に変え，これを伝送したのちに動感をもつ画像に再生する．装置の入力端にレンズがあり，被写体の像を感光面に結ばせる．被写体は動くが，この像を30枚/s程度の割合で連続撮影し同じ割合で再生して見れば，個々の画像は静止していても，観察者は画面の動きを感じる．システムとしては静止画を1/30sごとに伝送再生すればよく，その原理は図 **1.3** のように映画と同様である．

感光面以後，映画の場合，フィルム上の各部に到来した光は各部分の乳剤を

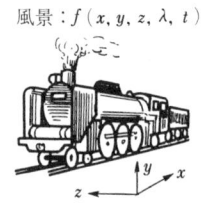
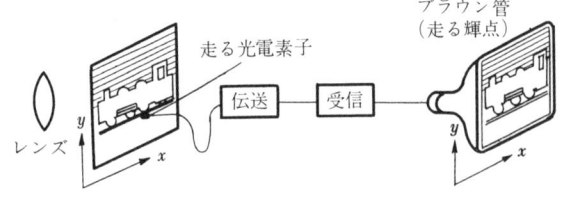
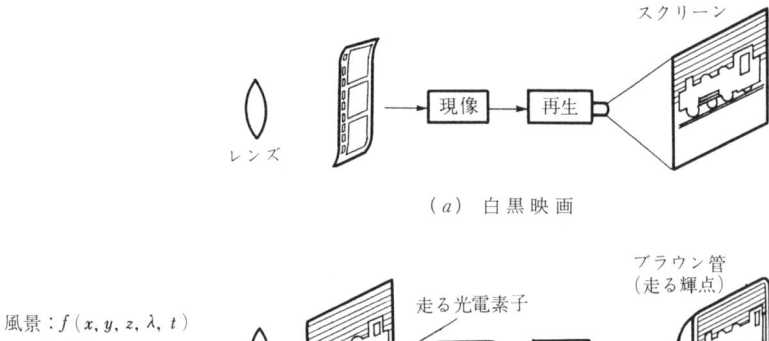
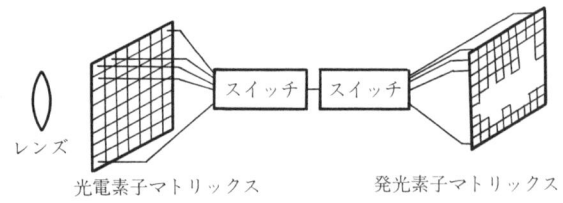

図 1.3　白黒映画と白黒テレビの構成比較

感光させて潜像をつくる．つぎに1画面分の潜像は同時に現像・定着されてポジ像となり，同時に投射されてスクリーン上の像となる．すなわち，映画では1画面の情報が並列系で処理されて観察者の視覚に送られる．

　テレビの場合では，1系統の信号回線で像を伝送するために，画面上の各点の光情報を直列に送る必要がある．その方法に2つある．図(b)は送り側の結像面に光電素子，受け側の表示面に発光素子を置き，まったく同様に平行線を描きながら両者を走らせるものである．光電素子は各座標点でその照度に比例した信号を発生し，並列的な明るさ情報を時系列（直列的）電気情報として読み出す．発光素子は各座標点で電気信号に応じた発光をすることにより逆の変換を行って画像を表示する．ブラウン管はこの機能をもつ．図(c)は他の方法

で，入力側に微小光電素子行列，出力側に豆ランプ行列を置き，両者をタイミングを合わせて順次第1行，第2行とスイッチングする．動作原理は明らかであろう．

上記のような画像の電気信号化を**撮像**（image pickup），撮像の結果生ずる信号をテレビ系では**映像信号**または**ビデオ信号**（video signal），その画像化を**ディスプレイ**または**表示**という．撮像過程では1枚の画像を微小面積の素片（**画素**[†]，picture element）に分解・信号化し，表示では素片を画像に組み立てることとなる．このような分解・組立てを**走査**（scanning），平行線群から成る走査を**平行線走査**または**ラスタ走査**，走査で得られる線（図(b)の場合は各行）を**走査線**という．走査の約束を合わせれば図(b)，(c)とも映像信号は画素の値を上部から順次電気信号化したものでまったく同じ性質をもち，図(b)のアナログ的な走査と図(c)のディジタル的な走査の撮像・表示機器は自由に組み合わせて使用できる．

図 1.3 について撮像を抽象的に考えよう．光景は3次元空間に広がり，色，動きをもつ．したがって，被写体は空間に関して3次元のほか時間 t，波長 λ の5つの独立変数をもつ光強度分布，すなわちキャリヤは光で，これを5次元の関数の情報で変調した信号 $f(x, y, z, \lambda, t)$ である．一方，映像信号のキャリヤは電流で，時間を変数とする信号 $i(t')$ で表される．撮像システムの機能は信号の**キャリヤ変換**（光電変換）と**次元変換**（走査）とである．

図のテレビカメラではレンズの像面で座標系のうち奥行き情報がなくなり，光電素子では感光材料の分光特性で重みをつけた光量を測ることで λ が，静止画伝送とすることで t が消える．残った変数 x，y は走査により1系統の信号 $i(t')$ に変換される．また，逆に図のような1系統の撮・受像系では白黒映画と同じ性質の情報，すなわち座標2次元と時間情報だけが送られる．カラーカメラではこのほか変数 λ に関する情報も送るため，三原色に対応する3系統のカメラを備え，各カメラの出力を多重化した信号を送り出す．

[†] **ピクセル**（pixel）ともいう．古くは**絵素**，画素数の単位として pel を用いることもある．

撮像と同様に表示の意味を考えれば，その動作は信号 $i(t') \rightarrow$ 画像 $f(x,y)$ であり，機能はキャリヤ変換（電光変換）と次元変換（走査）であることはブラウン管の動作から理解されよう．信号変換・伝送・表示の考え方はファクシミリでも同様であり，テレビの場合と合わせ **6** 章で扱う．

精細な像を扱うには像 1 枚中の画素数は多いほうがよく，自然な動感を伝えるには毎秒像数が多いほうがよいが（日本のテレビではそれぞれ約 500×700 画素，30 枚/s に相当，高画質ではないが画像のもつ内容は伝わる），それだけ高い技術を要求される．動画の伝送は伝送時間に制限のない静止画伝送に比べ技術的には格段にむずかしい．

1.5 光と光学素子

上記のように画像のキャリヤは光であり，画像電子装置には多くの光学素子が使われる．ここでは本書で扱う光と光学素子について概略を説明する．

1.5.1 光の基礎的性質

光は波長約 400〜700 nm の電磁波でありマクスウェル（Maxwell）の方程式の解として得られる．光を波動として取り扱う分野は物理光学と呼ばれる．波面に垂直な光線を考えると幾何光学の諸法則につながる．

（**a**）偏　　光　　光は横波で光の進行方向に直角な面内でさらに直交して電界の波と磁界の波が振動している．光波の電界振動面を**偏波面**，磁界の振動面を**偏光面**といい，一般の光源の光ではその方向は特定の向きに偏ることなく刻々変化する．この光を偏光フィルタまたは偏光プリズムを通すと偏波面は1つの平面に限られるようになる．このような光を**直線偏光**という．反射光は特定の方向の直線偏光を多く含むことがある．直線偏光を偏光面に 45° 傾いた方向の軸をもつ 1/4 波長板を通すと**円偏光**，すなわち振動ベクトルの先端が円運動（光の進行を合わせればヘリカル運動）する光となる．

（**b**）干　渉　性　　マクスウェルの方程式は線形であるため，解の和も元

の方程式を満足する．したがって，波長が等しく位相のそろった光2つを重ねた結果は数式的には2つの波の和として表され，物理的には2つの波が両者の位相差に応じて強め，あるいは弱め合う結果，干渉や回折の現象が観測される．このような性質を**可干渉性**（coherence），干渉性をもつ光を**コヒーレント光**という．

太陽光，電球などの自然光は多くの原子が個々に放出した光の集合であり，せまい間隔のスリットを通しても干渉しにくく，**インコヒーレント**（incoherent）な光といわれる．図 $1.4(a)$ のように，一度集光してピンホールにより点光源としたのちレンズで平行光とした光は，位相がそろうため空間的なコヒーレント光となる．このような光でも図 (b) のように2分したのち合わせて干渉させるには，両光の光路差 $2d$ を数十 cm 以下とする必要がある．これは光の位相がたかだか 10^{-9} s しか一様に保たれないためで，この条件を外れる光はやはりインコヒーレントとなる．レーザ光は位相の変化が少なく空間的にはもちろん，時間的なコヒーレンス（可干渉性）が強い．

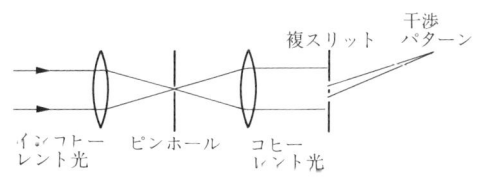 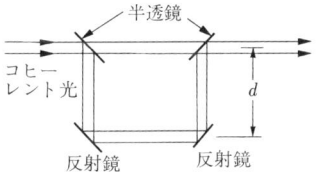

　(*a*)　空間的なコヒーレンスによる改善　　　　(*b*)　時間的なコヒーレンス
　　　　　　　　　　　　　　　　　　　　　　　　　　（光源の性質で定まる）

図 1.4　光の可干渉性

(*c*)　干　　渉　　ある点に到来する波長が等しく位相の異なるいくつかの光を

$$\varphi_m = a_m \sin(\omega t + \phi_m), \quad m = 1, 2, \cdots \tag{1.1}$$

と表す．これを重ね合わせた波 φ は

$$\varphi = \sum_m a_m \sin(\omega t + \phi_m) = A \sin(\omega t + \phi) \tag{1.2}$$

となる．合成波の強度 A^2 は成分波のベクトル和から計算され，成分波の強め

つぎに簡単な例を示す．**図 1.5** は屈折率 n，厚さ d の薄膜の例で，入射した平行光は両側の境界面で反射し，干渉する．光の波長を λ とすると，反射光強度は

$$2d\sqrt{n^2-\sin^2\alpha}=m\lambda+\frac{\lambda}{2}\quad(m\text{ は整数})\quad(1.3)$$

のとき極大となり，また右辺が $m\lambda$ のとき極小となる．この現象はレンズの**反射防止膜**，**干渉フィルタ**などに応用される．

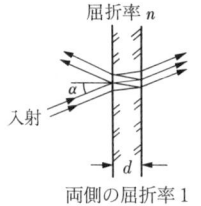

図 1.5　薄膜による平行光の干渉

(d) 回 折　幾何光学では光は遮光物のかげに回りこまずに直進するとされるが，実際には細かい構造物や画像を通ったあとでは回折現象が見られる．計算で回折光の強度分布を求めるには回折面を微小部分に分け，おのおのを 2 次光源と見て影響を重ね合わせる（**フレネル-ハイゲンスの原理**）．

図 1.6 のように細かい平行じま格子に垂直に平行光を入射すると

$$d\sin\theta=m\lambda\quad(m\text{ は整数})\quad(1.4)$$

で与えられる $\angle\theta$ の方向では格子各部の光が強め合う．この光は m の値に応じて 0 次回折光，1 次回折光，…といわれる．厳密には入射光，出力光とも近軸の場合 θ に関する光量分布と格子の構造とは 2 次元フーリエ変換対の関係にあり（**フラウンホーファー回折**），3.1.5 節で扱う．

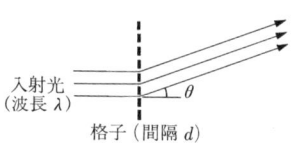

図 1.6　格子による平行光の回折

(e) 光 子　光は波動であるが，物質との間のエネルギー授受（発光，吸収）は波長に応じたエネルギーを素量として行われる．すなわち光はエネルギーの粒子と見ることができ，この粒子は**光子**（photon）と呼ばれる．物質内の原子がエネルギー E_1 から E_2 の状態（$E_1>E_2$）に移るとき

$$E=E_1-E_2=h\frac{c}{\lambda}\quad(1.5)$$

で与えられる波長 λ の光を放出する．E は**光子エネルギー**と呼ばれ，通常

〔eV〕単位で表す．h はプランク定数（6.63×10^{-34} J·s），c は光速（3×10^8 m/s）である．低圧気体の発光すなわち孤立原子の発光では一定の波長の線スペクトルが得られるが，固体中では電子のエネルギー準位が広がっているため，固体の発光のスペクトルは幅をもち，特に高温物体からの光は連続スペクトルをもつ．

(f) 反射，透過，吸収 われわれは，物体に入射した光のうち反射または透過成分によりその物体を認識することができる．残余は吸収される．

空気，ガラスなどの透明体は一般には透過率を1としてよいが，それらが接するとき境界面では光が反射される．光の入力側，出力側の媒質の屈折率をそれぞれ n, n' とすると，境界面に垂直に入射した光に対する反射率 R は

$$R = \frac{(n-n')^2}{(n+n')^2} \qquad (1.6)$$

となる．反射率は入射角，偏光の方向で変わる．$n > n'$ のとき入射角（境界面の法線と入射光のなす角）θ が $\theta_0 = \sin^{-1}(n'/n)$ を超える光はすべて反射され，いわゆる全反射の現象を生ずる．θ_0 は**臨界角**といわれる．

1.5.2 光学素子

画像システムにはレンズ，各種フィルタなど種々の光学素子が用いられる．

(a) 鏡 表面に金属を蒸着したガラス．金属面に光を入射させて反射させる．通常の姿見のようにガラス側から光を入射させると，ガラス表面からの反射光と金属面からの反射光が混じり，二重像や迷光の原因となる．蒸着金属の薄いものは**半透鏡**であり，図 *1.4(b)* のように光を 2 分する**ビームスプリッタ**などに用いられる．結像用の凹面鏡，集光用の放物面鏡などもある．

(b) レンズ 多くの画像装置ではその入力端に被写体光像を結ばせるためのレンズがある．収差を防ぐため数枚のレンズが組み合わされているが，マクロに見れば図 *1.7* のような厚肉の凸レンズで，レンズの中央部にしぼりがあり，これを調節して結像の位置関係を変えずに透過光量を制御できる．しぼりの大きさにより光の集束する角度が異なるため**被写界深度**（実用

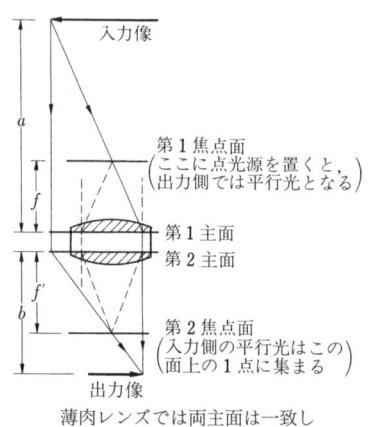

入力像

第1焦点面
(ここに点光源を置くと,
出力側では平行光となる)

第1主面
第2主面

第2焦点面
(入力側の平行光はこの
面上の1点に集まる)

出力像

薄肉レンズでは両主面は一致し
$f = f'$ となる.

図 **1.7** レンズの出力像

上,像が鮮鋭とみなされる被写体の光軸方向範囲) が変化する.しぼりを変えたときのレンズの半径(厳密には入射瞳半径)を r,焦点距離を f としたとき $F = f/2r$ をレンズの **F 値**という.F の値を大きくすると,像が暗くなり被写界深度が深くなる.

物点距離を a,像点距離を b,横倍率(光軸に垂直方向の結像倍率)を m とすると

$$\frac{1}{a} + \frac{1}{b} = \frac{1}{f}, \quad \frac{b}{a} = m \quad (1.7)$$

となる.結像に伴うぼけと画質については **3** 章に示す.

(**c**) **干渉フィルタ**　ガラス基板に誘電体の多層膜を蒸着し,干渉を利用して特定波長の光のみ通すようにしたフィルタ.透過帯域幅は 10 μm 程度でせまい.斜めに入射した光に対しては透過光の波長が変わる.

(**d**) **色フィルタ**　特定の波長域の光を通す着色ガラスまたはプラスチックのフィルタ.干渉フィルタに比べ透過光の波長幅ははるかに広い.全波長域にほぼ均等な吸収を示す灰色フィルタは **ND**（neutral density）**フィルタ**といわれ,像の性質を変えずに光量減衰の必要のあるとき使う.

(**e**) **偏　光　板**　特定の方向の偏光面の光だけを通過するフィルタ.一般の光から直線偏光を得るために用いる場合を**偏光子**といい,偏光の有無やその方向を調べるために用いる場合を**検光子**という.

(**f**) **複屈折応用素子**　水晶など光学的異方性をもつ結晶は入射光の偏光方向により屈折率が異なり,2 つの屈折光が生ずる.この性質を利用して二重像を作る光学素子があり,光学的**ローパスフィルタ**として使われる.また直線偏光を円偏光に変える素子は **1/4 波長板**として利用されている.

(**g**) **フレネル輪帯板**　図 **1.8**(**b**)で点 P を波長 λ のコヒーレントな光

1.6 光の量，像の明るさ

(a) フレネル輪帯板

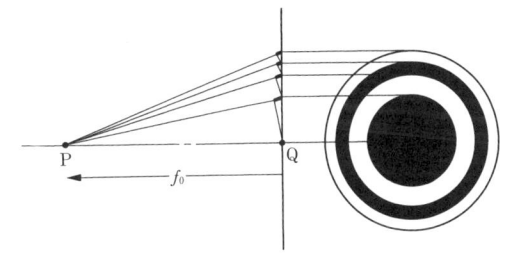

(b) 各輪帯透明部と点Pとの光路差が波長の整数倍（太線の長さが半波長）にとってある．

図 1.8 フレネル輪帯板とその作用

源とする．点Qを通りPQに垂直な面内で半径 r_m が

$$r_m = \sqrt{m\lambda f_0}, \quad m = 1, 2, \cdots \qquad (1.8)$$

で与えられる同心円群を交互に透明・不透明としたパターンを置くと，パターンの透明部は同位相となり通過した光は平行光となる．この板がフレネル輪帯板（Fresnel's zone plate, FZP）である．光路を逆に考えると平面波を一点に集めるレンズ作用をする．

(h) プリズム 平行でない2面を持つガラス柱の2面を通る光は屈折または全反射で方向を変える．透過・反射の光量は入射光の角度・波長・偏光の方向で変わる．DVDなどの光ピックアップ，分光器などに利用される．

1.6 光の量，像の明るさ

光の量は物理的にはエネルギーとして〔W〕の単位で測定されるが，肉眼では目の特性を考慮した感じる明るさの値——心理物理量，**測光量**——で表すと便利である．

肉眼では，図 1.9 に示す分光感度分布（**比視感度曲線**と呼び $V(\lambda)$ で表す．暗い所を見るときは多少異なる）をもち，入射光エ

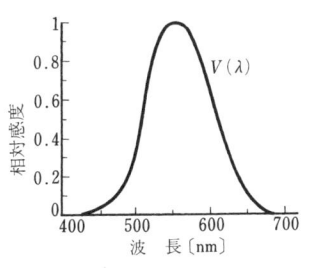

図 1.9 比視感度曲線

ネルギーの波長分布にこれで重みづけした量を明るさとして感じる．波長555 nm の緑色光に最も感度が高く，その1W は肉眼に 683 lm の光量として感じる．この光は毎秒 2.8×10^{18} 個の光子流に相当する．また，エネルギーの波長分布 $Q(\lambda)$ [W/nm] の光の示す**光束** (luminous flux) L [lm] は

$$L = 683 \int_V V(\lambda) Q(\lambda) d\lambda \qquad (1.9)$$

である．積分領域の V は比視感度曲線の範囲を示す．光の量は，**表 1.4** のように，総量，面積密度など種々の測光量で表される．なお，光の1次標準は**光度**で，周波数 5.4×10^{14} Hz（波長555 nm）の単色光の光源のある方向への放射強度が 1/683 W/sr である放射体のその方向の光度を 1 cd と定めている．

表 1.4 種々の測光量とその単位

測光量	内　容	単　位	1単位の量	手近な例
光　束	単位時間当りの光エネルギーの肉眼による評価量	ルーメン〔lm〕	光エネルギーの式 (1.9) による換算値	適度の照明の夜の書斎で，この書物1ページ当り〜30 lm
光　量	光エネルギーの肉眼評価量	〔lm・s〕		
光　度	光源の強さ(ある方向の単位立体角当りの光束がその方向の光度)	カンデラ〔cd〕	1 cd の光源は 1 lm/sr の光束を出す	白熱電球ではワット数と cd 数がほぼ等しい
光束発散度	光源または反射面から出る光束の面積密度	〔lm/m²〕	〔lm/m²〕を〔rlx〕*（ラドルクス）ともいう	テレビ受像機の明部の光束発散度：〜数百 lm/m²
輝　度	面状の光源を特定方向から見たまぶしさ(その方向への正射影単位面積当りの光度)	〔cd/m²〕	〔cd/m²〕を nt*（ニト），〔cd/cm²〕を sb*（スチルブ）ともいう	テレビ受像機の明部の輝度：〜数百 cd/m²
照　度	照らされた面の明るさ(単位面積当りの入射光束)	ルクス〔lx〕	1 lx は 1 lm/m²	適度の照明の書斎の机上：500〜1 000 lx

* 印は SI 単位ではないが慣用されている．

物体に光が入射したとき，生ずる反射光でわれわれは物体を認識する．反射光の密度は照度と反射率で定まる．

書斎の机上の電灯照明は 500〜1 000 lx 程度の照度が快適といわれる．われわれが経験する一般的な照度については（図 1.13 の左端に示してある），真

夏の正午ごろの直射日光のもとでの 10^5 lx から, 月のない星の夜（晴天）の 10^{-3} lx までの広範囲にわたっている.

つぎに, 物体の反射率について考える. 一般の物体では反射率は光の波長, すなわち色により変わる. 平均反射率は, 通常存在する物体のうち最も低い黒ビロードで3％, 雪で93％であり, 大多数の物体で30〜60％の範囲にある. したがって, 明暗のコントラスト, すなわち明部と暗部の対比は照明が均一であればたかだか30程度である. しかし, 一般の風景では日向や日陰が混在し, コントラストは 10^3 程度といわれる. 画面中に光源があると, この値はさらに大きくなる.

物体に色がついて見えるのは分光反射率が波長依存性をもつためであり（図 *1.10*）, また上記のように平均反射率は一般にせまい範囲にあるにもかかわらず肉眼でよく物体が見分けられるのは色の情報に助けられるためでもある.

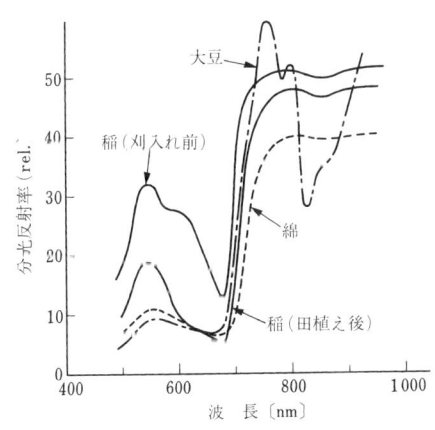

人工衛星または航空機で光波長別に地表を撮像し, 分光反射率を解析して植物の生育・虫害状況など環境・資源調査が行われる. リモートセンシングという

図 *1.10* 植物の葉の分光反射率の例

色まで考慮すると, 入射光エネルギーを $Q(\lambda)$, 物体の分光反射率を $R(\lambda)$ としたとき, 物体からの反射光束 L は式(1.9)から次式で与えられる.

$$L = 683 \int_V V(\lambda) Q(\lambda) R(\lambda) d\lambda \qquad (1.10)$$

反射光または透過光があらゆる方向に同じ輝度で放射されるような性質の面

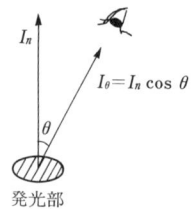

図1.11 均等拡散面の性質

発光部
反射光強度が図中の条件のときどこから見ても輝度が変わらない.

を**均等拡散面**といい，図 *1.11* で，θ 方向の光度が図中の式で表されるとき成り立つ．裏面から照らした良質の白ガラスはこの条件に近い．紙からの反射光は照明光の整反射成分と拡散成分をともに含む．透過率・吸収率とも0の均等拡散面を**完全拡散（反射）面**という.

つぎに，明るさを考える．図 *1.12* のような完全拡散面の被写体をレンズで結像したとする．いま，レンズの透過率を T，被写体の平均反射率を R，レンズの結像倍率を m とすると，像面中央にくる光束 L_p は

$$L_p = \frac{E_0 R A}{\pi} \cdot \frac{\pi r^2 T}{l^2} = \frac{E_0 R T A}{4F^2} \cdot \frac{m^2}{(1+m)^2} \tag{1.11}$$

で表される.

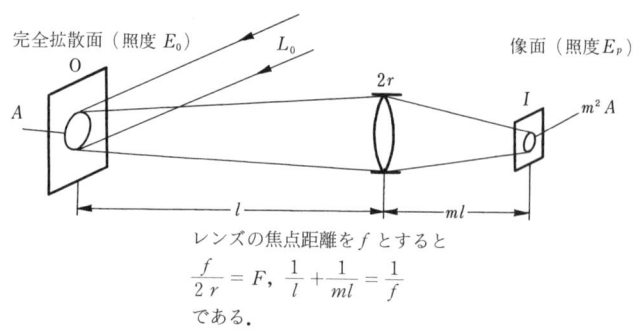

レンズの焦点距離を f とすると
$\dfrac{f}{2r} = F, \ \dfrac{1}{l} + \dfrac{1}{ml} = \dfrac{1}{f}$
である.

図 *1.12* 光学レンズによる被写体の結像

被写体の面積を A とすると，像面積は $m^2 A$ で，像の照度は像の単位面積当りの光束で表されるから，像面の中央部での**像面照度** E_p は

$$E_p = \frac{L_p}{m^2 A} = \frac{E_0 R T}{4F^2(m+1)^2} \fallingdotseq \frac{E_0 R T}{4F^2} \tag{1.12}$$

で求められる．最後の式は $m \ll 1$ と仮定した結果であるが，顕微鏡撮影や接写を除き，風景などを小さな感光面に結ばせる一般の写真やビデオ撮像ではこの条件が満足される．式(*1.12*)は像面照度はレンズの F 値に関係し，撮影距離

や倍率に関係しないことを意味するが，このことはカメラ撮影で日常経験される．式(1.12)で $T = 0.8$ とおき，被写体照度と物体の反射率から像面照度を求める計算図をつくると図 **1.13** となる．左の軸上に被写体照度をとり，撮影条件に合わせた方向（矢印）に進むと像面照度が求められる．撮像の場合，像面照度が撮像装置の光電面照度となる．点線は曇りの昼間（照度 10^4 lx）の森の風景（葉の反射率 0.32）を $F = 8$ のレンズで撮影すると像面照度は 10 lx，対角 15 mm の CCD ならば像光束は 10^{-3} lm となることを示す．

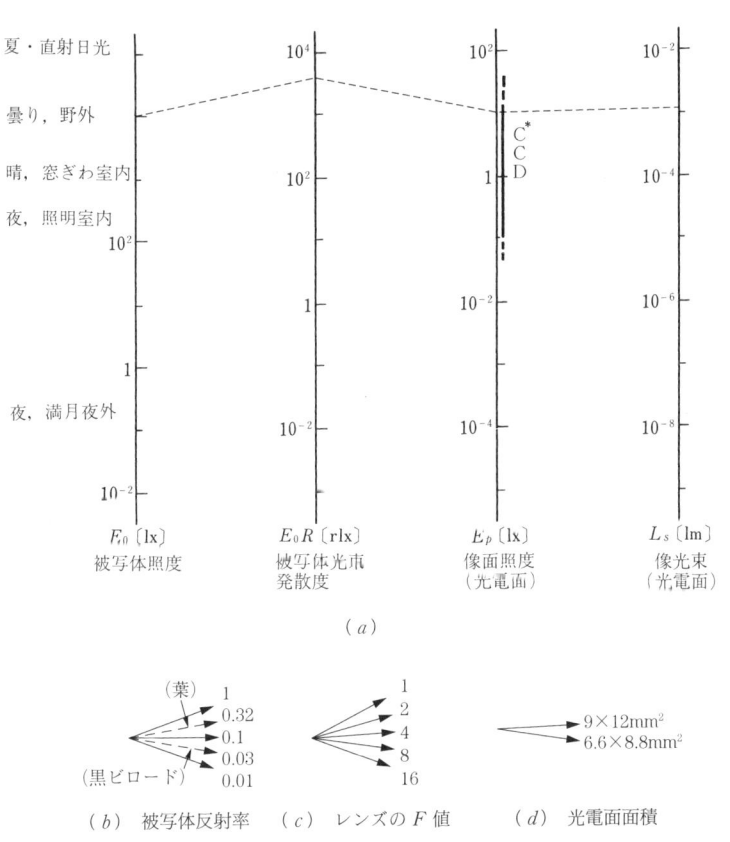

* CCD 撮像素子（**4**章）の適正照度

図 **1.13** 被写体照度と物体の反射率から像面照度を求める計算図

1.7 光物性と応用

光と物質の相互作用は20世紀初頭，新物理学の幕明けに大役を果たした．しかし，工学への本格的な応用は材料物性工学が進んでからで歴史は新しい．

1.7.1 光 電 効 果

光が物質に入射したとき生ずる電気的な現象を**光電効果**といい，測光用の光電素子（光センサともいう）や撮像素子に利用される．応用的立場から見た光電効果の分類を**表 1.5** に示す．

表 1.5 応用的立場から見た光電効果の分類

光電効果種類	現象	おもな物質	応用例
光電子放出	光入射→電子放出	$SbCs_3$ Sb-Na-K-Cs など	光電管，光電子増倍管 歴史的撮像管，イメージ管
光導電効果	光による電導度増加*	CdS, Sb_2S_3 など pn 接合 (Si, Ge)	光導電セル，ホトダイオード，撮像管
光起電効果	光による起電力発生	Si-pn 接合	ホトダイオード，太陽電池

* pn 接合とほかのものは導電機構の相違により電圧電流特性がまったく異なる．

光電子放出　　光を入射した物質が電子を放出する現象．入射光量と放出電流の比例性，時間応答などの性質が優れている．測光用電子管に利用．

光導電効果　　光を入射した物質内で電子・正孔が増し，電導度が増える現象．高感度で赤外域に感度を持つものもある．

光起電効果　　pn 接合半導体に光を与えると境界付近で発生した電子は n 領域，正孔は p 領域に移って起電力が発生する現象．pn 接合に逆バイアスをかけておくと光導電効果に類似の効果が見られる．ともに素子として利用される．

1.7.2 光 電 素 子

光電効果を応用した素子のうち走査機能を組み合わせた撮像素子は **4** 章にゆずり，測光素子を考える．これは基本的には2端子の素子で，**図 1.14** の

ように直流電圧 V を与え，入射光束にほぼ比例して流れる光電流を測定して入力光束を求める．入出力の関係を**光電変換特性**といい，例を図 1.15 に示す．光電変換の効率を**光電感度**といい，所定の動作条件で単位の入力を与えたときの出力電流（単位 A/lx または A/lm）で表す．**量子効率**すなわち入力光子 1 個当りの出力電子数で表すこともある．

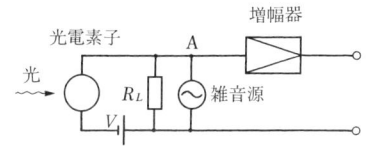

負荷抵抗 R_L の熱雑音，増幅器の発生する雑音は，雑音源としてまとめて図の位置に置くことができる．

図 1.14　光電素子の使い方

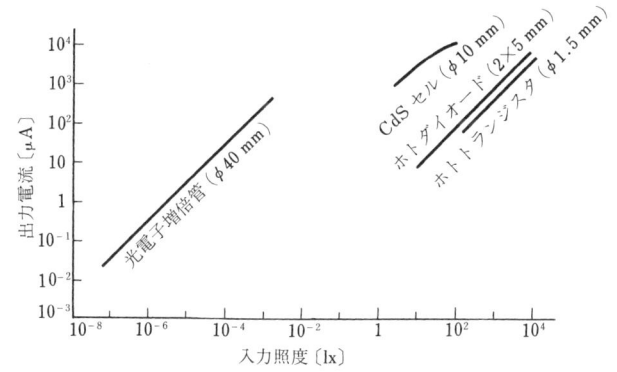

（　）内の数値は感光面の大きさ．ホトダイオード出力は短絡したときの電流，CdS セル（光導電素子）は 20 V 印加時の特性

図 1.15　各種光電素子の光電変換特性の例

入力光束が減ずると出力が減り，SN 比が低下する．一般に帯域幅の広い映像信号を扱う際，系としての SN 比は素子の出力と負荷抵抗を含む増幅器の発生する雑音で決まる．電子増倍器を内蔵する素子では，信号を表す光電流と，それに伴う雑音（ショット雑音）が増倍され増幅器に加わるため，増幅器雑音は相対的に小さく無視でき，系としての SN 比は光電流とそのショット雑音の比として定まる．このほかに素子の特性としては光電感度の分光特性，入射光が 0 でも出力が出る暗電流，時間応答特性などが問題となる．

　画像装置によく使われる光電素子をつぎに示す．

　　光電子増倍管　　二次電子増倍器を内蔵した超高感度光電管．雑音を付加す

ることなく光電流が 10^4〜10^9 倍増倍され出力される．応答時間は 10^{-12}〜10^{-9} s で優れ，きわめて暗い光の測光，円筒走査機その他撮像装置に使用．

光導電セル　光による可変抵抗器．一種の電流増倍機構をもち，高感度ではあるが精度は高くない．ファクシミリのセンサとして使用．CdS セルが代表である．

ホトダイオード　測光用の半導体 pn 接合素子．逆バイアスをかけておくと，入射光量に比例した電流が流れるので電流を測って光量を知る．広範な測光のほか固体撮像素子の画素に使われる．太陽電池は光起電効果により電力を得る目的の素子であるが，起電力を測って光量を知る測光用途にも使われる．

アバランシホトダイオード　雪崩現象により光電流を 10^2 程度増倍する高感度ホトダイオード．光通信その他に使用．

1.7.3 発 光 現 象

物質が外部からエネルギーで刺激されたとき発光する現象を**ルミネセンス**（luminescence）という．画像装置や照明に利用されるものに限って**表 1.6**に示す．いずれの現象も刺激により材料内の電子が高いエネルギー状態に遷移したのち元に戻るときに発光する．材料によりエネルギー吸収の選択性，発光の色や残光などの性質が決まる．ルミネセンスの工業材料は**蛍光体**（phosphor）と呼ばれ，多くは微細結晶で，膜状に塗布してブラウン管やプラズマ表示装置（**5 章**），X 線像 → 可視像変換用の蛍光板，蛍光灯などに用いる．

表 1.6　種々のルミネセンスと応用例

現　　象	入力エネルギー	材料の例	応　用　例
ホトルミネセンス	紫外線，可視光	$Ca_3(PO_4)_2$, CaFCl など	蛍光灯，プラズマ表示装置など
X 線ルミネセンス	X 線，ガンマ線	$CaWO_4$, CsI など	X 線撮影，X 線イメージ管
カソードルミネセンス	加速電子	$ZnSiO_4$:Mn など	ブラウン管，イメージ管
エレクトロルミネセンス（EL）	交流または直流	ZnS:Mn，クマリンなど	EL 表示装置
LED による発光	直流	GaAs など	LED 表示装置
気体放電の陽光柱	交流または直流	各種気体	蛍光灯，プラズマ表示装置

1.7.4 光源

画像装置の光源としては,自然光,レーザやルミネセンスを用いた人工光源がある.性質としては光度,スペクトル,可干渉性などが問題となる.補色関係にある2色の光を混ぜれば白に見えるが,色のついた物体を照らした場合,正しい色に見えないことがある(**演色性**が悪いという).

黒体(温度 T)からの電磁波放射は

$$\lambda_m T = 2.90 \times 10^{-3} \quad \text{m·K} \tag{1.13}$$

で表される波長 λ_{max} で極大となり,広い波長域に広がった連続スペクトルをもつ.

光源の色の性質を表す色温度はその光源と同じ色度の放射をする黒体の絶対温度である.つぎに実際の光源について示す.

自然光源 太陽は約6 000 K の黒体に近い波長分布の光源である.実際は太陽周辺の原子に基づく線吸収スペクトルや,地球大気のオゾン,水蒸気に基づく吸収があり,天候や時刻の影響も受けて複雑なスペクトルを示す.

白熱電球 タングステン白熱電球は一般的な光源である.連続スペクトルをもち,色温度は2 800~3 100 K である.

標準光源 センサなどの正確な測定に用いる標準光を出す光源である.

標準の光 A……色温度2 856 K の標準白熱電球(データ付で市販)の光

標準の光 C……標準光 A とフィルタを組み合わせた色温度6 774 K の光

放電灯 気体放電に伴う発光を利用する光源である.水銀灯など放電の光をそのまま用いるものと,蛍光灯など放電で生ずる紫外線を蛍光体で可視光に変えるものとがある.放電灯は一般に効率はよいが(蛍光灯で70 lm/W),スペクトルの幅がせまく,演色性は必ずしもよくない.ただし,キセノンアーク灯は高輝度で可視~赤外に連続スペクトルをもつ.

レーザ 鏡を対向させた光共振器内にレーザ材料を置き,これを励起すると誘導放出という現象で発光し,干渉性・指向性のよい強い単色光を出す.HeNe(波長632.8 nm),A(488.0 nm,514.5 nm)などの気体レーザや半導体レーザがよく使われる.

1.7.5 種々の光物性

光電効果,ルミネセンス以外にも物質の光——電気の相互作用に関する性質が画像電子装置に応用されている.

(a) 電気光学効果 ある種の結晶に電圧を印加すると結晶内の電荷分布が変わり,屈折率に異方性が現れる.この現象を**電気光学効果**(electrooptic effect)と呼んでいる.屈折率変化量が電界に比例するものを**ポッケルス効果**,電界の2乗に比例するものを**カー効果**という.代表的な物質としてはKH_2PO_4(通称KDP),$NH_4H_2PO_4$(ADP)などがある.

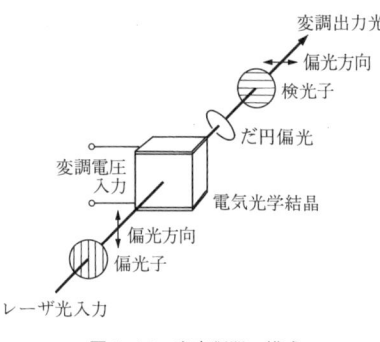

図 1.16 光変調器の構成

これを利用した光変調器は**図 1.16**のような構成をもつ.電気光学結晶は上記材料を特定の方向にカットしたもので,これに直線偏光を入射させる.結晶の印加電圧がないときは直交検光子により出力光が遮断され,印加電圧があるときは電圧値に応じて直交偏光成分が生じ光が出力される.

(b) 液晶 見かけ上は液体であるが光学的には結晶と同様に異方性を示す物質を**液晶**(liquid crystal)と呼んでいる.種々の液晶材料があるがいずれも細長い分子の芳香族有機物質である.電界を加えると分子の配列が変わり,光学的性質を変えるがその種類により TN (twisted nematic) モード,GH (guest host) モードなどがある.現象と応用については **5.3** 節に示す.

1.8 画像情報の特長

人間の頭脳は高級コンピュータにしばしば例えられる.このコンピュータの入力装置は五感の感覚器であるが,一般に,必要な情報の大半を目から,ついで耳から受けている.光景,会話などはわれわれにとって頭脳コンピュータへ

の入力情報としての意味しかない．したがって，画像，音などの性質を考えるとき，それらの物理的性質のほか，目，耳などの入力デバイスとのマッチングも重要な項目である．つぎに画像情報のもつ特長をあげる．

（**a**）**情　報　量**　　画像の持つ情報量がきわめて大きいことは日常のメールの取扱いなどで実感されよう．図 **1.17** は「像」の文字パターンを示す．正方形の領域を 128×128 の碁盤の目の区画に区切り，各区画に異なる黒さを割り当てたもので，階調は白を 63，黒を 0 とし全体として 64 段階としてある．これを画像として扱ってデータ化すると，画素数は $128^2 = 16\,384$，濃度 6 ビットで全体の情報量は $128^2 \times 6 = 98\,304$ ビットとなり，ギザギザ（**ジャギー**という）の目立つ不十分な内容でも 12 K バイトのデータ量となる．一方，この図の階調変化や字体を無視して「像」の字を表す記号（テキストデータ，文字に割り当てた番号，JIS で定めている）として扱うと 2 バイトで表される．1 文字当りの情報量は英数字では 1 バイト，字種の多い漢字でも 2 バイトであり，情報量は上記の画像の扱いに比べ格段に小さくなる．

128×128 の画素行列に 1〜64 段階の明るさを割り当てて作った画像

図 1.17　文字パターン

　画像電子システムでは取り扱う情報量，すなわち画像中の画素の数や階調数を多くするほど良い結果（テレビなどの画像伝送であれば高画質の出力像）が得られるが，伝送・処理の所要時間，経済性，技術的な困難性などの問題が増える．図 **1.18** は同一の原画像データを用い，種々の画素数，レベル数（量子化ビット数）で標本化・量子化し，出力した結果を示す．

　また，種々の画像，図形，文字（後二者は白黒 2 値のみ）などを情報として取り扱う場合の視覚情報量の比較を**表 1.7** に示す．

（**b**）**次　　　元**　　**1.2** 節に示したように，一般の光景は 5 次元関数で，次元が多い．通信などに際して次元を減らす変換が必要である．

（**c**）**キャリヤ**　　画像のキャリヤすなわち光は画像電子装置への入出力

24　　1. 画像工学の基礎

(a)　640×480, 中央 256×256, 8 ビット

(b)　256×256, 4 ビット　　(c)　256×256, 2 ビット　　(d)　256×256, 1 ビット

(e)　128×128, 8 ビット　　(f)　64×64, 8 ビット　　(g)　32×32, 8 ビット

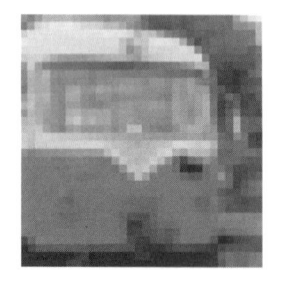

図(a)：原画像，全体を 640×480 画素（VGA．表 3.1 参照）で標本化，8 ビットで量子化
図(b)〜(g)：原画像の中央部分を付記した数の標本化・量子化を行ったもので，図(b)〜(d)は量子化レベル数のみ変化，図(e)〜(g)は画素数のみ変化

図 1.18　標本化・量子化し，出力した結果（画像の質の変化が見られる）

表 1.7 視覚情報量の比較（画像電子装置で表示したときの所要メモリ数で比較）

画像	情報量	備考
コンピュータ(初期)出力英数字	35 ビット/字	5×7 のドット表示，2値
〃　　　　漢字	576 ビット/字	24×24 のドット表示，2値
CRT 表示図形 1 枚	$3.5×10^5$ ビット	500×700 画素，2値
白黒テレビ画面 1 枚	$2×10^6$ ビット	500×700 画素，6ビット
ハイビジョン画面 1 枚	$4.4×10^7$ ビット	1100×1900 画素，7ビット，3色
ファクシミリ，A4，1 枚	$4×10^6$ ビット	8×8 画素/mm^2，2値
新聞紙 1 面*	$9×10^7$ ビット	20×20 画素/mm^2，2値

* 新聞紙面を本社→地方印刷所へ伝送する際の情報量

に際し電気との相互変換を行う必要がある．音声信号はマクロな物理現象（電磁気学など）の応用で空気振動 ↔ 電気振動の変換が行われているのに対し，光 ↔ 電気変換には原子内電子状態の変化を要し高い技術が必要である．

（d）肉眼とのマッチング　肉眼は速く大量の情報を取り入れるのに適しており，特に検索性に優れる．興味ある報道を探す場合のラジオと新聞を比較すれば明らかであろう．また，1枚の写真のうちから必要な情報，例えば人物やその動作をきわめて短時間に読み取ることができる．さらに一般の画像を1分間注視して得た情報を英文で表すと $10^7 \sim 10^8$ 単語必要といわれ，肉眼はきわめて直感的で速い情報吸収が可能であることがわかる．

以上の特長は画像をエレクトロニクスで扱ううえで困難を与えるものであり，テレビの開発，実用化に長期間を要した直接の原因である．

演習問題

1.1　「画像工学」の試験成績を得点一覧表にする場合とグラフ表示する場合の得失を比較せよ．

1.2　表示装置などに表示する1画面の文字，図形などの内容をおよそつぎのとおりとする．フロッピーディスク1枚の記録容量を 1.4 M バイトとするとそれぞれ何画面の内容を記憶できるか．（XGA については表 3.1 参照）

（1）本書の文字（35字×28行，1文字2バイトのコードで記録）

（2）英文教科書の文字（80字×42行，1文字バイトのコードで記録）

（3） XGA の画面 1 枚の設計図（1 024 × 768 画素，白黒濃淡なし）

（4） XGA の画面 1 枚のカラー写真（1 024 × 768 画素，1 画素 3 バイト，圧縮なし）

1.3 肉眼は波長 400〜700 nm の光に感度をもち，555 nm の緑光に対して最大感度を示す．各波長の光子エネルギーを eV 単位で求めよ．

1.4 （1）波長 555 nm の光 1 W および 1 lm を構成する光子の数，（2）この波長の光で机上照明として適当な 500 lx の照明をしたとき，本書 1 文字（3.2×3.2 mm^2）に降り注ぐ光束および毎秒光子数を求めよ．（3）この波長の光が星あかり（10^{-3} lx）のとき本書 1 文字当りの毎秒光子数はいくらか．

1.5 図 1.8 の記号を用い，フレネル輪帯板の条件が式(1.8)となることを示せ．

1.6 完全拡散（反射）面では光放射の方向成分が図 1.11 中の条件となることを示せ．

1.7 図 1.12 のようにして完全拡散（反射）面の像を結像するとき，像面の光束，照度が式(1.11)，(1.12)で与えられることを示せ．

1.8 図 1.13 の計算図の作り方を説明せよ．

1.9 光電素子に帯域幅，4 MHz の増幅器をつけ光信号を受信しようとする．図 1.14 において負荷抵抗，増幅器，光電素子の暗電流（光のないとき発生する電流）の発生する雑音を合わせ増幅器の入力側（点 A）に換算して 2 nA とする．光電素子としてつぎの(1)，(2)を用いるとき SN 比 20 dB 以上を得るための光電流，入射光束，光電面照度を求めよ．

（1） ホトダイオード（光電面 2×5 mm^2，可視光に対する光電感度 500 μA/lm）．

（2） 光電子増倍管（直径 $\phi 40$，光電感度 150 μA/lm の光電陰極に利得 10^6 の無雑音の電子増倍器をつけたもの）．

2. 視覚と色

　画像装置を考える際は最終的な画像知覚器である肉眼を含めて1つのシステムと見るべきである．肉眼は光学器械の一種で，その性質の理解は画像装置の設計や運用の際に重要である．本章では肉眼の機構と性質を概説する．

2.1 肉眼の構造

　肉眼は直径 25 mm 弱の球状で**図 2.1** のようにカメラと類似の構成をもっている．カメラレンズ，しぼり，感光物質のおのおのに対して水晶体，虹彩，網膜があり，焦点距離やしぼり（F 値）は条件に応じて自動調整される．網膜の面には光センサに対応する視細胞が多数並び，光が当たると光化学反応を

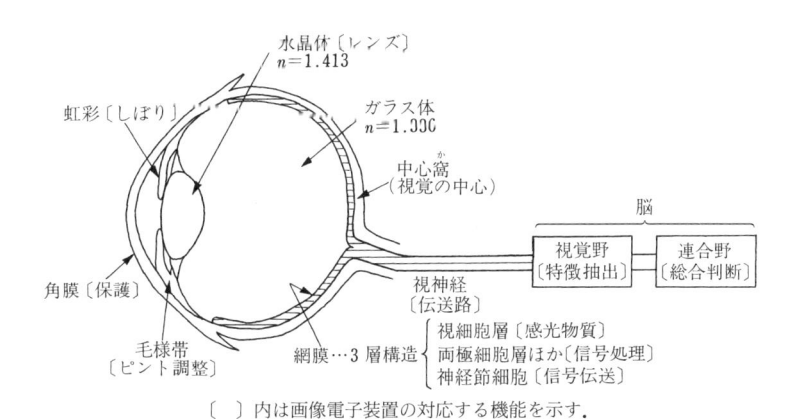

〔　〕内は画像電子装置の対応する機能を示す．

図 2.1　肉眼の構成

起こして細胞が興奮状態となり,その情報は視神経を通して後頭部視覚中枢の大脳皮質に送られ,知覚される.視細胞にはつぎの2種類がある.

錐体（すいたい）　円錐状視細胞.網膜中心から視角1°以内の部分には2〜2.5 μm間隔で密に並ぶ.高精度読取り機能,色弁別機能がある.総数7×10^6個.

杆体（かんたい）　ロッド状視細胞.網膜の周辺部に多い.0.1 lx以下の暗い所で動作し,色弁別機能はない.総数1.3×10^8個.

視細胞の興奮情報は視細胞 → 両極細胞などの細胞層 → 神経節細胞 → 神経繊維（視神経）→ 脳の順に伝送される.視細胞のあとの細胞層には複雑な結合があり,1つの視細胞が興奮すると近隣画素の感度を抑制し,眼のマッハ効果や図 8.12 に示すぼけの修正の作用をする.視神経は視覚の並列伝送路で視野中心部では視細胞と視神経数がほぼ1:1であるのに対し,周辺部では多数の杆体に対し視神経1本が対応し,視神経は総数1×10^6とされる.神経節細胞は複数のセンサからの入力を受け,その興奮状態がしきい値を超すと数十mVの電圧パルスが発生する.入射光量が増すとパルス密度はいったん急増したのち定常値に落ちつく.視細胞の興奮はパルス密度情報の形で神経細胞の長い突起（軸索と呼ぶ）を通してつぎの細胞に伝えられる.

このような構造・動作から肉眼は視野の中心のみ視力がよい,暗い状態では対象物から目を少しそらせたほうがよく見える,動くものに敏感などの特性を生ずる.

両眼からの視神経の束（視索）は大脳後部の**視覚野**に至る.この細胞は層構造で,伝送された情報から直線や輪郭の方向など特徴を検出する機能をもつ専門の細胞があり,その結果を総合して連合野と呼ぶ部分でパターン認識が行われる.認識の過程は 8 章に述べる文字認識などと似ているが,肉眼の認識動作は情報を直列演算する通常のコンピュータでは考えられない速度で行われ,特徴抽出や判断が並列的に行われる結果であろうとされている.視覚研究は生体機能の解明と認識機械への応用の2つを目的として進められている.

2.2 視覚の特性

　肉眼の解像力や時間応答は古くから測定されているが，知覚現象は直接測定できず，個人差や疲労の影響もあり難しい．若干の特性をあげておく．

　(**a**) **光覚閾**　暗所で慣らした眼の瞳(ひとみ)は直径 7 mm に拡大し，杆体が動作する．このとき光を感じさせる最低の入力光量は光覚閾といわれ，大きな光源に対して約 10^{-6} cd/m^2，小さい光源に対しては感度のよい緑色光の場合，100～150 光子/s とされる．

　(**b**) **弁別閾**　隣接する 2 部分の明るさレベルが異なるとき，両者を見分けうる最低のレベル差を弁別閾という．**図 2.2** はレベル I の背景中に置いた円形指標の弁別閾を ΔI として測定された例を示す．視覚に限らず人間の感覚の検知限は $\Delta I/I ≒ {\rm const.}$ が成り立つという**フェヒナー (Fechner) の法則**は，この場合輝度の大きいところで成り立つ．

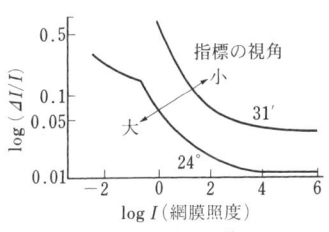

図 2.2　レベル I の背景中に置いた円形指標の弁別閾

　(**c**) **視　力**　視力すなわち細部を見分ける能力の高いのは網膜の中心窩(か)付近に限られる．視力は**図 2.3** のような**ランドルト環**を注視し，その切

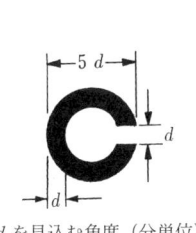

d を見込む角度（分単位）の逆数がいわゆる視力

図 2.3　ランドルト環

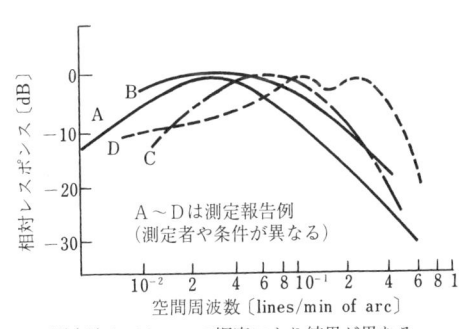

A～D は測定報告例
（測定者や条件が異なる）

測定法やパターンの輝度により結果が異なる．

図 2.4　視力の空間周波数特性の例

れ目の方向を認めうるか否かで計測する．視力1の円環は正規の位置でこれを見たとき，d を見込む視覚が1分となっており，d を見込む角（分単位）の逆数がいわゆる視力で，眼の健康な者では1〜1.5の値をもつ．

一般の画像装置の解像力評価には空間周波数特性（**3.2**節参照）が用いられる．肉眼への適用には若干問題があるが（肉眼には非線形性が伴う，実験条件に左右されるなど）多くの実験が行われている．例を**図 2.4**に示す[3][†]．

（**d**）　**時間応答**　　照明をステップ状に明るくすると，肉眼の感覚はいったん強く感じてからしだいに落ちつく．また断続光に対して肉眼は通常の明るさの場合 20〜30 Hz 以上の断続に対してちらつき（フリッカ）を感じない．これらの定量的な値は対象物の大きさ，色，明るさなどにより大幅に変わる．さらに明るい場所から暗い場所に移ったとき，しだいに目が慣れる現象を**暗順**

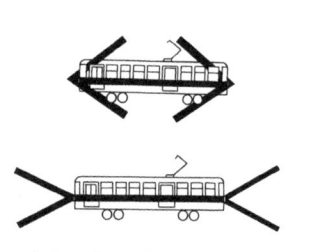

（*a*）　長さが違って見える例

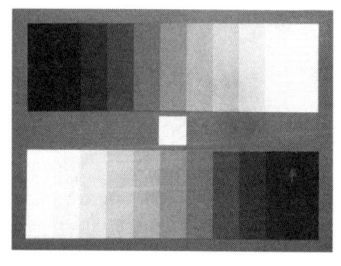

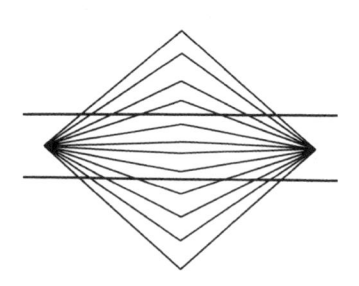

（*b*）　平行線が平行に見えない例

（*c*）　各領域内の明るさは一定であるが，肉眼では隣接部との対比効果で明るさが変化して見える．

（*d*）　階段の凹凸が2通りに見える図
Pから左を隠す場合と，Qから右を隠す場合で階段の見え方が異なる．

図 2.5　錯視，おかしな絵の例

---

† 肩付数字は巻末の参考文献の番号を示す．

応といい,約20分かかるのに対し,逆の場合(明順応)は1〜2分である.

(*e*) **錯　　視**　　われわれは,網膜に生じた画像をそのままではなく背景や周辺の状況に影響を受けて知覚する.例えば**図2.5**に示すように,周辺の状況により大きさが異なって見えたり,平行線が平行に見えない現象がある.また明るさや色の違う部分が隣接してあると差異が強調されて見える現象は**対比効果**または**マッハ効果**と呼ばれ(図(*c*)),その効果は絵画に利用される.

肉眼の性質で色や形がひずんで知覚される現象は錯視(illusion)といわれ,視覚のメカニズム,特に視細胞のあとの信号処理系の解明を目的に研究されている.上の錯視のほか"おかしな絵"の例を図(*d*)に示す.

2.3　色　の　科　学

色覚は光の波長に対する知覚の問題で,生物物理的側面と感覚的側面をもつ.色に対する個人の知覚そのものは測れないし,視覚生理も十分解明されてはいないが,色覚モデルが提案され,色の巧妙な数量化も行われている.

2.3.1　肉眼と色感

色知覚を説明する肉眼の構造モデルを**図2.6**に示す.網膜には画素ごとに赤,緑,青(以下R,G,Bと表記する)の各光に感度の高い3種の分光感度をもつ錐体があり,それぞれ光に感じて刺激を脳の視覚中枢に送る.3種の錐体の分光感度分布を $\bar{r}(\lambda)$, $\bar{g}(\lambda)$, $\bar{b}(\lambda)$ とし,スペクトル分布 $E(\lambda)$[W/nm]の光を見ているとする.各錐体からの出力 R, G, B は式(1.9)と同じ考え方で

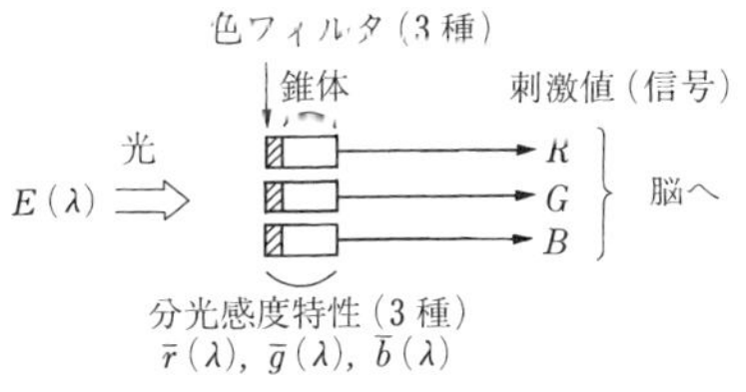

$$R = \int E(\lambda) \cdot \bar{r}(\lambda) d\lambda, \quad G = \int E(\lambda) \cdot \bar{g}(\lambda) d\lambda, \quad B = \int E(\lambda) \cdot \bar{b}(\lambda) d\lambda \quad (2.1)$$

図2.6　色知覚についての肉眼の構造モデル

となり、脳では**三刺激値**と呼ばれる R, G, B から各画素の色感をつくる.

明らかに $E(\lambda)$ が与えられれば三刺激値が定まり、これに基づいて色感が定まるのに対し、色感から $E(\lambda)$ を求めることはできない. 例えば白黒ブラウン管とカラー管の発光を肉眼で同じ色・輝度に見えるように調整できる. このとき式(2.1)の三刺激値は等しいが、前者の蛍光体は黄発光・青発光の蛍光体の混合であるのに対し、後者は赤、緑、青の蛍光の混色の結果であって、物理的に測定したスペクトルはまったく異なる.

明るさを含めた色の情報は独立の3変数を含む. そこで色情報は空間の1点で表し得る. 図 2.7 のように円筒座標の r, θ, z 軸に彩度 (saturation), 色相 (hue), 明度 (lightness) を割り当て、色をこの空間の点で表したものが**色立体**である. 無彩軸は無色で、これを含む任意の断面(等色相面)では色相が等しく、外側でさえた色(純色)、内側ほど白の混じった淡い色である.

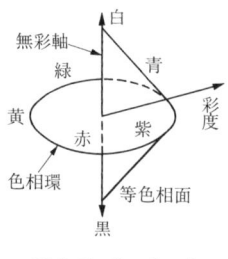

図 2.7 色 立 体

色の記述には、番号をつけた標準色との比較が簡便で工業的にはよく使われるが、定量性に欠け、例えば2色をある比で混ぜた結果の色を計算できない. そこで**国際照明委員会** (Commission Internationale de l'Éclairage, **CIE**) で表色系が定められ、色が数量的に表されることとなった. 以下の議論は**加法混色** (R, G, B の色光を原色光とし、加色により白を得る) に基づくものである.

2.3.2 RGB 表 色 系

前記の $\bar{r}(\lambda)$, $\bar{g}(\lambda)$, $\bar{b}(\lambda)$ を求めるために混色視覚実験が行われた. すなわち R, G, B 原色として波長 700, 546.1, 435.8 nm の単色光を用い、種々の波長の純色(スペクトル色)1W に対し、これとまったく同じに見えるよう三原色の強度を調整して加える(等色という). 国際的に標準的な眼に対して図 $2.8(a)$ が得られた. この中の $\bar{R}(\lambda)$ 曲線を見ると 600 nm のだいだい色 1 W は 700 nm の R 光約 80 W と同じ刺激を与える意味をもつから、この曲線

2.3 色 の 科 学   33

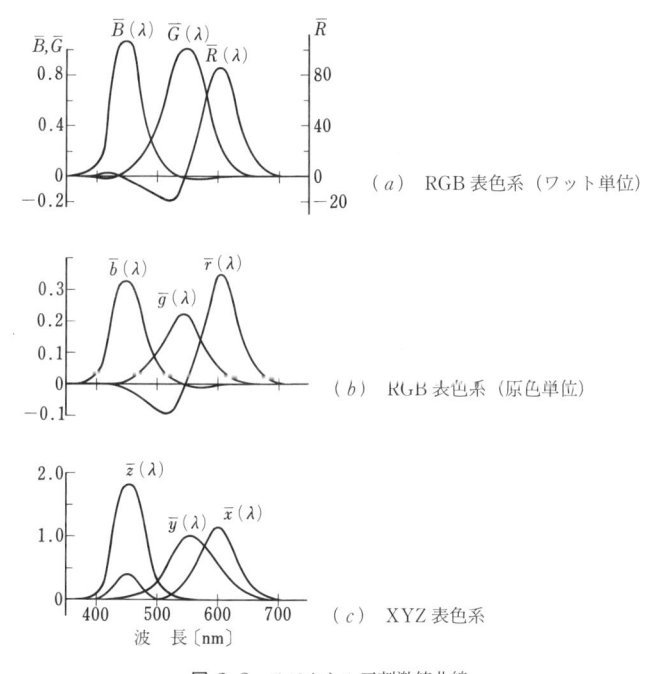

図2.8 スペクトル三刺激値曲線
(a) RGB表色系（ワット単位）
(b) RGB表色系（原色単位）
(c) XYZ表色系

は感光体の感度分布のような内容を示すが，その形は原色の選び方に関係し，絶対的なものではない．また大半の波長域で負の量が現れている．このことは例えば500 nmの緑光1 Wはこれに原色R光17.4 Wを加えたものが原色G光0.4 WとB光0.16 Wを加えた光と等色されることを意味し，大半の純色は原色の加色のみではつくれないことを示す．R，G，B原色光を243.9：4.697：3.506のエネルギー比で混合すると白が得られるため†，図(a)をこの値で正規化して図(b)が得られた．この図の曲線をRGB表色系の原色単位の**スペクトル三刺激値曲線**と呼ぶ．

明るさを含めた色を脳が感ずる情報は，図2.8(b)の$\bar{r}(\lambda)$，$\bar{g}(\lambda)$，$\bar{b}(\lambda)$と式(3.1)とを用いて計算した三刺激値R，G，Bがすべてであり，したがってR，G，B空間の1点またはベクトルで示される．R，G，Bを同じ割合で増

---

† 1 W/nmの等エネルギー白は図2.8(a)の面積からR光4 612 W，G光88.82 W，B光66.3 Wを加えて得られる．上記の数値はこの1/18.91となっている．

減しても色は変わらず明るさのみ変化する．色のみの情報は $R:G:B$ または次のような比

$$r = \frac{R}{R+G+B},\ g = \frac{G}{R+G+B},\ b = \frac{B}{R+G+B} \quad (2.2)$$

で表すことができる．$r+g+b=1$ であるから明るさを除いた色は2つの独立変数をもち，平面上の1点で表すことができる．

2.3.3 XYZ 表 色 系

スペクトル三刺激値曲線 $\bar{r}(\lambda)$, $\bar{g}(\lambda)$, $\bar{b}(\lambda)$ は負量を含み，原色の選び方にも依存するため，RGB表色系を必ず用いる絶対的な理由がない．そこでさらに便利なXYZ表色系が導かれた．前記の三刺激値 R, G, B からつぎの1次変換により別の三刺激値 X, Y, Z に変換する．

$$\begin{bmatrix} X \\ Y \\ Z \end{bmatrix} = \begin{bmatrix} 2.7689 & 1.7518 & 1.1302 \\ 1.0000 & 4.5907 & 0.0601 \\ & 0.0565 & 5.5943 \end{bmatrix} \begin{bmatrix} R \\ G \\ B \end{bmatrix} \quad (2.3)$$

各波長の純色の三刺激値 R, G, B は図2.8(b)で求められ，これと式(2.3)により X, Y, Z が算出される．この値をプロットすると図(c)を得る．この $\bar{x}(\lambda)$, $\bar{y}(\lambda)$, $\bar{z}(\lambda)$ は純色に対する刺激値という意味で図(a)と同様の内容をもつ．

XYZ表色系ではスペクトル三刺激値曲線は $\bar{x}(\lambda)$, $\bar{y}(\lambda)$, $\bar{z}(\lambda)$ であり，分光スペクトル $E(\lambda)$[W/nm] をもつ任意の光に対する刺激値は

$$X = \int E(\lambda) \cdot \bar{x}(\lambda) d\lambda,\ Y = \int E(\lambda) \cdot \bar{y}(\lambda) d\lambda,\ Z = \int E(\lambda) \cdot \bar{z}(\lambda) d\lambda \quad (2.4)$$

により計算される．

肉眼を図2.6のようなモデルで考え，その分光感度特性を $\bar{x}(\lambda)$, $\bar{y}(\lambda)$, $\bar{z}(\lambda)$ と考えてもよい．この場合の原色X，Y，Zは実在しない仮想の色である．式(2.3)の行列は $\bar{x}(\lambda)$, $\bar{y}(\lambda)$, $\bar{z}(\lambda)$ が負値をとらないこと，および $\bar{y}(\lambda)$ が比視感度曲線 $V(\lambda)$（図1.9参照）に一致するように選ばれている．

したがって式(1.9)と考え合わせれば Y は明るさを示し，色光の光束 L は
$$L = 683Y \quad [\text{lm}] \tag{2.5}$$
と与えられる．また明るさを除く色情報すなわち彩度と明度は別の2変数を用いた平面上の点として表される．実際は刺激値の比をとって
$$x = \frac{X}{X+Y+Z}, \quad y = \frac{Y}{X+Y+Z}, \quad z = \frac{Z}{X+Y+Z} \tag{2.6}$$
とし，x, y を直交座標上にとった**図2.9**に示す**色度図**（chromaticity diagram）上で，色情報を**色度点**（chromaticity point）として表す．式(2.6)より $x+y \leqq 1$ であるから，すべての実在の色は x 軸，y 軸，$x+y=1$ に囲まれた三角形の中に存在する．図2.8から純色の xy 座標を求めて色度図に示すと，図2.9の馬蹄形の曲線（**スペクトル軌跡**）が得られる．両端を結ぶ線分は紫色であるが，スペクトル色ではない．こうして任意の色は3つの独立な数 (x, y, Y) で表される．

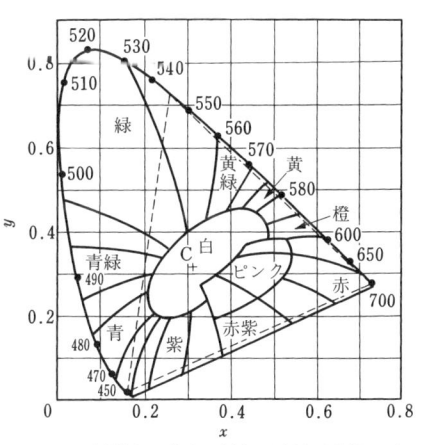

スペクトル軌跡上の数字は純色の波長（単位nm），中央のCは標準の光Cの色度点

図2.9 色度図

つぎに，XYZ表色系で任意の2色を混合した光の色度点について考える．混合前の2光の性質には添字1，2をつけて (X_1, Y_1, Z_1), (X_2, Y_2, Z_2) など，これらを $p_1 : p_2$ の比で混合した光に添字0をつけて (X_0, Y_0, Z_0) などと表す．式(2.4)より
$$Y_0 = \int E_0(\lambda) \cdot \bar{y}(\lambda) d\lambda = \int (p_1 E_1(\lambda) + p_2 E_2(\lambda)) \cdot \bar{y}(\lambda) d\lambda$$
$$= p_1 Y_1 + p_2 Y_2 \tag{2.7}$$
同様に

$$X_0 = p_1 X_1 + p_2 X_2, \quad Z_0 = p_1 Z_1 + p_2 Z_2 \tag{2.8}$$

となる．一方，$x_1 = X_1/(X_1 + Y_1 + Z_1)$ などと表されるから

$$\left. \begin{array}{l} S_1 = X_1 + Y_1 + Z_1 = \dfrac{X_1}{x_1} = \dfrac{Y_1}{y_1} = \dfrac{Z_1}{z_1} \\[6pt] S_2 = X_2 + Y_2 + Z_2 = \dfrac{X_2}{x_2} = \dfrac{Y_2}{y_2} = \dfrac{Z_2}{z_2} \end{array} \right\} \tag{2.9}$$

である．S は XYZ 系での刺激和であり，$p_1 S_1 = m_1$, $p_2 S_2 = m_2$ と表すと

$$\left. \begin{array}{l} x_0 = \dfrac{X_0}{X_0 + Y_0 + Z_0} = \dfrac{p_1 X_1 + p_2 X_2}{p_1(X_1 + Y_1 + Z_1) + p_2(X_2 + Y_2 + Z_2)} \\[6pt] = \dfrac{p_1 S_1 x_1 + p_2 S_2 x_2}{p_1 S_1 + p_2 S_2} = \dfrac{m_1 x_1 + m_2 x_2}{m_1 + m_2} \\[6pt] \text{同様に} \\[6pt] y_0 = \dfrac{m_1 y_1 + m_2 y_2}{m_1 + m_2} \end{array} \right\} \tag{2.10}$$

となる．式(2.7)，(2.10)から色の異なる2光を混合したとき，光束は2光の光束の和，合成光の色度点は結ぶ線分を混合に関する量 m の逆比に内分した点で与えられることがわかる．

図2.9において，周辺に近いほど彩度が高く，さえた色（純色）はスペクトル軌跡上にあり，内側ほど白の加わったパステルカラーとなっている．スペクトル軌跡の外側には色は実在しない．通常，白色光源といわれるものも色温度2800 K 程度の白熱電球，6000 K 程度の太陽光，10000 K を超える昼光色蛍光灯など広範囲にわたる．白を中心とする1本の線分の両端の点が一対の補色である．また図中の三角形の頂点は前節で選んだ三原色の色度点を示す．混色により三角形の内部の色は原色から合成できるが，外側の色はつくれず，図2.8(*a*)で負の部分を生じた原因となっている．

以上の原理に伴い，ブラウン管や液晶などのカラー表示装置では1画素をR，G，B 3色の輝点で構成し，おのおのの明るさを独立に変えることにより任意の色と明るさを表現する（**5**章参照）．また，白黒ブラウン管は補色関係にある青と黄の蛍光体を混合した材料で白色発光を得ている．

2.3.4 均等色空間

XYZ 表色系は色の物理的な扱いに便利で広く用いられているが,人間の感覚スケールとマッチしない.すなわち青の純色付近では 10^{-3} 程度色度の異なる色が識別できるのに対し,緑の部分ではその 10 倍以上の色度変化がないと弁別できない.そこで特に色弁別を目的にする場合は上記の x, y をつぎの式

$$u' = \frac{4x}{-2x + 12y + 3}, \quad v' = \frac{9y}{-2x + 12y + 3} \tag{2.11}$$

により変数を u', v' に変えた **UCS** (Uniform Chromaticity Scale, 詳しくは 1976 UCS, 図 *2.10*) **色度図**が使われる.

図 *2.10* のような色空間を**均等色空間**といい,色度点間の距離と感覚的な色差がほぼ比例すると考えられた.この表色は 1964 年に,uv 色度図として出発,後年に式の係数が変更され $u'v'$ 色度図となった.

この考え方をさらに進めて物体色やハードコピーの明るさ成分も含めて表したものが $L^*a^*b^*$ **表色系**である.3 変数 L^*, a^*, b^* は X, Y のきわめて小さい場合を除き

$$\left. \begin{array}{l} L^* = 116\left(\dfrac{Y}{Y_0}\right)^{1/3} - 16 \\[2mm] a^* = 500\left\{\left(\dfrac{X}{X_0}\right)^{1/3} - \left(\dfrac{Y}{Y_0}\right)^{1/3}\right\}, \quad b^* = 200\left\{\left(\dfrac{Y}{Y_0}\right)^{1/3} - \left(\dfrac{Z}{Z_0}\right)^{1/3}\right\} \end{array} \right\} \tag{2.12}$$

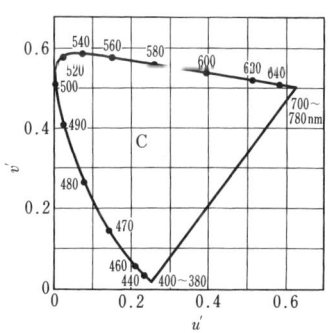

数字は純色の波長 [nm],C は標準の光 C の色度点

図 *2.10* UCS 色度図

から計算される.ここで X_0, Y_0 は測定試料と同一照明下の完全拡散反射面の三刺激値である.明るさ成分 L^* は 0(黒)〜100(白)の値をとり,中間の 50 は反射率 0.18 に相当する.2 つの物体色間の色差は $L^*a^*b^*$ 空間でそれぞれの係数の差 $\Delta L^*, \Delta a^*, \Delta b^*$ から求めた幾何学的な距離で表される.

2.3.5 減法混色

これまでの説明は色光を加える加法混色に基づく理論であり，大方の画像表示装置の色表現の原理を与える．一方，カラー印刷や写真など色光の吸収を基本とする色表現は**減法混色**と呼ぶ方式に従う．この場合はつぎの三原色を用いる．標記は色名（英語名），色略号…見掛けの色感，その色の色材料の理想的な吸収透過特性を順に示す．

黄色(yellow)，Y…黄色，B 光吸収，R・G 光透過

マゼンタ(magenta)，M…赤紫色，G 光吸収，R・B 光透過

シアン(cyan)，C…空色，R 光吸収，G・B 光透過

カラー写真では，全色光を反射する白の印画紙の表面に3種の色材を積層する**濃度階調記録法**で色を表す．例えば，白紙に Y の色材層を設けて白光を照射すると，照射光の B 成分は色材層に吸収され，R・G 成分が反射されて混色原理に従って黄色に見える．同様に Y と M の色材を積層した場合は照射光の G・B 成分が吸収され，R 成分が残って赤く見える．3種の色材を適量ずつ積層すると灰色～黒の無彩色を作ることができ，色材の量を変えて積層すると R, G, B はもちろん全色を表現できる．

カラー印刷の場合，紙面に Y・M・C 各色材を行列状の微小ドットとして印刷し，ドット面積を変えて色を表現するため**面積階調記録**と呼ばれる．1画素の中のドットを**図2.11**のように考える．ドットの色は減法混色で扱われるが，図(a)では各ドットの Y・M・C と周辺の白 W を，面積を考慮して加え合わせた加法混色の結果が見える．図(b)のようにドットの重畳がある場合は重畳部分に原色 R・G・B が生じ，これらの成分も考慮した加法混色の結果が見える．この過程は**平均的加法混色**と呼

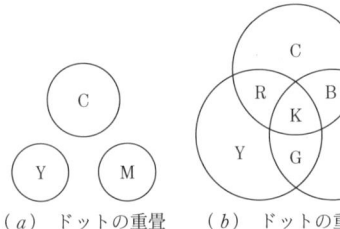

(a) ドットの重畳がない場合
(b) ドットの重畳がある場合

カラー印刷では Y・M・C の3色のインクのドットを面積を変えて塗布する．重畳部分には原色 R・G・B や黒 (K) が生じ，目には面積を考慮した加法混色の結果が見える．

図2.11 面積階調記録における色表現

ばれる．なお，実際の印刷では上記3種の色材だけでは反射率の小さい黒が表現しにくいため，黒インクを併用する．このような色系列を **YMCK**（K は black の K）と呼ぶことがある．

演 習 問 題 ────────

2.1 大きい光源に対する肉眼の光覚閾 10^{-6} cd/m^2 を蛍光灯表面のまぶしさと比較せよ．ただし 40 W 蛍光灯は $\phi 38 \times 1\,198$ mm の管の表面から 2 700 lm の光束を放出する．

2.2 小さい光源に対する肉眼の光覚閾は 100 光子/s とされる．量子効率1の理想的な光電素子で受光したとしてどれほどの光電流が流れるか．

2.3 暗順応により瞳は $\phi 7$ mm に開き，小光源に対する光覚閾は 100 光子/s となる．このような眼で 1 W の緑光を出すカラー電球を何 m 離れて認めうるか．ただし，大気中での光吸収はないものとする．

2.4 視力 1.0 の肉眼の網膜上での解像寸法はいくらか．これを視細胞間の距離と比較せよ．

2.5 図 2.8 の $\bar{r}(\lambda)$, $\bar{g}(\lambda)$, $\bar{b}(\lambda)$ は実験に基づく値である．これを既知として図(c)の曲線を求める方法を示せ．例えば波長 550 nm の $\bar{x}(\lambda)$, $\bar{y}(\lambda)$ の概略値はいくらか．

2.6 (1)白黒ブラウン管のテレビ受像機，(2)カラー受像機で，それぞれ白を表示したときの光で赤い紙を照らしたとき，どのような色に見えるか．

2.7 式(2.1)の三刺激値 R, G, B から

$$r = \frac{R}{R+G+B}, \quad g = \frac{G}{R+G+B} \quad \left(b = \frac{B}{R+G+B}\right)$$

を求め，明るさを除いた色の情報を xy 色度図と似た rg 色度図で表すことができる．この場合

(1) 2光の色度点と混合の比が与えられたとき，混合光の色度点は2光の色度点を結ぶ線分を混合比の逆比に内分した点で与えられるか．

(2) B光の色度点の位置はどこか．

(3) xy 色度図と比べどのような欠点があるか．

3. 画像の変換と画質

　一般の写真や光景は，位置を変数としたアナログ的な光強度分布として表されるが，画像伝送や画像処理に際しては直交変換を利用して別の形に書き換えたほうが都合がよいことが多い．この変換には数種類あるが，ここではおもに実用性の高いフーリエ変換を扱う．また，特徴による画像の表記やフーリエ変換と関連の深い画質について述べる．

3.1 画像のフーリエ解析

　本節では画像の変換のうち最も基本的な空間周波数による取扱いを述べる．この結果は画像処理や画像装置の評価に広く利用されている．

3.1.1 回路系と画像系とのアナロジー

　網点印刷像や液晶画面などドットの集合からなる画面は別として，一般の写真や光景に基づく画像はアナログ的な光分布であり，白黒または単色画像は数式では $f(x,y)$ と表される．テレビの映像信号もアナログ信号であり（図 *1.3* (*c*)の場合，画素数を十分多くし出力をフィルタを通してアナログ信号とする），高さ y_0 の走査線については $f(x,y_0)$ そのままを電気信号に変えて送ることに相当する．一方，音声信号，例えばマイクロホンの出力電流は時間変数の信号 $i(t)$ であるが，回路の設計や評価に際しては $i(t)$ をそのまま扱うよりも周波数成分に直すほうが便利であり，信号ひずみに関する特性や雑音の性質は実際そのように扱われる．これはフーリエ変換──直交変換の1つ──の応用

であり，失われた周波数成分の補償，雑音成分の除去などに利用される．

つぎに，電子回路と画像装置（例えばカメラ）の入出力を**図3.1**のように比べる．ただし後者の場合，画像は x 方向1次元画像と仮定してある．両者は変数の文字は違うが強度分布の現象はよく似ている．そこで画像装置の出力を解析する際，電気系ですでに確立されている波形伝送論を応用できる．すなわちぼけや手ぶれの伴った写真では，画像中の低周波成分は十分なコントラストで写るが，細かい部分は出力の振幅がなまると考え，画像を周波数成分の集合，カメラの性質を周波数特性の形で表すものである．

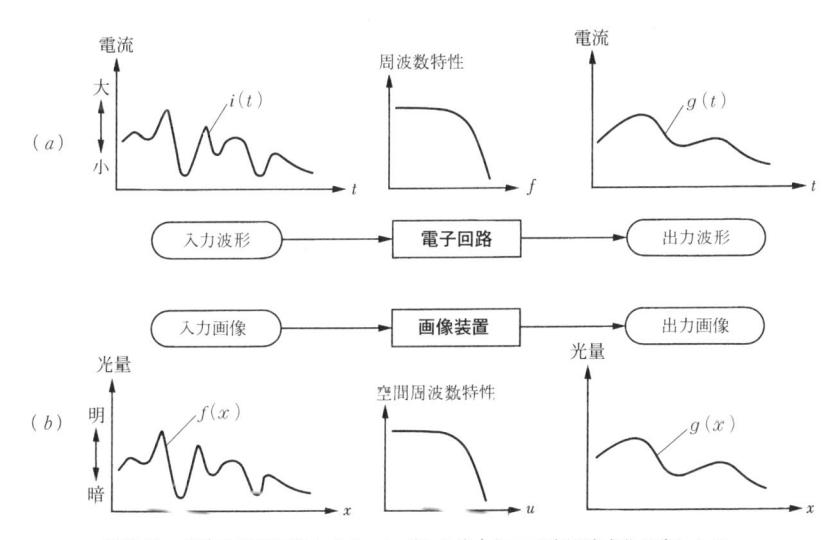

画像は x 方向1次元画像とする．いずれも出力側では高周波成分は失われる．

図3.1 電子回路および画像装置による信号変化の比較

通信理論の光学への応用は**画像情報論**（image information theory）として体系化され画像処理に応用されるようになった．この周波数について電気系と画像系との対応を**図3.2**に示す．比較してわかるように，x 方向単位長さ当りの繰返し数が u（単位 lp/mm, line pairs/mm）で，強度が正弦波的に変化するしまを**空間周波数**（spatial frequency）u の信号という．

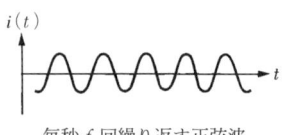

(a) 電気信号 — 毎秒 f 回繰り返す正弦波

(b) 画像信号 — 1mm 当り u 回繰り返す白黒が正弦波的に変わる平行じま信号

図 3.2 電気系 f[Hz], 画像系 u[lp/mm] の信号の対応
(高木, 長谷川ほか: テレビ誌, 28, p.1017 (1974) より)

3.1.2 1次元画像のフーリエ解析

前項では空間周波数を回路とのアナロジーで考えたがさらに詳しく考える. 以下いちいち断らないが, 1次元画像は x 方向についてのみ強度が変化する画像で $f(x)$ と表され, $f(x)$ は 1 を超えず, 有界可積分とする.

$f(x)$ が周期関数である場合には, $f(x)$ はよく知られたように**フーリエ級数** (Fourier series) に展開できる. $f(x)$ の周期を L とすると

$$f(x) = \frac{a_0}{2} + \sum_{n=1}^{\infty}\left\{a_n \cos\left(2\pi n \frac{x}{L}\right) + b_n \sin\left(2\pi n \frac{x}{L}\right)\right\} \tag{3.1}$$

$$\left.\begin{array}{l} a_n = \dfrac{2}{L}\displaystyle\int_{-L/2}^{L/2} f(x)\cos\left(2\pi n \dfrac{x}{L}\right)dx \\[2mm] b_n = \dfrac{2}{L}\displaystyle\int_{-L/2}^{L/2} f(x)\sin\left(2\pi n \dfrac{x}{L}\right)dx \end{array}\right\} \tag{3.2}$$

となる. ここで $a_0(>1)$ は画像関数の平均値であり, 正弦・余弦関数の各項は周期 L の基本波の第 n 次高調波である. 式 (3.2) の意味は積分

$$\left.\begin{array}{l} \displaystyle\int_{-\pi}^{\pi} \cos m\theta \cos n\theta\, d\theta = \begin{cases} \pi & (m = n) \\ 0 & (m \neq n) \end{cases} \\[4mm] \displaystyle\int_{-\pi}^{\pi} \sin m\theta \sin n\theta\, d\theta = \begin{cases} \pi & (m = n) \\ 0 & (m \neq n) \end{cases} \\[4mm] \displaystyle\int_{-\pi}^{\pi} \sin m\theta \cos n\theta\, d\theta = 0 \end{array}\right\} \tag{3.3}$$

の性質を利用し, 与えられた関数 $f(x)$ の中から正弦, 余弦の各調波の成分を

見いだそうとするものであるが，これは式(3.2)の$f(x)$に式(3.1)を代入し，$\theta = 2\pi x/L$と置き換えれば明らかである．したがって，a_n, b_nは画像$f(x)$に含まれる**空間周波数スペクトル**であり，式(3.2)は画像のスペクトルへの分解を，式(3.1)はスペクトルをもとに画像を組み立てる意味を示す．以上の式はxをtと読み換えれば電気信号波形の取扱いとまったく同じであり，考えやすい．ただし，電気信号には負の量があるが光には負の量はない．そのため光の場合は正弦波の合成で生じる負の量を打ち消す空間周波数0の成分（直流に相当）が止の値として必ず存在する．このようにして周期的画像は離散的なスペクトルをもつ．あとでしばしば出てくる連続方形波（白黒平行じま）のスペクトルを図3.3に示す．原点のとり方でスペクトルがどのように変わるかは，実際に演算を通して体験されたい．

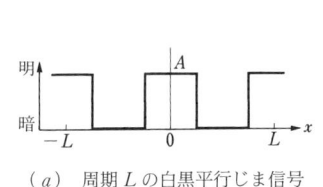

（a） 周期Lの白黒平行じま信号　　　　（b） スペクトル

図3.3　白黒平行じま信号とそのスペクトル

連続方形波について，空間周波数0と基本波のみ，第3次高調波まで，第5次高調波まで，全高調波を合成した平行じま模様2サイクル分を図3.4に示す．高調波成分の不足したものは変化があまい様子がわかる．

$f(x)$が孤立画像関数，すなわちある領域で$0 \leq f(r) < 1$の値，その外側で0の場合，例えば何本かの縦じま模様があり，その外側は黒という画像を考えると，式(3.1)で表されるような級数展開は不可能である．しかし，この場合も空間周波数uの波の成分を$F(u)$とし，画像がそれらの成分の正弦波の和で表されるとすると，フーリエ逆変換の形として

$$f(x) = \int_{-\infty}^{\infty} F(u)\exp(2\pi jux)du \qquad (3.4)$$

と表すことができる．積分の形をとったのはスペクトルが連続であることによ

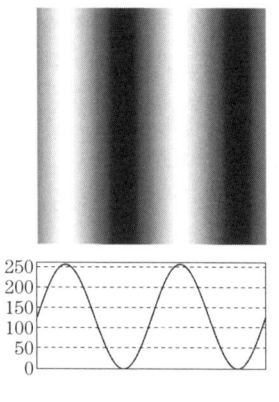

(a) 空間周波数0と基本波の合成

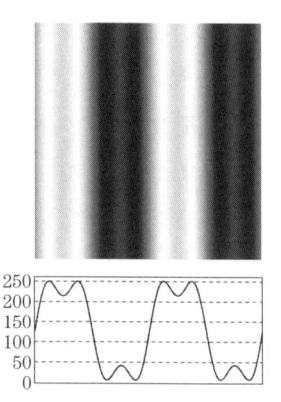

(b) 3次高調波まで合成

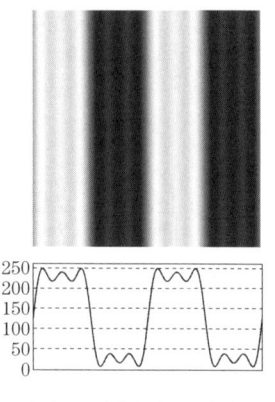

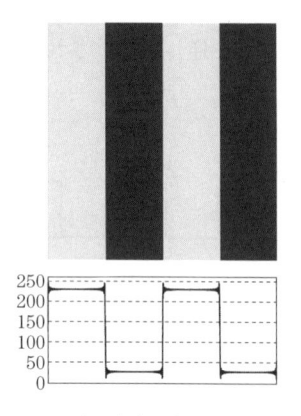

(c) 5次高調波まで合成

(d) 全高調波を合成

図 3.4　基本波と高調波を合成した平行じま模様2サイクル分

る．この逆に $f(x)$ から $F(u)$ を求める手続きは次式の**フーリエ変換**

$$F(u) = \int_{-\infty}^{\infty} f(x)\exp(-2\pi jux)dx \qquad (3.5)$$

である．式(3.5)は画像を空間周波数成分に分解，式(3.4)は逆に成分を合成する過程を示す．式中の $\exp(-2\pi jux)$ は x 方向に向いた空間周波数 u の正弦波であることはいうまでもない．後章でしばしば必要となるフーリエ変換の例を図 **3.5** に示す．

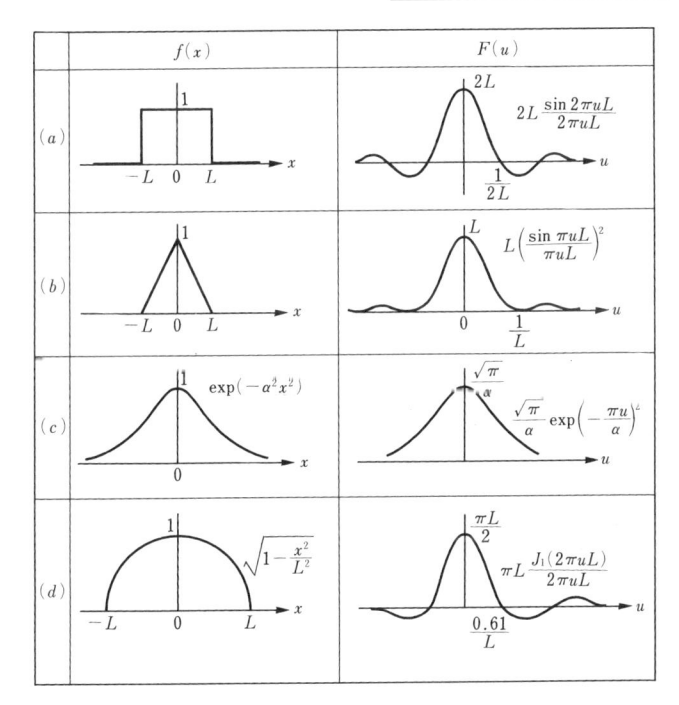

	$f(x)$	$F(u)$
(a)	矩形関数 幅 $2L$, 高さ 1, $-L$ から L	$2L \dfrac{\sin 2\pi uL}{2\pi uL}$, ピーク $2L$, ゼロ点 $\dfrac{1}{2L}$
(b)	三角関数 高さ 1, $-L$ から L	$L \left(\dfrac{\sin \pi uL}{\pi uL}\right)^2$, ピーク L, ゼロ点 $\dfrac{1}{L}$
(c)	$\exp(-\alpha^2 x^2)$	$\dfrac{\sqrt{\pi}}{\alpha} \exp\left(-\dfrac{\pi u}{\alpha}\right)^2$
(d)	$\sqrt{1-\dfrac{x^2}{L^2}}$, $-L$ から L	$\pi L \dfrac{J_1(2\pi uL)}{2\pi uL}$, ピーク $\dfrac{\pi L}{2}$, ゼロ点 $\dfrac{0.61}{L}$

図 3.5 関数 $f(x)$ とそのフーリエ変換 $F(u)$ の例

3.1.3 2次元画像のフーリエ解析

一般の画像は x, y を変数とする2次元の孤立関数である．2次元の画像関数 $f(x, y)$ に対するフーリエ変換は次式で定義される．

$$F(u, v) = \iint_{-\infty}^{\infty} f(x, y) \exp\{-2\pi j(ux + vy)\} dx dy \qquad (3.6)$$

この式は形の上では $f(x, y)$ を，初め y を定数として x 方向についてフーリエ変換し，つぎに y に関して変換すれば得られるが，式のもつ意味について考えよう．ここで u, v は x 方向，y 方向の空間周波数である．

u_0, v_0 を特定の空間周波数の値と考えると，$u_0 x + v_0 y = \text{const.}$ は図 3.6 (a) の xy 面上 $(1/u_0, 0), (0, 1/v_0)$ なる2点 A，B を結ぶ直線上にある．そこで $\exp\{-2\pi j(u_0 x + v_0 y)\}$ は AB に垂直な方向に進む波を示し，この波の周波数は図 (b) すなわち uv 面（空間周波数平面）では点 P, Q で与えられる．また

(a) 空間周波数 u_0, v_0 の信号

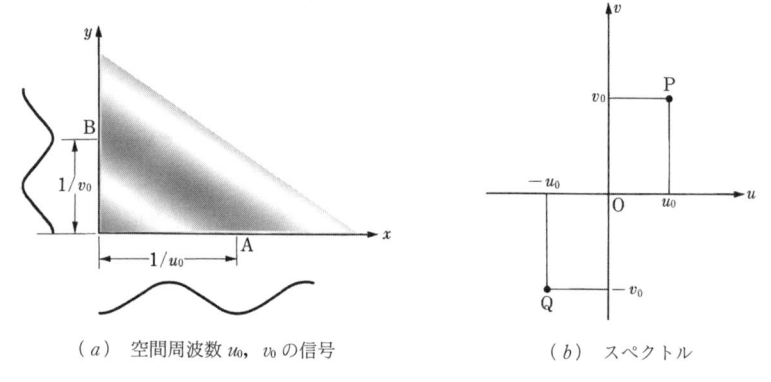

(b) スペクトル

図 3.6 2次元正弦波信号とそのスペクトル

式(3.6)で $F(u,v)$ を求めることはあらゆる方向,周波数の正弦波と原画像とについて式(3.5)と同じ演算でフーリエ変換することを意味している.

一般の孤立画像のスペクトルは u, v に関する連続な関数の曲面となる.

3.1.4 離散フーリエ変換

フーリエ変換を解析的に行いうるのは限られた場合にすぎず,一般の画像のスペクトルを求めるには画像の離散的な標本値を用い,コンピュータによりフーリエ変換を行う.まず,x 方向1次元画像 $f(x)$ について考える.画像の x 方向の標本点の刻みを X とし,画像関数が M 個の離散的なデータ $f(mX)$, $(m = 0, 1, 2, \cdots, M-1)$ として与えられたとする.デルタ関数を $\delta(x)$ と表せば

$$f(x) = \sum_{m=0}^{M-1} f(mX)\delta(x - mX) \tag{3.7}$$

となる.デルタ関数のつぎの性質(式の物理的な意味を考えれば自明であろう)

$$\int_{-\infty}^{\infty} g(x)\delta(x-a)dx = g(a) \tag{3.8}$$

を考慮して $f(x)$ のフーリエ変換を求めると

3.1 画像のフーリエ解析

$$F(u) = \int_{-\infty}^{\infty} f(x)\exp(-2\pi jux)dx$$

$$= \int_{-\infty}^{\infty} \sum_{m=0}^{M-1} f(mX)\delta(x-mX)\exp(-2\pi jux)dx$$

$$= \sum_{m=0}^{M-1} f(mX)\exp(-2\pi jumX) \tag{3.9}$$

となる．$F(u)$ の値を $u_0 = 1/MX$ の整数 k 倍の値についてのみ計算すると

$$F(ku_0) = \sum_{m=0}^{M-1} f(mX)\exp(-2\pi jku_0 mX) \tag{3.10}$$

であり，これを $f(mX)$ の**離散フーリエ変換** (discrete Fourier transform, **DFT**) という．式(3.10)で k の値は 0 および正負の整数であるが，スペクトルは周期 Mu_0 の周期関数である．また

$$W = \exp\left(-\frac{2\pi j}{M}\right)$$

とおくと，式(3.10)はつぎのようになる．

$$F(ku_0) = \sum_{m=0}^{M-1} f(mX)W^{km} \quad (k, m : 0, 1, 2, \cdots, M-1) \tag{3.11}$$

逆に，$F(ku_0)$ がわかっている場合に f を求める逆変換は

$$f(pX) = \frac{1}{M}\sum_{k=0}^{M-1} F(ku_0)W^{-kp} \quad (k, p : 0, 1, 2, \cdots, M-1) \tag{3.12}$$

で表される．

一般の 2 次元画像に対しては，x 方向，y 方向の標本化の刻みを X, Y とすれば，2 次元のフーリエ変換は式(3.6)および式(3.11)を参照して

$$F(ku_0, lv_0) = \sum_{m=0}^{M-1}\sum_{n=0}^{N-1} f(mX, nY)W_1^{km}\cdot W_2^{ln} \tag{3.13}$$

となる．1 次元の式との類推でわかるように

$$W_1 = \exp\left(-\frac{2\pi j}{M}\right), \quad W_2 = \exp\left(-\frac{2\pi j}{N}\right) \tag{3.13'}$$

である．また，2 次元の逆変換はつぎのようになる．

$$f(pX, qY) = \frac{1}{MN}\sum_{k=0}^{M-1}\sum_{l=0}^{N-1} F(ku_0, lv_0)W_1^{-kp}\cdot W_2^{-lq} \tag{3.14}$$

DFT をコンピュータで実行させるには，1 次元画像の場合，式(3.10)の f

の値と複素数の乗算を M^2 回繰り返す必要があり，画素数を多くすると計算時間が膨大となる．これを避けるため高速フーリエ変換 (fast Fourier transform, FFT) という計算技法が利用されているが，詳細は専門書にゆずる．

なお，一般の画像は左右非対称であり，フーリエ変換すると sine, cosine の項がともに現れるが，左右対称の画像では cosine の項のみとなる．そこで式(3.13)に対応して領域 $0 \sim M-1, 0 \sim N-1$ で定義される画像 $f(mX, nY)$ についてこれを変域に折し返して

$$f(m,n) = \begin{cases} f(m, n) & m \geq 0, n \geq 0 \\ f(-1-m, n) & m < 0, n \geq 0 \\ f(m, -1-n) & m \geq 0, n < 0 \\ f(-1-m, -1-n) & m < 0, n < 0 \end{cases} \quad (3.15)$$

とすれば，式(3.13′)の内容を cosine のみにし得る．このような変換を**離散コサイン変換** (discrete cosine transform, **DCT**) という．

3.1.5 光学フーリエ変換

画像の2次元フーリエ変換は 3.1.3 項に示したが，レーザなどのコヒーレント光の回折現象を利用して実験的に瞬時に求めることもできる．

図 3.7(a) で原画像の光の振幅透過率分布を $f(x, y, 0)$ とし，左側から可干渉の平行光が入射したとする．限られた領域 S 内の画面上では光の位相は全

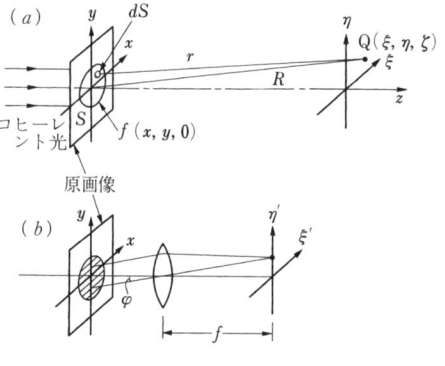

図 3.7 光学フーリエ変換

面で等しく,振幅は $f(x,y)$ に比例する.これが2次光源となって右側の空間で干渉を生ずる.近軸領域の範囲とみなされる点 $Q(\xi,\eta,\zeta)$ における光の振幅 $\phi(\xi,\eta,\zeta)$ を考えよう. c を光源の強さに関する定数とすると $\phi(\xi,\eta,\zeta)$ は

$$\phi(\xi,\eta,\zeta) = c \iint_S f(x,y)\frac{\exp(jkr)}{r}dS \qquad (3.16)$$

となる.ただし $k = 2\pi/\lambda$ であり,分母の r は光強度(振幅の2乗)が $1/r^2$ に比例することに由来する.図を参照し,画面に対し R を十分大きくとれば

$$R^2 = \xi^2 + \eta^2 + \zeta^2$$

$$r^2 = (\xi - x)^2 + (\eta - y)^2 + \zeta^2 \fallingdotseq R^2\left\{1 - \frac{2(x\xi + y\eta)}{R^2}\right\}$$

となる.第2項が1より十分小さい近軸領域ではテーラー展開の第1項をとり, $\xi/R = \theta, \eta/R = \varphi$ と置くことにより, r は方向 θ, φ に関して

$$r \fallingdotseq R - \frac{\xi}{R}x - \frac{\eta}{R}y = R - \theta x - \varphi y$$

となる.この式を式(3.16)に入れると

$$\phi(\xi,\eta,\zeta) \fallingdotseq \frac{c}{R}\exp(jkR)\iint_S f(x,y)\exp\{-jk(\theta x + \varphi y)\}dxdy \qquad (3.17)$$

となる.すなわち画像 $f(x,y)$ と,画像を通ったのちの光の θ, φ に関する振幅分布はたがいにフーリエ変換の関係になっている.そこで画像のうしろに図3.7(b)のように焦点距離 f のレンズを置き,焦点面に座標 ξ', η' をとると

$$\theta \fallingdotseq \frac{\xi'}{f}, \quad \varphi \fallingdotseq \frac{\eta'}{f}$$

である.また S の外で画像関数は0であるから式(3.17)の積分領域は無限大にとってもよい.したがって式(3.17)は

$$\psi(\xi',\eta') = \text{const} \iint_{-\infty}^{\infty} f(x,y)\exp\left\{-jk\left(\frac{\xi'}{f}x + \frac{\eta'}{f}y\right)\right\}dxdy \qquad (3.18)$$

となる.式(3.6)と比較すれば, $\xi'/\lambda f, \eta'/\lambda f$ がそれぞれ空間周波数 u, v に対応し,光の振幅分布が画像のフーリエ変換となっていることがわかる.

図3.7(b)に示したように,原画に y 方向に間隔 d (空間周波数 $1/d$)のしま模様があれば,画像の右側の空間では $\varphi = \lambda/d$ の方向では1次回折光が

強め合って平行光となり，レンズを置けばその焦点面では $\eta' = f\varphi = f\lambda/d$ の点に光が集まることから物理的な理解が得られる．

この現象はコンピュータが画像に対して非力な時代に光学画像処理として開発された．この場合，図 $3.7(b)$ の $\xi'\eta'$ 面の右側に同じレンズを対照的に置いて像-レンズ，レンズ-$\xi'\eta'$ 面など 4 か所の間隔をすべて f とすると，うしろのレンズの焦点面に入力像と同じ画像が出力される．途中の $\xi'\eta'$ 面-入力像のフーリエ変換面で選択的に光を通せば空間周波数処理した画像が出力され，例えば $\xi'\eta'$ 面で原点から遠い部分を遮断すると，処理時間 0 で高空間周波の雑音の低減された画像が得られる．この装置は特定の空間周波数成分を検出する IC のマスク検査などに利用されたが実用的でなく，こんにち光学画像処理が利用されることはない．

レーザ光を利用した光ディスク装置の光ビーム径を制限する開口とレンズは図 $3.7(b)$ の原画像とレンズと同じ配置であり，上記の現象が生じる．円形開口と光集束の関係はのちに図 $3.12(b)$ に示す左の原関数と右の 2 次元フーリエ変換と同じ関係であり，図 $3.7(a)$ の焦点面（ξ, η は図 3.12 の u, v に相当）で広範に広がる光に注意しなければならない．

3.2 たたみ込みと OTF

画像装置のぼけは画像信号が空間的に広がることに起因して生じ，よく使われるアンシャープマスク補正（**8.4.2** 項）はその逆の画像処理を行う．これらの内容は**たたみ込み**（convolution）という考えを用いて説明され，さらに前節で説明した空間周波数成分による表現とも裏表一体の関係がある．本節では，おもにこれらの基本的な概念を説明する．デジタルカメラなどディジタル画像機器の画質は多くの場合画素数だけで表現されるが，カメラレンズの特性や手振れをはじめ，**9** 章に取り上げる各種機器には画像入力の過程で生じる光の広がり現象が最終的な画質を定めるものも多い．

3.2.1 たたみ込み（1次元）

画像装置，例えばカメラレンズのぼけを例としてたたみ込みについて考える．装置は線形で一様，すなわち入力光強度が a 倍になったとき出力は光分布の状態が変わらず強度が a 倍になり，かつ入力面上で像位置が変わると出力像は対応した位置に変わるが，像の光強度分布は不変とする．また像寸法の倍率が $1:1$ の場合を扱い，像寸法が違う場合は縮尺を別途考える．入力像を x 方向に変化する1次元画像とし，$f(x)$ で表す．

装置に幅が無限小，強度1の線（1次元デルタ関数：$\delta(x)$ の像）を入力したとき，入出力像は図 3.8 のようになろう．

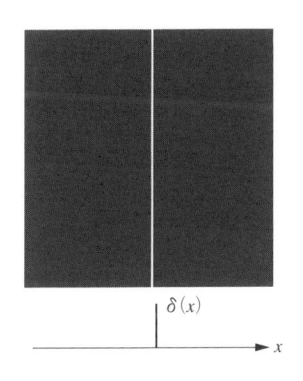

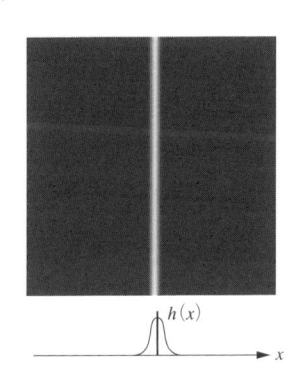

（a）1次元デルタ関数（線像）入力 $\delta(x)$ （b）線像に対するぼけ出力 $h(x)$：LSF

図 3.8 ぼけを伴う画像システムへの1次元デルタ関数入力とぼけ出力

ぼけの性質を表す出力像の広がり分布を $h(x)$ と表す．これを使って入力画像 $f(x)$ に対する出力像を求める．図 3.9 に示すように，座標 x' における幅 dx' の線入力は $h(x)$ に従ってぼけを伴い，座標 x に与える影響（光量）は

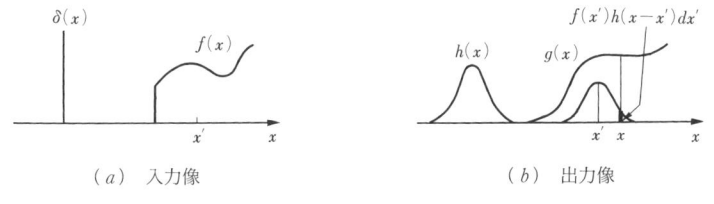

（a）入力像 （b）出力像

線像 $\delta(x)$ はぼけて LSF $h(x)$ となる．出力像 $g(x)$ は入力 $f(x)$ と $h(x)$ とのたたみ込みとなる．

図 3.9 1次元画像のたたみ込み

$f(x')h(x - x')\,dx'$ となる（図の太線）．

入力像のすべての部分の影響を加算した結果が出力 $g(x)$ となるから

$$g(x) = \int_{-\infty}^{\infty} f(x')h(x - x')dx' \qquad (3.19)$$

となる．$h(x)$ は**線広がり関数**（line spread function, **LSF**）と呼ばれ，電気系のインパルス応答と同じ性格をもつ．式(3.19)は**たたみ込み**と呼ばれ，x を t と読み換えれば電気系のたたみ込みの式と同じになる．

$f(x)$ をスペクトルで表した式(3.4)を式(3.19)に入れ，$x-x'=z$ と変数変換したうえで整理すると，出力 $g(x)$ は

$$g(x) = \iint_{-\infty}^{\infty} F(u)\exp(2\pi jux')du\, h(x - x')dx'$$

$$= \int_{-\infty}^{\infty} F(u)\exp(2\pi jux)du \int_{-\infty}^{\infty} \exp(-2\pi juz)h(z)dz$$

$$= \int_{-\infty}^{\infty} F(u)\cdot H(u)\exp(2\pi jux)du \qquad (3.20)$$

となる．ここで $H(u)$ は $h(x)$ のフーリエ変換で次式で与えられる．

$$H(u) = \int_{-\infty}^{\infty} h(x)\exp(-2\pi jux)dx \qquad (3.21)$$

一方，$g(x)$ を直接に式(3.4)を用いて書き換え，式(3.20)と比較すると

$$g(x) = \int_{-\infty}^{\infty} G(u)\exp(2\pi jux)du \qquad (3.22)$$

$$G(u) = F(u)\cdot H(u) \qquad (3.23)$$

となる．この式は入力スペクトルと $H(u)$ の積が出力スペクトルになることを示し，式(3.21)は $H(u)$ が LSF をフーリエ変換して得られることを示す．$H(u)$ は電気系のインパルス応答のフーリエ変換，すなわち周波数特性に対応するものである．

3.2.2 たたみ込み（2次元）

一般の画像に対しては，1次元画像を2次元に拡張しなければならない．

画像装置に面積無限小，強度1の点（2次元デルタ関数：$\delta(x, y)$ の像）を

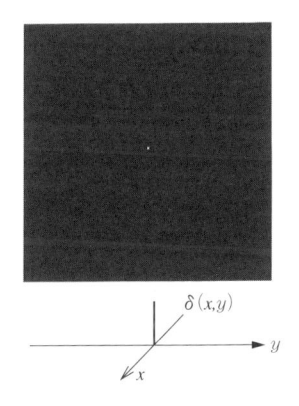

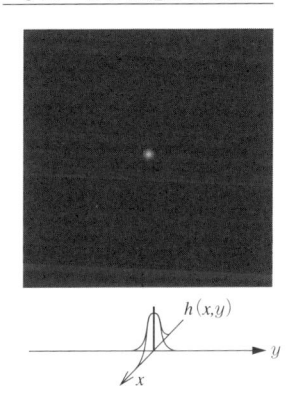

(a) 2次元デルタ関数（点像）入力 $\delta(x,y)$　　(b) 点像に対するぼけ出力 $h(x,y)$．PSF

図 3.10　ぼけを伴う画像システムへの2次元デルタ関数入力とぼけ出力

入力したとき，入出力像は図 3.10 (a)，(b)のようになろう．

ぼけの性質を表す出力像の広がり分布 $h(x,y)$ は**点広がり関数**（point spread function, **PSF**）と呼ばれる．これを用いると入力像 $f(x,y)$ に対する出力像 $g(x,y)$ は図 3.11 (a)を参照すれば式(3.19)に対応して次式のようになる．

$$g(x,y) = \iint_{-\infty}^{\infty} f(x',y')h(x-x',y-y')dx'dy' \tag{3.19'}$$

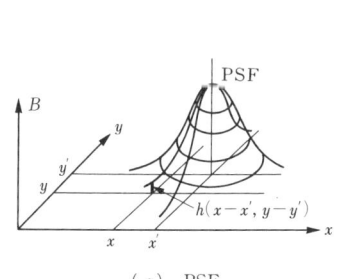

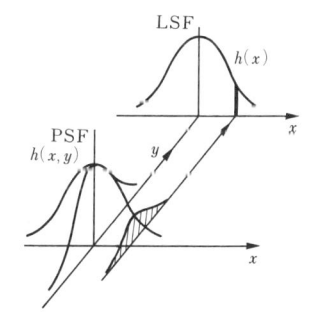

(a) PSF　　(b) PSFの積分値の投影が LSF

図 3.11　2次元画像のぼけ

ぼけの影響が x, y 両方向に及ぶことを考えれば式の意味は明白であろう．入出力像のスペクトルの間の関係は式(3.23)に対応して次式で与えられる．

$$G(u, v) = F(u, v) \cdot H(u, v) \qquad (3.23')$$

ここで，$H(u, v)$ は $h(x, y)$ の2次元フーリエ変換として次式で与えられる．

$$H(u, v) = \iint_{-\infty}^{\infty} h(x, y) \exp\{-2\pi j(ux + vy)\} dx dy \qquad (3.21')$$

つぎに，PSF と LSF の関係を求める．以下，1次元に対する取扱いは添字1，2次元に対して添字2をつけることとする．LSF $h_1(x)$ はスリット $\delta_1(x)$ に対する2次元系のレスポンスであるから，PSF を $h_2(x, y)$ と表して $\delta_1(x)$ とのたたみ込みを求めると

$$h_1(x) = \iint_{-\infty}^{\infty} h_2(x', y') \delta_1(x - x') dx' dy'$$
$$= \int_{-\infty}^{\infty} \delta_1(x - x') dx' \int_{-\infty}^{\infty} h_2(x', y') dy'$$

となる．第2の積分を $h_0(x)$ と表し，さらに $x - x' = x''$ と置き換えると

$$h_1(x) = \int_{-\infty}^{\infty} \delta_1(x - x') h_0(x') dx' = \int_{-\infty}^{\infty} \delta_1(x'') h_0(x - x'') dx'' \qquad (3.24)$$

となる．最後の式は $h_0(x)$ とデルタ関数の1次元たたみ込みであるから

$$h_1(x) = h_0(x) = \int_{-\infty}^{\infty} h_2(x, y) dy \qquad (3.25)$$

となる．以上から PSF の y 軸に沿う積分値を $y = 0$ 面に投影すると LSF が得られることがわかる．図 $3.11(b)$ にこれを示す．

3.2.3 OTF

上記の $H(u), H(u, v)$ は式 (3.23)，$(3.23')$ の意味からわかるように空間周波数のフィルタの意味をもち，その性質から **OTF** (optical transfer function) あるいは**空間周波数特性**（古くはレスポンス関数）といわれ，画像装置の解像度の表現や周波数領域での画像処理に広く用いられる．

OTF は，式 $(3.21')$ のように PSF $h(x, y)$ の2次元フーリエ変換として2変数の関数で与えられる．最も簡単な半径 L 内で1，その外で0のいわゆるトップハット（top hat）関数および回転対称のガウス形関数の OTF を図 3.12 に示す．画像のぼけは2次元の現象であるが，3.4 節に示す画像装置の評価

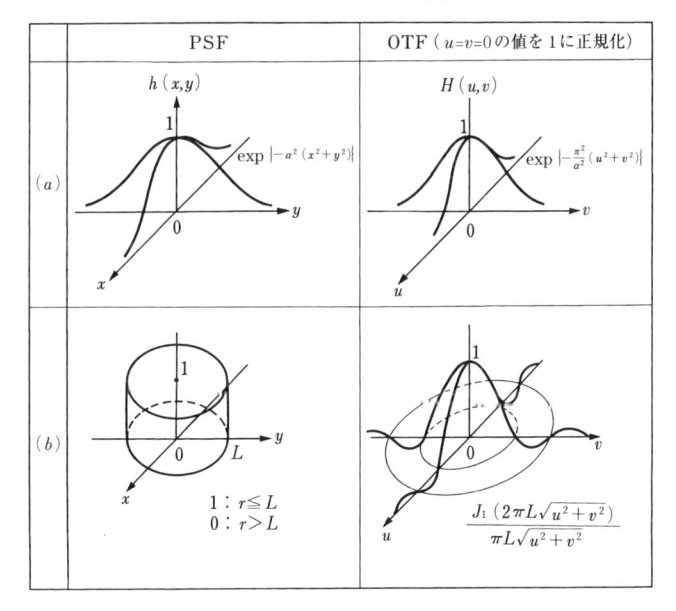

図 3.12 PSF とその OTF の例

では主として 1 次元の OTF $H(u)$ が使われる．その理由は

① 2 次元のフーリエ変換の取扱いや表現が面倒であること

② 1 次元の表現でもぼけの性質などは表せること

③ 実際にものを見る場合，点よりも線や縁すなわち 1 次元情報が重要

などである．

2 次元フーリエ変換と 1 次元フーリエ変換を比較するため，2 次元の式(3.21')で PSF を $h_2(x,y)$ と表し，$v=0$ と置くと

$$H(u,0) = \iint_{-\infty}^{\infty} h_2(x,y) \exp(-2\pi jux) dx dy$$

$$= \int_{-\infty}^{\infty} \exp(-2\pi jux) dx \int_{-\infty}^{\infty} h_2(x,y) dy$$

となる．式(3.25)を用いれば

$$H(u,0) = \int_{-\infty}^{\infty} h_1(x) \exp(-2\pi jux) dx \qquad (3.26)$$

となる．x 方向の LSF $h_1(x)$ をフーリエ変換すれば，2 次元 OTF の u 方向の

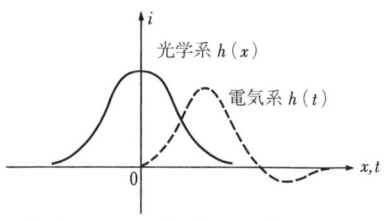

電気系では入力以前に出力が出始めることはなく、光学系では負の出力はない．

図3.13 光学系と電気系のインパルス応答の比較

断面が得られることを示す．

1次元の取扱いの式(3.19)〜(3.23)は電気回路における取扱いと変数の文字を除けばまったく同じであり，電気回路を学んだ者には考えやすい．しかし，1次元のOTFであってもその実際の形状は電気回路の周波数特性とは異なる．これは図3.13に示したように$t = 0$または$x = 0$にδ関数入力があるとき，電気系では因果律の制約により$t < 0$では出力がなく，光学系では光がエネルギーであり負の光量が存在しないという制約があることに基づく．したがって，電気系の周波数特性や画像のOTFをフーリエ逆変換したときにこの制約を破るような周波数特性は存在しない．

電気回路におけるインパルス応答は必ず非対称，したがって振幅，位相の周波数特性がともに問題である．一方，画像系では多くの場合LSFは左右対称であり，したがって振幅伝達特性（modulation transfer function, **MTF**）のみ問題で，位相伝達特性（phase transfer function, PTF）は扱われないことが多い．上記のようにLSFは負の値をとることはないが，そのフーリエ変換すなわちOTFはいったん0となったのち再び正または負の有限の値をとることもある．このとき出力像はある周波数で白黒が分解せず，それより高い周波数のしまが分かれて見える**偽解像**（spurious resolution）と呼ばれる現象を生ずる（章末の演習問題3.6を参照されたい）．

3.2.4 OTFの測定

OTF $H(u, v)$を求めるにはPSFを測定してこれをフーリエ変換する．しかし，一般の画像装置のOTF $H(u)$としては上記の1次元のMTFが多く用いられ，これを測定するには回路の周波数特性測定に対応する数種の方法がある．図3.14によく用いられる3例を示す．被測定画像装置としては，テレ

3.2 たたみ込みとOTF   57

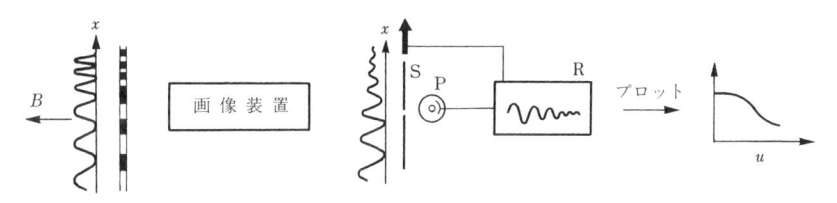

(a) 正弦波信号入力に対する出力分布を測定用スリットを動かして測定，空間周波数を変えて測定し出力変調度をプロット

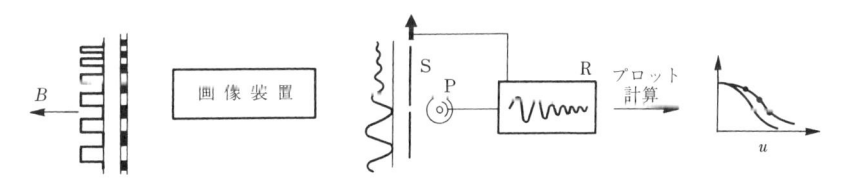

(b) 方形波信号入力に対する出力分布を測定し，式(3.27)で処理

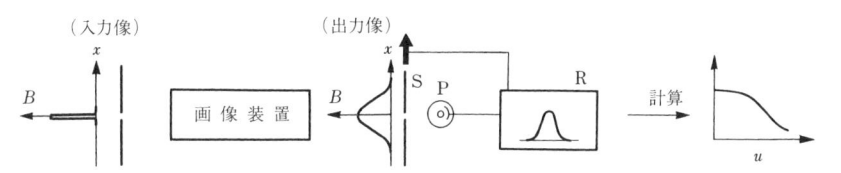

(c) スリット像に対する出力分布を測定用スリットを動かして測定，得られたLSFをフーリエ変換
    B は明るさ，P は光電素子，S はスリット，太矢印はスリット走査方向，R は記録計でその横軸移動はスリットの移動と合わせる．

図 3.14　MTF測定によく用いられる方法3例

ビカメラとモニタの組合せ，光学レンズ，電子レンズ単体など広く考えてよい．

(a) **正弦波パターン撮影法**　図(a)のように，種々の空間周波数の平行じま状正弦波パターンを撮影する．出力像では低周波部分は十分なコントラストをもつが，高周波部分は振幅が小さくなるので出力像を拡大し，光の分布を十分小さいスリットを動かしながら測定し，周波数に対して出力振幅をプロットする．電子回路で掃引発振器とオシログラフを用いて周波数特性を測定する方法に対応する．

(b) **方形波パターン撮影法**　図3.14(a)のような正弦波パターンをつ

くるのは必ずしも容易でない（特に X 線像や電子像を入射する場合）．しかし，位相ひずみがなく白黒の逆転しない条件のもとでは，正弦波状パターンのかわりに通常の白黒じまパターン，すなわち図(b)のように方形波パターンに対する周波数特性 $R(n)$ を測定し

$$H(u) = \frac{\pi}{4}\left\{R(n) + \frac{R(3n)}{3} - \frac{R(5n)}{5} + \frac{R(7n)}{7} + \cdots\right\} \quad (3.27)$$

$$R(n) = \frac{4}{\pi}\left\{H(u) - \frac{H(3u)}{3} + \frac{H(5u)}{5} - \frac{H(7u)}{7} + \cdots\right\} \quad (3.28)$$

に示す**コルトマン**（Coltman）**の式**により OTF $H(u)$ に変換することが可能である．また逆変換も可能である．ここで，n は方形波に対する周波数 [lp/mm] を示す．

つぎに，式(3.28)を導出してみよう．いま，画像装置で周波数 n，振幅 1 の方形波白黒じまを撮影したとする．入力方形波は，図 3.3 に従って正弦波に分解すると

$$f(x) = \frac{4}{\pi}\left(\cos 2\pi \cdot ux - \frac{1}{3}\cos 2\pi \cdot 3ux + \frac{1}{5}\cos 2\pi \cdot 5ux - \cdots\right) \quad (3.29)$$

と表される．各成分波は OTF による減衰を受けるため出力像は

$$g(x) = \frac{4}{\pi}\Big\{H(u)\cos 2\pi \cdot ux - \frac{H(3u)}{3}\cos 2\pi \cdot 3ux$$
$$+ \frac{H(5u)}{5}\cos 2\pi \cdot 5ux - \cdots\Big\} \quad (3.30)$$

となる．出力 $g(x)$ の極大が $x = 0$，極小が $x = 1/2u$ すなわち元の方形波の基本波の極大，極小の位置で生じ，位相ひずみがないとすれば，$g(x)$ の振幅は

$$\frac{1}{2}\left\{g(0) - g\left(\frac{1}{2u}\right)\right\} = \frac{4}{\pi}\left\{H(u) - \frac{H(3u)}{3} + \frac{H(5u)}{5} - \cdots\right\} \quad (3.31)$$

となり，式(3.28)が得られる．

つぎに，式(3.27)は式(3.28)を用いて得られる．すなわち式(3.28)から

$$\frac{\pi}{4}R(3n) = H(3u) - \frac{H(9u)}{3} + \frac{H(15u)}{5} - \cdots \quad (3.32)$$

となるので，この $H(3u)$ を式(3.28)に代入する．以下 $H(5u), H(7u)$ などについてもこれを繰り返すと，式(3.27)が得られる．画像装置では上記の条件が満たされることが多く，式(3.27)，(3.28)はしばしば用いられる．

(c) LSF 測 定　図3.14(c)のように，スリット像を入力したときの出力像の光分布，すなわち LSF $h(x)$ を測定し，その結果をフーリエ変換する．電気系におけるインパルス応答測定法に対応する．

3.2.5　自己相関関数と周波数スペクトル

前節のフーリエ級数やフーリエ変換は周期的画像または有限の範囲の孤立画像に対して定義される．画像雑音など無作為に連続する（定常エルゴード的）画像は**自己相関関数**（auto-correlation function）により扱われる．

1次元画像 $f(x)$ に対する自己相関関数 $\phi(\xi)$ は

$$\phi(\xi) = \lim_{X \to \infty} \frac{1}{2X} \int_{-X}^{X} f(x)f(x-\xi)dx \qquad (3.33)$$

で定義される．**図3.15**は光学相関器と呼ばれるもので，2枚のまったく同じ画像のスライドを重ね，両者の相対位置をしだいにずらせながら，ずれ距離 ξ に対し透過光量をプロットすれば，積分範囲を除いて式(3.33)の物理的意味にそう結果が得られる．電気系の読者は変数 x を t に，ずれ距離 ξ を遅延時間 τ に読み換えると理解しやすいであろう．一般の画像に対して，

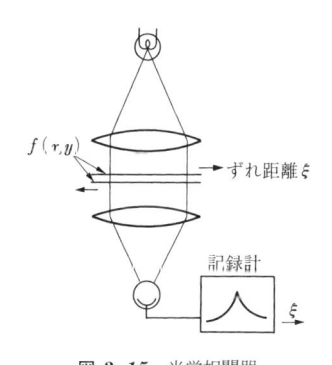

図3.15　光学相関器

$\phi(\xi)$ は $\xi = 0$，すなわち2枚の画像をきちんと重ねたとき $\overline{f^2}$，2枚の図柄の相関がないほど ξ を大きくしたときは $(\bar{f})^2$ となる．$\phi(\xi)$ は左右対称であり，相関の失われるずれ距離 ξ_0 を知れば図柄の細かさがほぼわかる．なお，光学相関器は歴史的なものであるが考え方は重要である．現在は式(3.33)と同じ内容の演算をコンピュータでソフト的に行う．

式(3.33)の変数を $\xi \to x, x \to x'$ と置き換えて式(3.19)と比較すると，自己相関関数は( )内の符号が逆ではあるが同じ関数の間のたたみ込みとなっており，$\phi(\xi)$ のフーリエ変換 $\mathcal{F}(\phi(\xi))$ は式(3.20)～(3.23)と同じ手続きにより

$$\mathcal{F}(\phi(\xi)) = |F(u)|^2 \qquad (3.34)$$

となる．これは電気系と同様にパワースペクトルといわれるが"光のパワー"の内容ではないため，情報制御分野の研究者にちなんで**ウィーナスペクトル**(Wiener spectrum) といわれることが多い．

一般の2次元の画像に対する自己相関関数 $\phi_2(\xi, \eta)$ は

$$\phi_2(\xi, \eta) = \lim_{X,Y \to \infty} \frac{1}{4XY} \int_{-X}^{X} \int_{-Y}^{Y} f(x,y) f(x-\xi, y-\eta) dx dy \qquad (3.35)$$

で定義され，図3.15の相関器を用い，両画像を $\xi\eta$ 両軸に沿ってずらすことにより測定できる．$\phi_2(\xi, \eta)$ は $\xi\eta$ 面上での曲面であり，前述の $\phi_1(\xi)$ はその ξ 軸に沿う断面である．$\phi_2(\xi, \eta)$ の2次元フーリエ変換は次式となる．

$$\mathcal{F}(\phi_2(\xi, \eta)) = |F(u,v)|^2 \qquad (3.36)$$

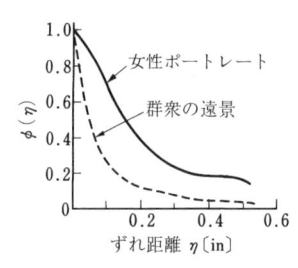

実際は左右対称で，本図は左半分が省略されている
2種の写真の自己相関関数の測定結果の縦方向断面．原画は縦2.5 in

図 3.16 光学的自己相関関数の測定例

テレビジョン開発の当初，クレッツマ（E. R. Kretzmer）は図3.15の相関器を考案して有名な実験を行った．すなわち女性ポートレートおよび群衆の遠景（1画面に100名くらい）について自己相関関数を測定し，**図3.16**の結果を得て，人物のアップ像ならば標準方式テレビ程度の走査諸元で解像度は十分との見通しを立てた．自己相関関数のフーリエ変換によりパワースペクトルが得られることは**ウィーナ‐キンチン**（Wiener-Khintchine）**の定理**として知られる．

3.2.6 標 本 化

電気信号をディジタル的に扱うときには,まず信号の時間的な**標本化** (sampling) を行う.また,画像を工学的に扱うときには線走査,点走査を行うが,これは空間的な標本化といえる.ここでは標本化とスペクトルとの関係について考える.

標本化は一般に時間変数の形で扱われているが,これを空間座標に置き換えて標本化定理を考える.いま,1次元画像関数 $f(x)$ が U 以上の空間周波数成分を含まないように帯域制限をかけたとすると,式(3.4)のフーリエ逆変換は

$$f(x) = \int_{-U}^{U} F(u)\exp(2\pi jux)du \tag{3.37}$$

となる.いま,n を任意の整数とし,x のかわりに $n/2U$ とおくと

$$f\left(\frac{n}{2U}\right) = \int_{-U}^{U} F(u)\exp\left(2\pi ju\frac{n}{2U}\right)du \tag{3.38}$$

を得る.すなわち,式(3.2)を参照して画像関数の標本値は空間周波数領域での $2U$ を基本波とするフーリエ級数の係数で与えられ,逆に標本値は $F(u)$ のフーリエ級数の係数すべてを与える.したがって,$X = 1/2U$ の間隔で標本化した標本値($\cdots, f(-X), f(0), f(X), f(2X), \cdots$)が与えられれば元の信号が復元できる.電気系ではこれに対応する原理を**標本化定理** (sampling theorem, **ナイキスト** (Nyquist) **の定理**ともいう),またこのときの周波数を**ナイキスト周波数**と呼んでいる.

図3.5(a)のフーリエ変換対を逆に考えると,帯域幅 $2U$ の低域フィルタ

$$\left.\begin{array}{l} F(u) = 1 \quad -U < u < U \\ F(u) = 0 \quad u < -U, u > U \end{array}\right\} \tag{3.39}$$

に δ 関数を通した出力を $\mathrm{sinc}\, 2Ux$ と表すと,この関数

$$\mathrm{sinc}\, 2Ux = \frac{\sin 2\pi Ux}{2\pi Ux} \tag{3.40}$$

は $x = 0$ のとき1,$x = n/2U$ では0となる.ここで n は $\pm 1, \pm 2, \pm 3, \cdots$ とする.すると標本値から

$$f(x) = \sum_{n=-\infty}^{\infty} f(X_n) \frac{\sin \pi(2Ux-n)}{\pi(2Ux-n)} \qquad (3.41)$$

により原信号が合成される．これが標本化定理による信号の合成である．この様子を図 **3.17** に示す．

（*a*） 周波数成分　　　　　（*b*） 信　号　　　　　（*c*） 信号の合成

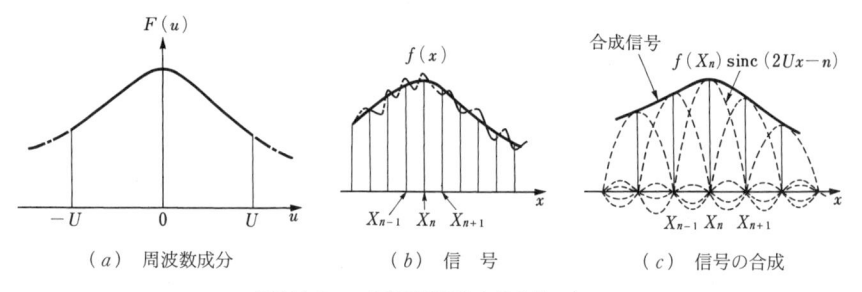

図(*b*)の‥‥‥は帯域制限をかける前のもの

図 3.17　標本化定理による信号の合成

3.2.7 走査画像のスペクトル

テレビ画像は図 1.3 のように水平走査線群から成り，見え方はもちろんテレビ系の仕様に関係する．図(*b*)の装置で走る光電素子，走る輝点ともその寸法が走査線間隔 d に比べて十分小さいとすれば，画像を y 方向にデルタ関数列で標本化した結果が表示されることとなり（等間隔の平行なスリット群を通して原画を見ることと等価）

$$g(x,y) = f(x,y) \sum_{n=-\infty}^{\infty} \delta(y-nd) \qquad (3.42)$$

なる出力像が見えることとなる．この式は座標領域における乗算であるから，そのフーリエ変換は **3.2.1** 項と逆に，＊をたたみ込みを示す記号とすれば

$$G(u,v) = F(u,v) * S(v) \qquad (3.43)$$

で表されるたたみ込みの関係となる．スペクトル $S(v)$ は間隔 d のデルタ関数列のスペクトル，すなわち周波数 $2\pi/d$ の整数倍のパルス群であるから，$G(u, v)$ のスペクトルは図 **3.18** に示すようになり，スリット群のつくる各調波に側波帯を生ずる．

3.2 たたみ込みとOTF

(座標領域)　　　　　　　　(空間周波数領域)

$f(y)$　　　　　　　　　　　$F(v)$

(a) 原画像

$\sum \delta(y-nd)$　　　　　　$S(v)$

(b) 標本関数

$\sum f(y)\delta(y-nd)$　　　　$G(v)=F(v)*S(v)$

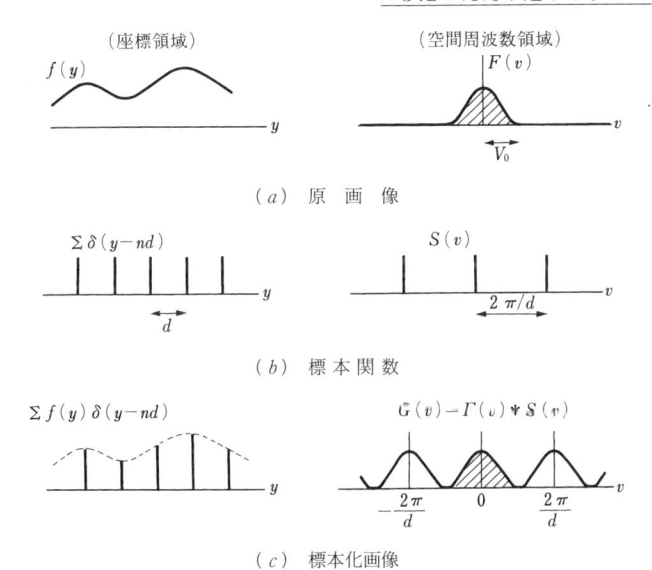

(c) 標本化画像

図 3.18 線走査画像の y 方向空間周波数スペクトル

原画像の帯域幅 V_0 に対し標本化の間隔が狭く

$$V_0 < \frac{\pi}{d} \qquad (3.44)$$

であれば生ずる側波帯が重なることはなく，理想的な低域フィルタにより，原画像が再生できる．このフィルタ作用は特別な光学系を用いず観察者の目の作用に任される．式(3.44)の条件が満たされないと正しい原画像が再生されない．走査線間隔と画像中のしま模様の間隔が近い場合がこれに当たり，発生するビートにかくれて原画像がわからなくなる．この現象を**折返し雑音**（aliasing noise）という．

新聞写真は正方格子点で画像を標本化したものとなっている．このスペクトルは上記の手続きを水平方向にも行い，前記の説明を2次元に拡張した**図 3.19**のように与えられるが，その意味は図 3.18 から容易に類推されよう．

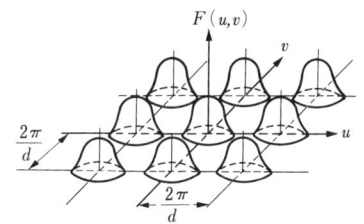

図 3.19 間隔 d の正方格子点で標本化した画像のスペクトル

いずれの場合もシステムを考えるとき重要な因子となる．

3.3 特徴による画像の記述

画像処理のうちパターン認識や，計測を行う場合には，画像を画像関数やその直交変換ではなく，別の形で表現する必要がある．例えば郵便番号の読取り装置の目的は各けたごとに 10 種の数字のどれであるかを指定することであり，胃の X 線写真の自動診断装置であれば病名や程度を文字で示すことで，このような表し方を**記述**（description）という．

このような高次の判定・記述の前段階としては画像から中心線や輪郭線など画像の構造を示すなんらかの**構造線**を抽出し，その**特徴**（feature）を列記することが行われる．例えば文字読取りの場合には文字の中心線の構造を調べ，上に半丸，下に右向きの端点がある……といった特徴がわかればこの文字を 2 と判定でき，胃の X 線写真であれば輪郭線の構造を調べ，特定の点の間の距離や曲率などの特徴が列記できれば診断につながる情報となる．このような画像の特徴量による表記も記述という．

3.3.1 構　造　線

画像関数から構造線などを抽出するのも情報の変換の 1 つである．どのような画像に対してどのような構造線や特徴を利用して表現するかは担当者の経験や主観により異なる．具体的な構造線検出などは画像計測の領域である．ここでは構造線の代表例をあげるにとどめ，詳細は 8 章にゆずる．

（a）**輪　郭　線**　　老幼を問わず，絵を描くときはまず**輪郭線**（edge line）を描き，また輪郭線さえあれば画像の相当な内容が伝達される．すなわち輪郭線は画像の中できわめて重要な情報をもっている．輪郭部は一般に画像の明るさの急変する部分であるから，画像関数 $f(x, y)$ をなんらかの形で微分し，例えば grad $f(x, y)$ を求め，しきい値より大きい微分値をもつ部分を輪郭とすることができる．

(**b**) **骨格線**　比較的幅のせまい要素から成り立つ図形の形状を端的に示すのに向いた構造線である．図形と背景とが分離できた場合，図形の周辺から同じ速度で図形を細める処理を始めたとき処理のぶつかる点の集合を**骨格**または**スケルトン**（skeleton）という（図 3.20 参照）．またこれを求める処理を**距離変換**といい，8.5.2 項で述べる．

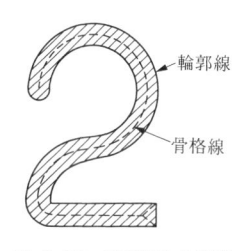

図 3.20　輪郭線と骨格線

(**c**) **その他の構造線**　画像の輝度分布を地図の高度分布とのアナロジーで考えるとわかりやすいつぎのような線がある．

尾根線・谷線　これらは輝度分布の尾根・谷の線であり，grad f が1つの主方向を持つ点の集合である．

等高線　特定の輝度の画素点の作る線が**等高線**（contour line）である．染色体のような2値に近い画像では画素の輝度ヒストグラムは2峰に分かれるから，ヒストグラムの谷に当たる輝度の点を抽出すると輪郭が得られる．

以上の構造線のうち特に多く用いられるのは輪郭線である．このような構造線は一般に曲線であり，それを表現するにはチェイン符号化という方法を用いる．構造線の抽出法とともに8章で述べる．

3.3.2　ランレングス符号化

文字や図形など中間調のない2値の画像を撮像して得た信号を符号化して伝送または記録することを考える．画像に余白があるとすれば，信号は白から始まり，白，黒が交互に現れる．同種の信号の長さ（画素数）を**ラン長**（run length）という．送信側では1本の走査線についてラン長だけを順次送れば受信側では完全な走査線を組み立てることができる．この符号化法を**ランレングス符号化**という．

ランレングス符号化により情報量圧縮ができる．最大ラン長を L とし，各ラン長を $\log_2 L$〔ビット〕の2進符号で表すものとする．ラン長の平均値が l であれば，原信号をそのまま送る場合，1つのラン当り l ビットの符号長を要

する. したがって, 圧縮比 k はつぎのようになる.

$$k = \frac{\log_2 L}{l} \qquad (3.45)$$

符号化のとき信号の長さを固定とせず, ラン長の出現頻度に応じて最適の符号を与えれば(ハフマン符号化), さらに短い時間で画像を伝送できる. 実際の文書や図面についてはラン長の統計が作られ, 出現頻度の高いランに短い符号を割り当てるようにし, ファクシミリの高速化に利用されている(**6.7.2**項).

3.3.3 ハ フ 変 換

直線検出処理に使われる変換について考える. **図 3.21** のように直線 S があるとき, $y = ax + b$ と書けば S はパラメータ a, b (傾きと y 軸との交点) で表される. いま, 直線 S に原点から垂線 OR をひいて

$$\overline{\mathrm{OR}} = \rho_S, \quad \angle \mathrm{RO}x = \theta_S \qquad (3.46)$$

とすれば, S は上式と違う 2 個のパラメータ ρ_S, θ_S で表すことができ

$$\rho_S = x \cos \theta_S + y \sin \theta_S \qquad (3.47)$$

となる. すなわち $\rho\theta$ 座標上での 1 点は xy 面上の 1 本の直線に対応する. この直線 → 点の変換を**ハフ変換**(Hough transform)という.

つぎに, xy 座標系の上の 1 点 $\mathrm{P}(x_P, y_P)$ を通る種々の傾きの直線を考える.

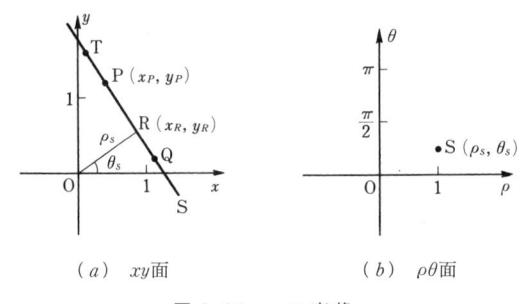

(a)　xy 面　　　　　　(b)　$\rho\theta$ 面

図 3.21　ハ フ 変 換

$$\overline{OP}^2 = \overline{OR}^2 + \overline{PR}^2$$
$$\therefore \quad x_P^2 + y_P^2 = x_R^2 + y_R^2 + (x_P - x_R)^2 + (y_P - y_R)^2$$
$$\therefore \quad x_R^2 + y_R^2 = x_P x_R + y_P y_R \tag{3.48}$$

となる．$x_R = \rho_S \cos\theta_S, y_R = \rho_S \sin\theta_S$ で表されるから，式(3.48)は

$$\rho_S = x_P \cos\theta_S + y_P \sin\theta_S \tag{3.49}$$

となり，パラメータ ρ_S, θ_S は $\rho\theta$ 面上で曲線を描く．

いま，図(a)のように直線 S 上に点 Q，T があるとする．点 Q を通る直線のパラメータは図(b)の $\rho\theta$ 面の曲線となるが，直線が S となるときパラメータは ρ_S, θ_S であり，曲線は ρ_S, θ_S を通る．点 T についても同様で，点群が一直線上にあるとき，各点に対する曲線は ρ_S, θ_S で交わるはずである．このことから画像中の点群が一直線上にあるか否かの検定を行うことができる（章末の演習問題 3.11 を解いて体験されたい）．

3.4 画　　　質

写真，テレビなどの画像装置では，通常は原画のもつ情報の忠実な再現が望まれるが，技術的な限界のほかに経済的な問題もある．ここでは画質つまり画像の質を考える．

3.4.1 階　　　調

写真の画質評価の軟調，硬調，ねぼけた，どぎついなどは階調に関する用語である．画面中の白黒の対比を**コントラスト** (contrast)，その現れる様子を**階調** (tone)，コントラストの過大な画像を**硬調**，その逆を**軟調**と表現する．

画像装置の入力の対数を横軸に，出力の対数を縦軸にとって両者の関係を示した図が**変換特性図**であり，階調の性質はこれで表される．撮像装置の場合は横軸は光入力，縦軸は電気的出力の値で，その関係を**光電変換特性**と呼び，表示装置の場合は横軸は電気入力，縦軸は光出力の値で**電光変換特性**という．画像システムとしては構成する装置の変換特性の組合せで全体の特性が定まる．

図 3.22 に光電変換特性の例を示す．多くの装置でこのような形をとり，許容される入力光の範囲を**ラチチュード**（latitude），明るさの最大値と最小値の比を**ダイナミックレンジ**，特性の傾きを**ガンマ**（gamma，図の $\tan\theta$）という．ガンマ値が γ_C のカメラと γ_D の表示装置を組み合わせたシステムのガンマ値は $\gamma_C \times \gamma_D$ で表される．$\gamma = 1$ の場合，入出力は比例する．

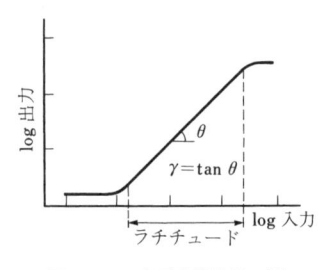

図 3.22　光電変換特性の例

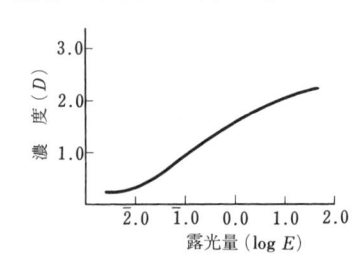

図 3.23　写真フィルムの変換特性の例（感度 ISO 100）

図 3.23 に写真フィルムの変換特性の例（感度 ISO-100）を示す．フィルムの場合，露光量が多いほど現像後の光の透過率 T が小さいため，縦軸の値として濃度（density）D を

$$D = \log_{10}\left(\frac{1}{T}\right) \qquad (3.50)$$

と定義して用いる．写真フィルムの変換特性を一般に**特性曲線**と呼んでいる．写真印画のダイナミックレンジは数十程度で小さい．

　画像装置のガンマは，おもに感光材料，発光材料やその制御の機構で定まるが，使用条件などによるばらつきを伴う．階調が望ましくない画像の階調補正は画像処理の重要な目的となっている．

$3.4.2$　解像特性

　画像装置の最も重要な特性の一つが**解像度**（resolution），すなわち画像細部の表現能力である．デジタルカメラなどディジタル画像装置では一般に全画面の画素数で表現能力を表すが，その場合でも撮影対象の画像はアナログ量，使用するレンズはアナログ装置である．ここではまず解像限界を扱ったのち，

順次アナログ装置，ディジタル装置の解像度について考える．

一般的な解像度の表現の方法は**限界解像度**（limiting resolution）である．すなわち種々のしま周波数の白黒じまパターン（白黒2値の交互の平行じま）を画像装置に入力して出力像を肉眼で観察し，しまが分解して見える極限のしまの密度をもって限界解像度とする．テレビ系で広く用いられている解像度測定用パターンの例を**図 3.24** に示す．

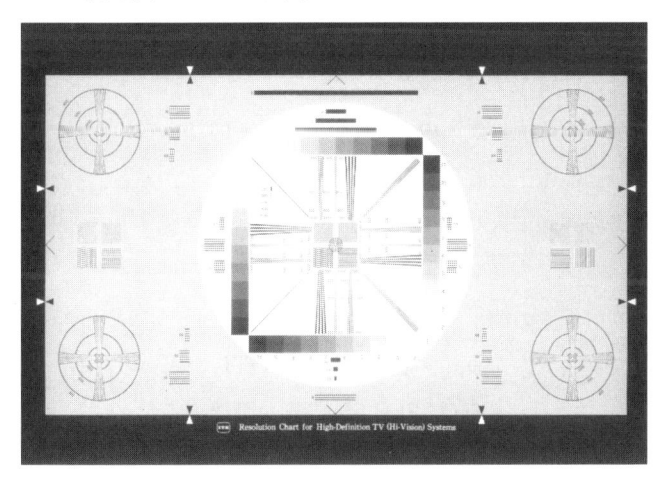

図 3.24 テレビ用解像度測定用パターン

しまの密度として，一般には空間周波数と同様に単位長さ当りの白黒線数〔本/mm〕を用いる．テレビ系では画面の縦の長さを n 等分し，交互に白，黒に塗り分けたものを n 本のしまといい，n TV 本と表すこともある．

限界解像度による表現は日常用いられる．その得失をつぎにあげる．

① 測定が簡便で結果が直感的で，特に同種の装置の比較に有効である．

② 個々の解像度値から全体の解像度を計算できない（例えば，ビデオカメラとモニタそれぞれの解像度から組み合わせた系の解像度を計算できない）．

③ 測定値に測定者の主観や測定条件（明るさ，雑音）が影響しやすい．

④ 限界解像度の数値は悪いが，粗い部分の表現が良いなどの場合があり，本来解像度を1つの数値でいい表すことはできない．

3.4.3 アナログ装置の解像度

レンズやフィルムなどアナログ画像装置の解像度を考える．この場合，上記の限界解像度の代わりに **3.2.1** 項に記した LSF の形状を知れば解像度の性質すべてを表現でき，前項に記した②～④の欠点は解消される．しかし，個々のデータからそれらを組み合わせた系の解像度を計算したり，相互の比較をする際の有用性の点で OTF がはるかにすぐれている．

OTF（一般に1次元）による解像度表現の得失をつぎにあげる

①　解像度の性質がすべてわかる．

②　組合せの解像度は要素の OTF の積として簡単に求められ，特に要素の数の多い画像電子装置の設計や解析に便利である．

③　測定者の主観が入りにくく，雑音も切り離して論ずることができる．

④　1つの数字で表せず繁雑，測定も面倒などの不便がある．

以上により解像度の簡単な表現には限界解像度，厳密な表現や異種の装置を組み合わせてシステムを設計する際などには OTF が用いられる．

写真レンズ，フィルムの OTF(MTF)の例を図 **3.25** に示す†．OTF に基づく出力像の高空間周波数成分の劣化は，写真修正ソフトにより，**8.4.2** 項で述べる原理の画像処理で回復がはかられる．

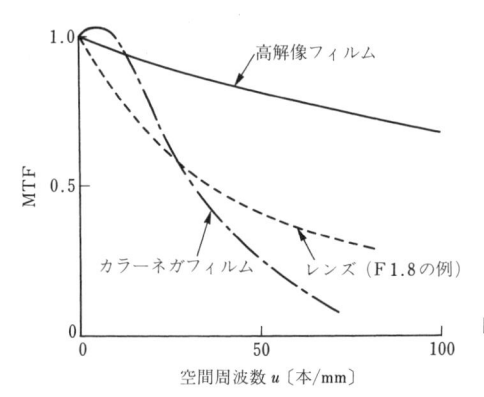

図 **3.25** 写真レンズ，フィルムの OTF(MTF)の例

---

†　ピントが合った状態でもレンズの OTF は使用状態により変わる．レンズを絞るほど高空間周波数領域のレスポンスが低下する．

つぎに，図 3.25 に示すレンズとフィルムを組み合わせた撮影の場合を考えると，総合 OTF は個々の OTF の積となる．

そこで個々の OTF を $\exp(-\alpha_i u)$ と近似する．これらを組み合わせたシステムの OTF もそれらの積として指数関数で表されるからこれを $\exp(-\alpha_T u)$ とおくと

$$\prod_i \exp(-\alpha_i u) = \exp(-\alpha_T u) \tag{3.51}$$

$$\sum_i \alpha_i u = \alpha_T u \tag{3.52}$$

となる．一方，肉眼でコントラスト C 以上が確認できるとし，個々のフィルムなどの限界解像度を u_{ri} とおく．全体の限界解像度を u_{rT} とすると

$$\exp(-\alpha_i u_{ri}) = \exp(-\alpha_T u_{rT}) = C$$

$$\alpha_i u_{ri} = \alpha_T u_{rT} = -\ln C \tag{3.53}$$

となる．これを式 (3.52) に代入すると，個々の要素の限界解像度と組合せの系の限界解像度の間の関係は

$$\frac{1}{u_{rT}} = \frac{1}{u_{r1}} + \frac{1}{u_{r2}} + \cdots + \frac{1}{u_{ri}} + \cdots \tag{3.54}$$

と与えられる．この関係は OTF の概念の生まれる以前から経験的に知られていたことであるが，図 3.25 に見られるようにレンズ，フィルムとも限界解像度を与える高空間周波数領域では指数関数に近い形となっており，上記の関係がほぼ当てはまる．

3.4.4 ディジタル装置の解像度

デジタルカメラや液晶表示装置など，画素行列形装置の表現能力は一般に画面を構成する画素数で表す（例えば 100 万画素のビデオカメラなど）．まずカメラ側つまりアナログ像のディジタル化を考える．

図 $1.3(c)$ に示した画素行列形のカメラでは感光素子が等間隔に並んでおり，アナログ画像情報を $3.2.6$ 項に述べたような過程で標本化を行っている．画素間隔 X の装置では入力像が $1/2X$ 以上の空間周波数の成分を含まな

い場合に正しい標本値が得られ，画質劣化はない．実際の電子的なカメラでは**4.4.2**項に述べるように，空間周波数フィルタを設けて入力像の不用の高空間周波数成分を除いている．また式(*3.41*)では標本値として間隔Xの座標点における画像関数の値を用いているが，実際のカメラでは到来光子を有効に出力とするため有限の面積の光電素子で画像関数を平均化して標本値としている．これは電気信号の標本化の際に幅無限小のパルスを用いる代わりに広幅のパルスを用いることに対応し，その差がディジタル信号の誤差となる．

さらに，多くのカラーカメラでは，3色情報を得るため各画素に色フィルタを付けて隣接画素が別の色成分を拾うようにしている．例えば，三原色を拾う画素をそれぞれ全画素の1/3ずつとし，色ごとに補間して全画素の信号を得る．各単色の解像度は平均1/3となるが，原色の選択や配列に種々の工夫がある（三原色を補色とする，Gの密度をほかより増やすなど，図*4.10*参照）．

つぎに表示画面を考える．標準方式のテレビ画面は**6.2.1**項に述べるように483本の水平走査線で構成されるため，縦方向には画面の高さの1/483の間隔で標本化した画像情報が表示される．表示画面は画面の高さ当り483本の横じま構造をもつが，人は肉眼のフィルタ作用で高空間周波の線構造を除去して画像の内容を見ている．標本化定理に従うと理想的なフィルタを用いればこの場合に半分の241.5サイクル以下の縦方向周波数成分の画像が見えるはずである．実際はこの周波数に近い成分は走査線との間でビートを発生し，これに妨げられるため従来の方式のテレビでは横じま模様表示に対しては経験的にその約70％（この数値を**ケルファクタ**（Kell factor）という），すなわち約170サイクルのしままでしか見えない．

液晶などの行列形表示装置は縦横の線構造となっており，縦横両方向に上記の現象が起こり得る．さらに色を表示するため1画素がR，G，Bの発光素子で構成され，その配列が画質に影響する（**5.1**節で扱う）．同構造の装置については縦横の画素数に比例して高空間周波数の画像が表示される．

パソコンでは，画面の表示画素数が**表*3.1***のように規格化されている．

3.4 画質

表 3.1 パソコンなどの画面の表示画素数

記号	画素数（縦×横）
QVGA	240× 320
VGA	480× 640
SVGA	600× 800
XGA	768×1 024
SXGA	1 024×1 280
UXGA	1 200×1 600

他に色の種類も規格化されている
VGA：video graphics array
Q：quarter　X：extended
S：super　U：ultra

3.4.5 画像雑音

画像装置の出力側で，入力側にない明るさや色のゆらぎが見られる場合，これを**画像雑音**（picture noise）といい，画質低下の要因となる．テレビなどで問題となる画像雑音を分類して**表 3.2**に示す．

表 3.2 画像装置で付加される画像雑音の分類

分類			例
雑音	外来雑音	自然雑音	雷，空電など自然現象に基づくもの
		人工雑音	放電，大電流オンオフなど
	内部雑音	量子雑音（広義） 光子雑音	入力像を構成する光子のゆらぎ
		量子雑音	装置内の電子などの数のゆらぎ
		回路雑音	増幅器などの雑音
		電流に伴う雑音	散射雑音，暗電流に伴う雑音
		固定パターン雑音	画素の素子の特性の不均一など
		粒状雑音	フィルム・蛍光体などの粒状構造
		量子化雑音	量子化のステップが粗いため生ずる誤差

画像に特有な本質的な雑音の種類を以下にあげる．

（**a**）**量子雑音**　1.5.1項に示したように電磁波のエネルギーは光子により運ばれ，吸収される．感光面に光子が到着する密度が時間的，空間的にゆらぎを伴うために生ずる明るさのゆらぎを**光子雑音**（photon noise）と呼ぶ．これは直流電流に伴う散射雑音と同様の原因に基づくもので，防ぎようのない本質的な原因の雑音である．

一様な明るさの画面を考える．その中のある小面積を構成する平均の光子数を $\bar{\nu}$ 個とする．光子の到来はポアソン（Poisson）過程に従うから，同じ面積

の領域ごとの光子数のゆらぎは$\sqrt{\bar{\nu}}$となるため，両者の比をこの部分のSN比と定義すれば

$$\frac{S}{N} = \frac{\bar{\nu}}{\sqrt{\bar{\nu}}} = \sqrt{\bar{\nu}} \qquad (3.55)$$

となり$\bar{\nu}$の大きいほどSN比がよくなる．

9章で述べるX線画像系や高感度撮像装置はきわめて大きい量子利得をもち，1個の入力光量子が吸収されると出力像に1個の輝点（X線写真の場合は1個の現像銀粒子）が現れる．このような装置は入力光子密度がきわめて小さい状態で出力像を形成する．さらに，装置内で電子増倍する際，電子数の空間的，時間的な不均一が雑音として加わる．光子・電子を含め量子現象のゆらぎに基づく雑音を**量子雑音**（quantum noise）という．量子雑音は暗夜の野外中継テレビ番組などに見られる．特に激しい例を図9.3に示す．

(**b**) **回路雑音**　多くの回路がディジタル化され，その部分では雑音の問題は少ないが，ビデオカメラ内のセンサや初段増幅器などアナログ部分では信号が小さく，ここでの雑音が最終的に画質を決めることが多い．能動素子や抵抗の発生する熱雑音，増幅器雑音などがおもな原因である．

(**c**) **電流に伴う雑音**　信号電流も含め電流にはつねに流れの変動が伴って雑音を生じる．これを**散射雑音**という．入力光がなくてもセンサや信号回路を電流が流れることが多い．これを**暗電流**といい，その直流成分はあとで処理し得るが暗電流に伴う散射雑音は消せず，暗い画面にざらつきが見える．

(**d**) **固定パターン雑音**　固体撮像装置では画素ごとのセンサの面積や感度，付属回路特性などに不均一があると，本来の映像信号に不均一が乗算の形で現れて雑音となる．前項までの雑音がフィールドごとにランダムに現れるのに対し，固定パターン雑音は画面上に固定され，**はりつき雑音**といわれる．あとの処理で消せる場合もあるが，暗電流の不均一などは消せない．

(**e**) **粒状雑音**　画像信号のキャリヤ，例えば写真フィルムの現像銀や蛍光像の蛍光体は粒状の構造をもつ．このため本来一様な明るさの入力画像でも個々の粒子や境界の明暗模様が出力像に乗算の形で現れ，雑音となる．

3.4.6 画像雑音と解像度

フィルムの粒状性などハードコピーの雑音は **3.2.5** 項で述べた自己相関関数を測定し，フーリエ変換してパワースペクトルの形で表す．

画像電子装置での雑音測定では，一般に表示された画像雑音ではなく映像信号に重畳する雑音を電気信号のまま測定する．また，雑音の絶対値よりも信号との相対値すなわち SN 比で表すのが普通である．

細部までよく見える受像機でも電界強度の弱い所すなわち雑音の多い状態では細かい所まで見えない——すなわち SN 比が悪いと OTF から期待される限界解像度は得られない．このことは日常経験されるところである．

普通の光を扱う画像装置では，雑音は増幅器または粒状や固定パターン雑音により付加されたものであるが，式 (3.55) からわかるように，構成量子数がきわめて少ない画像——例えば X 線写真や高感度テレビでは量子雑音が問題となる．この場合の解像度について検討しておく．

理想的な高感度テレビを考え，入力側に光子が 1 個到達するごとに出力側に輝点が 1 個現れるとすると，画像は明滅する輝点群から成る．画像内のある領域が背景より明るいとすると，出力像の明るさの分布は PSF を考慮すれば，図 **3.26** のようになり，この部分を見分けるためには信号分（平均の明るさレベルの差）が背景の雑音よりも大きくなければならない．

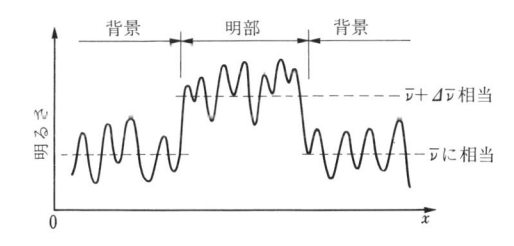

図3.26 画像を構成する光子の少ないときの明るさの分布

平均量子密度（単位時間・面積当り）$\bar{\nu}$ の背景から量子密度 $\Delta\bar{\nu}$ だけ異なる面積 A の対象を認識することを考える．A と同じ面積の背景の量子数は系の蓄積時間を t とすれば平均 $\bar{\nu}tA$（t の意味はこれから考えよ），そのゆらぎは **3.4.5** 項に従って $\sqrt{\bar{\nu}tA}$ となる．この部分を背景から識別するためには信

号分 $\Delta \bar{\nu} t A$ と雑音 $\sqrt{\bar{\nu} t A}$ との SN 比がしきい値より大きい必要があるため

$$\frac{\Delta \bar{\nu} t A}{\sqrt{\bar{\nu} t A}} = C\sqrt{\bar{\nu} t A} > k \tag{3.56}$$

でなければならない．t は肉眼では残像時間 1/30 s，暗順応した状態では 0.2 s，写真（暗い像を長時間露光で撮影した場合など）では露出時間となる．$C = \Delta \bar{\nu}/\bar{\nu}$ はコントラストであり，定数 k は 2〜5 とされる．

面積 A を 1 辺 l の正方形，k を 3，t を 1/30 s とおくと式(3.56)は

$$l > \frac{k}{C\sqrt{\bar{\nu} t}} = \frac{16.5}{C\sqrt{\bar{\nu}}} \tag{3.57}$$

となる．C をパラメータとし，$1/l$ を解像本数と仮定して $\bar{\nu}$ との関係を求めると図 **3.27** のようになる．

図 *3.27* は，**9.2** 節で述べるような X 線透視検査，すなわち胸部，腹部などの X 線蛍光像を動態のままテレビを通して見る装置に適用してみよう．X 線の光子エネルギーが大きいことから，入力側で X 線粒子が 1 個吸収されるごとにモニタに 1 個の輝点が観察され，画像装置としては理想に近い高感度をもつ．しかし，中間調のある画像は明滅する輝点群から成り，検査は雑音のかなり多い状態で行われ，解像度は雑音に制限される．腹部の検査はテレビ系に入射吸収される X 線が 10^6〜10^7 光子/cm²・s 程度で行われる．例えば 2〜3 mm の球状の対象物を見つけたい場合，図から $C = 0.05$ 程度のコントラストが必要であるが，20 cm 程度の腹部の厚さに対して 2 mm の厚さ変化ではこれだけのコントラストは得られず，したがって対象物は認識されない．

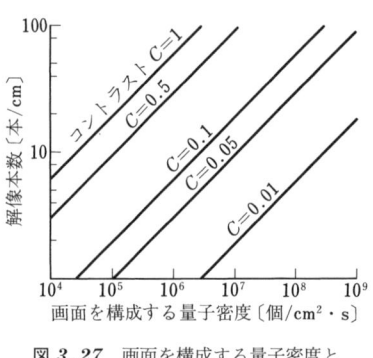

図 **3.27** 画面を構成する量子密度と解像本数

3.4.7 色 再 現

テレビ像や写真の印象は画像の色調で大きく変わる．現在の実用機器はすべ

て 6.2.2 項のカラーテレビのように広範な波長域の色情報を3色信号に集約し，三原色の混色で色を表現する．したがって，色再現範囲は図 2.9 で三原色の色度点が作る三角形の内部に限られ，色ひずみ（色度座標の違い）の発生は避け難い．工学的な色再生にはつぎのような種類がある．

① 対象（原画・現物）と同じ分光分布をもつ像の実現を目指すもの
② 対象と同じ色度点の色の表現を目指すもの
③ 対象と同じ色よりも「好ましい色（記憶色）」の表現を目指すもの

原色数を3より増す試みはあるが①の実現は遠い．テレビや写真の色再現は②の努力で日常使う範囲でははば満足を得ているが，患者の顔色を伝送して遠隔診断に供するなど精度の必要な用途には問題がある．

一般の家庭用などの場合，「原画に忠実な色」よりも「記憶している好ましい色（記憶色）」に仕上げることのほうが望まれる．例えば，青空は実際の空より青く，顔色は実物より白っぽく仕上げることに努力が払われる．やや暗い室内で自然な画像を多く扱うテレビの白は昼間の太陽光に近い色として標準の光Cに調整され，明るい室内で文字データを多く扱うコンピュータ表示装置の白はやや青白い白に調整されている（色温度でそれぞれ 6 774 K，9 300 K に相当）．また，不都合な画像の色調を正すのは写真修正などに用いる画像処理の重要なアイテムとなっている．

3.5 画像のディジタル符号化

ディジタル技術の発展に伴って画像システムもディジタル方式に移行している．しかし，30万画素のビデオカメラで毎秒 30 回走査し，各画素の3色信号をそれぞれ8ビットで量子化すると，データ発生量は 216 Mbps というように大きな値になる．画像システムのディジタル化の成功は，画像の性質を利用して大幅に情報量圧縮を行う高能率符号化と呼ばれる技術に負うところが大きい．本節では画像通信を例にとって画像のディジタル変換，高能率符号化について考えるが，結果は画像の記録再生システムなどにも適用される．

3.5.1 映像信号のディジタル化

アナログ信号をディジタル信号に変換するには，まず 3.2.6 項の標本化定理に従って信号の帯域幅が W であれば $1/2W$ 以下の時間間隔で標本化し，高さがアナログ値のパルス列を作る．つぎに，これを量子化して 2 進符号とし，**パルス符号変調** (pulse-code modulation, **PCM**) 信号とする．標本数，量子化ビット数ともに大きいほうが出力像の画質は良いが，システムの負担が増える．

画質の立場から図 1.18 によれば，量子化ビット数は 7〜8 ビットあれば視覚的に満足できる．一方，アナログ信号を量子化すると丸め誤差を生じ，図 3.28 のような量子化雑音が発生する．

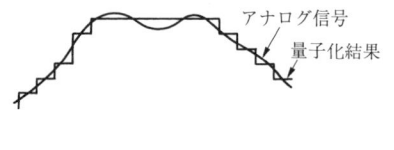

図 3.28 アナログ信号の量子化と量子化雑音

信号全体の振幅を n ビットに直線量子化（ステップ間隔が等しい量子化）すると，量子化雑音に基づく SN 比は平均的に

$$\frac{S}{N} = \sqrt{12} \cdot 2^n \quad (10.8 + 6n \text{[dB]}) \tag{3.58}$$

となる．$n = 8$ とすると上式の SN 比は 59 dB となり，標準方式のテレビカメラを用いた条件の良い撮像の SN 比にほぼ見合う値となる．カメラ特性の立場からは n は 8〜10 ビットが適当と推量される．

在来のテレビの映像信号は **6.2** 節に示すように帯域幅が 4.3 MHz あるので，赤，緑，青の 3 色の信号をそれぞれ 9 MHz で標本化し，8 ビットに量子化したとすると毎秒発生する合計のデータ量は 200 Mbps を超す．標本化・量子化に伴う画質劣化の課題を**表 3.3** に示す．

表 3.3 標本化・量子化に伴う画質劣化の課題

標本化雑音	標本化周波数不足のとき，折返し雑音が発生する．3.2.7 項参照．
擬似輪郭*	量子化レベルが粗いために発生する明るさの階段．輪郭状に見える．
量子化雑音	量子化の丸め誤差．一様な明るさの部分でざらつきが目立つ．
エッジビジネス	輪郭部分の量子化階段がフレームごとにずれ，ちらついて見える現象．

* 図 1.18

3.5.2 高能率符号化

高能率符号化(efficient coding)は,一般に情報源に特有な性質を利用して冗長度を抑圧し符号化する方法である.画像の性質として隣接画素は似た色と輝度をもち,テレビ像では連続する画面どうしも似た値をとる(光景が静止している場合,連続2画面は等しい)ことが多い.この性質を利用すれば少ないビット数で画像を符号化表現でき,高能率符号化される.

画像の高能率符号化は図 **3.29** のように分類される.テレビ電話など出力像をながめるだけのシステムでは,伝送した符号を復号して得た画像が完全に元の画像と同じでなくても,画質劣化が肉眼で許容される程度であればよい.しかし,復号後の情報に基づいて画像の計測や処理を行う場合は完全に元の画像に復元できる**可逆符号化**でなければならない.以下に,まず基本手法について,つぎにそれを組み合わせた実用手法について説明する.

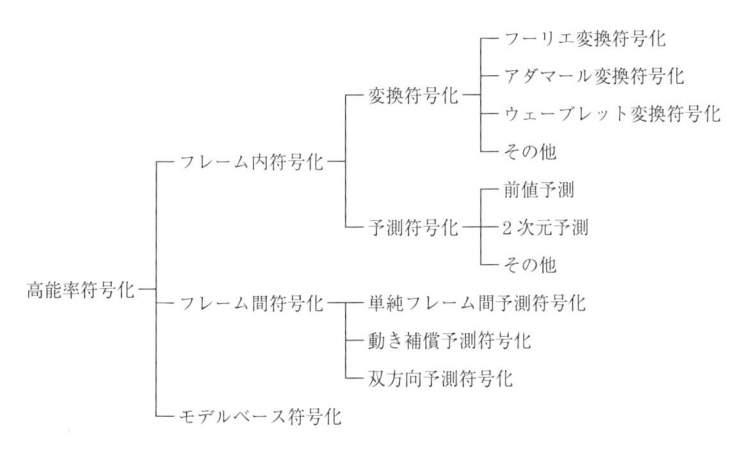

```
                                        ┌─ フーリエ変換符号化
                          ┌─ 変換符号化 ─┼─ アダマール変換符号化
                          │              ├─ ウェーブレット変換符号化
                          │              └─ その他
           ┌─ フレーム内符号化 ─┤
           │              │              ┌─ 前値予測
           │              └─ 予測符号化 ─┼─ 2次元予測
高能率符号化─┤                              └─ その他
           │
           ├─ フレーム間符号化 ─┬─ 単純フレーム間予測符号化
           │                   ├─ 動き補償予測符号化
           │                   └─ 双方向予測符号化
           │
           └─ モデルベース符号化
```

図 **3.29** 画像の高能率符号化の分類

3.5.3 フレーム内符号化

1枚の画像のデータを(他の画像に無関係に)高能率符号化する手法を**フレーム内符号化**といい,変換符号化と予測符号化とがある.

(a) 変換符号化 画像を適当な大きさのブロックに区切り,ブロックご

80 3. 画像の変換と画質

とに画素値データを直交変換する手法であり，画像通信に利用する場合の処理は図 **3.30**(*a*) のように構成される．以下1ブロックを図(*b*)のように隣接8画素（画素値 $f_0 \sim f_7$）とし，簡単な変換例でこれを説明する．

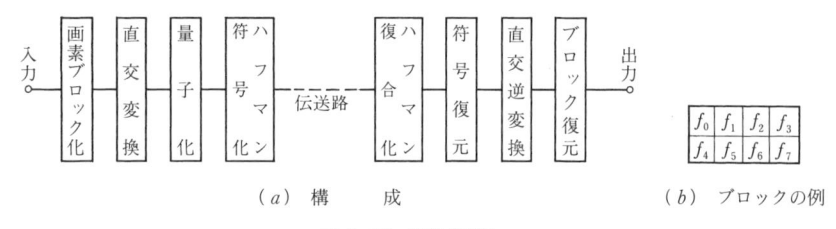

(*a*) 構　　成　　　　　　　　　　(*b*) ブロックの例

図 3.30 変換符号化

送信者は，次式で画素値 $f_0 \sim f_7$ を 8 個の係数 $F_0 \sim F_7$ に変換して送る．

$$\left.\begin{aligned}
F_0 &= f_0 + f_1 + f_2 + f_3 + f_4 + f_5 + f_6 + f_7 \quad [0] \\
F_1 &= f_0 - f_1 + f_2 - f_3 + f_4 - f_5 + f_6 - f_7 \quad [4] \\
F_2 &= f_0 + f_1 - f_2 - f_3 + f_4 + f_5 - f_6 - f_7 \quad [2] \\
F_3 &= f_0 - f_1 - f_2 + f_3 + f_4 - f_5 - f_6 + f_7 \quad [2] \\
F_4 &= f_0 + f_1 + f_2 + f_3 - f_4 - f_5 - f_6 - f_7 \quad [1] \\
F_5 &= f_0 - f_1 + f_2 - f_3 - f_4 + f_5 - f_6 + f_7 \quad [3] \\
F_6 &= f_0 + f_1 - f_2 - f_3 - f_4 - f_5 + f_6 + f_7 \quad [1] \\
F_7 &= f_0 - f_1 - f_2 + f_3 - f_4 + f_5 + f_6 - f_7 \quad [3]
\end{aligned}\right\} \quad (3.59)$$

受信者は $F_0 \sim F_7$ を知り，逆変換により画素値 $f_0 \sim f_7$ を得てブロックを再生し，これを並べて画像とする．平均濃度の意味をもつ係数 F_0 は広範な値をとるが，画像の性質から $F_1 \sim F_7$ は 0 に近い値をとることが多い（青空のブロックでは F_0 以外は 0 となる）．そこで係数の符号を可変長とし，出現頻度の高い小さい F 値に短い符号を割り振るハフマン符号を用いると，全画素値を単純にディジタル伝送する場合に比べて変換の可逆性を保ったまま伝送情報量を圧縮できる．さらに，輝度が激しく変化する部分では，肉眼は輝度の誤差に対して鈍感なため，高次の係数の量子化を粗くして伝送情報量を削減しても出力像の劣化がさほど目立たない．ただし，変換の可逆性は失われる．

式(3.59)の変換は**アダマール変換（H 変換）**と呼ばれる．フーリエ変換が

正弦波を基礎として座標領域から周波数成分への分解合成を行うのに対し，H変換は方形波を基礎に同様の分解合成を行う技術と考えられる．式(3.59)の〔 〕内の数値は式の（両端を含む）符号変化の数の1/2で**交番数**と呼ばれ，フーリエ変換の周波数に相当し，合成の際に高次の項を省略したときの効果も似ている．H変換は回路で簡単に実行されるところから，ディジタル伝送の初期に利用された．

実用的な交換符号化では画面を 8×8 画素のブロックに分け，ブロックごとに**3.1.4**項の離散コサイン変換（DCT）を行う．**3.5.6**項のJPEGで述べる．変換符号化は再生画像にブロックが見えやすい点に問題があり，実用の際に注意される．

（**b**）**予測符号化**　　予測符号化はつぎに伝送すべき画素値を過去に送った画素値から一定の約束に従って予測し，予測値と実際の画素値との差（予測誤差）を符号化して伝送する方法である．一般に，**差分符号化**（differential pulse-code modulation，**DPCM**）といわれる．

走査に従って画素値を順次送る際，つぎに送るべき画素Pの画素値 f_P を過去に送った画素値 $f_A, f_B, \cdots$（**図 3.31**(a)参照）を用いて次式で予測する．

$$\hat{f}_P = a_A f_A + a_B f_B + \cdots \tag{3.60}$$

予測値は図(b)のような**非再起形ディジタルフィルタ**と呼ぶ予測符号化回路で求める．受信側も同じ予測器をもち，予測値と受信した予測誤差を加えて画素値 f_P とする．

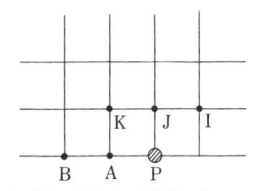

P：送ろうとする画素，A, …,
K：過去に情報を送った画素

(a)　予測に用いる画素

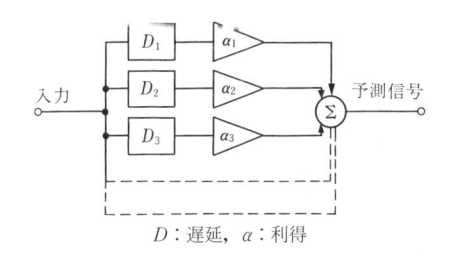

D：遅延，a：利得

(b)　非再起形ディジタルフィルタ

図 3.31　フレーム内予測符号化

予測を直前の画素値だけから行う手法が**前値予測**であり，図(a)ではつぎに送るべき画素Pに対して画素Aのみを参照し，式(3.60)では右辺第1項のみを用いる．予測係数 a_A は本来は予測誤差が統計的に最小となるように選ぶべきであるが，通常は1，すなわち隣接画素の画素値は同じと予測する．したがって，符号器は連続2画素の差分回路であり，横方向の濃度変化のある部分（輪郭部）のみで予測誤差の信号が発生する．

3.5.4 フレーム間符号化

動画では，フレーム内の相関よりもフレーム間の相関のほうが大きい．この性質を利用した符号化がフレーム間符号化である．

(a) 単純フレーム間予測 前項の予測値を直前のフレームの同じ画素の値とすれば，予測誤差は静止した光景に対してはまったく発生せず，動いた部分だけで発生するため，静止部分の多い通常の動画では伝送情報量は大幅に圧縮される．この方式を単純フレーム間予測という．

(b) 動き補償予測符号化 通常は画面に部分的な動きがあり，動く部分では予測符号化は無力となる．そこで画面を変換符号化と同様のブロックに区切り，前フレーム以後の動きを検出して予測に生かす．すなわち図 **3.32** のように注目ブロックと輝度・色度が最も近い方形部分を前フレームの中から探し，ブロック縦横の動きを検出して動きベクトルを求め，前フレームの画素値をその分移動して予測値とする．動きベクトルと予測誤差値を合わせて受信側へ送り，受信側でこれを受けて画像を正しく復元する．テレビ画面では極端に早く動くものは少なく，1フレーム期間の動きは縦横とも通常15画素以下とされる．動きベクトル検出はハードウェアで実行される．

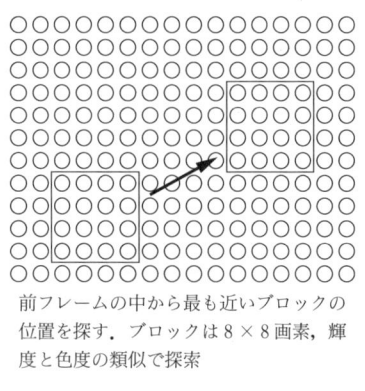

前フレームの中から最も近いブロックの位置を探す．ブロックは8×8画素，輝度と色度の類似で探索

図 **3.32** 動きベクトル

(**c**) **双方向予測符号化**　上記の2フレーム間の動き補償では，動いたあとに見えてくる背景の予測に困る．そこで，例えば1s間隔で画像を取り込み，それぞれフレーム内符号化を行って送る．これを元に途中の動きを補間して 1/30 s ごとの像を送受双方で同じ方式で作り，これを予測値として予測誤差を伝送する方式である．図 **3.33** にその概念を示す．受信側で取込みのちょうど中間の画像を作成している時間では 1/2 s 過去と 1/2 s 未来の画像データから現在を予測することになるため，双方向予測の名がある．画像の符号化再生が遅れることはやむを得ない．

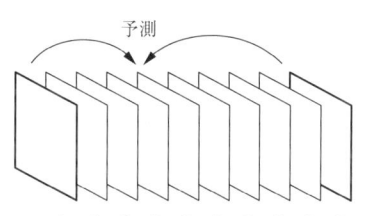

過去の画像 I_1 と未来の画像 I_2 から中間の画像 B を予測して作る．I はフレーム内予測（intra-frame）符号化で送る．

図 3.33　双方向予測符号化の概念

3.5.5　モデルベース符号化

CG（computer graphics）技術に基づく圧縮手法である．対象物や情景の3次元標準モデルを数値データの形で送受双方に備えておく．送信側では入力像を解析してこの標準モデルとの違いを分析して伝送し，受信側では標準モデルを元に受信データに合わせて画像を作る．例えば，人の顔を対象にするのであれば目，口などの特徴を抽出して位置関係の情報を送り，受信側では CG 手法により受信情報に合わせてモデルを変形し，平面に投影して2次元画像とし，テクスチャを張り付けて画像を作る．

3.5.6　実際の高能率符号化

実際の画像伝送や保存に使う符号は上記の高能率符号化の手法を組み合わせたものであるが，性質上世界に通用することが望ましい．以下に代表例の概要を示すが，バージョンによる変化もあり，詳細は専門書を参照されたい．

(**a**) **JPEG**　JPEG（Joint Photographic Coding Experts Group）は，静止画の圧縮方式の制定作業を進めた専門家団体名であるが，一般にはそこで

標準化されたカラー静止画の圧縮方式を指す．フレーム内変換符号化と予測符号化を組み合わせた方式で，動画圧縮方式の基礎でもある．

まず輝度情報の伝送を考える．JPEG の基本的な構成を図 3.34 に示す．

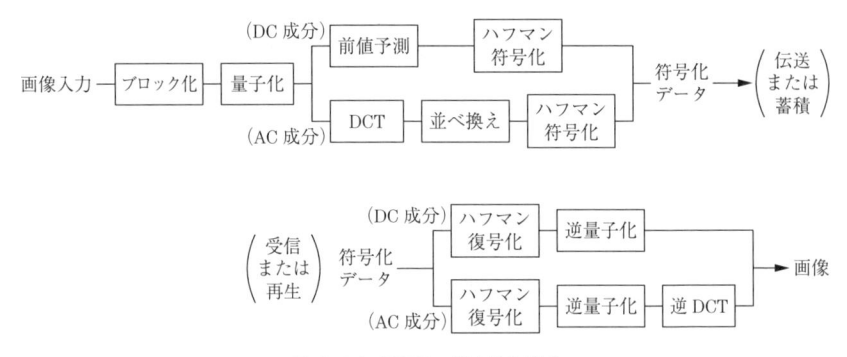

図 3.34 JPEG の基本的な構成

●：直流成分，○：交流成分

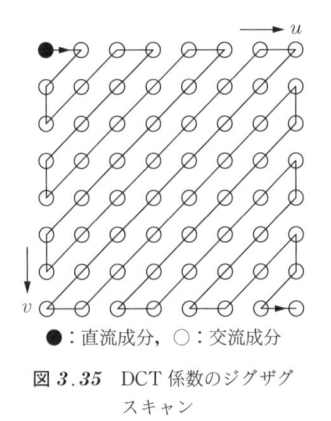

図 3.35 DCT 係数のジグザグスキャン

3.5.3項(a)に示したように輝度値の画素行列の画面を 8×8 画素のブロックに分割し，ブロックごとに離散コサイン変換（DCT）を行う．その結果1ブロックにつき図 3.35 のように uv 平面上に 64 個の DCT 係数（空間周波数成分）を得るのでこれを送る．受信側では送られた係数 64 個を逆 DCT 変換してブロックを得て，ブロックを並べて画像を作る．$u = v = 0$ の係数は平均輝度に対応し，**DC 成分**と呼ばれ，他は **AC 成分**を示す．この係数の送り方に工夫があり，情報圧縮効果を生んでいる．

DC 成分は，AC 成分と切り離し，全ブロックの DC 成分を行列として順次前値予測で送る．隣接ブロックは光景の同じ対象（例えば青空）に属して似た色と輝度をもつケースが多いため圧縮効果がある．

AC 成分は，ブロックごとに上記の係数を図 3.35 の矢印の順に並べ（**ジグザグスキャン**という）1次元の数列として送る．画像の性質として，高空間周

波数成分は小さく出現頻度がかたよるから，係数の符号化にハフマン符号を用いれば伝送情報量が減る．また，高周波成分は0が続くことが多いので個々の係数のデータ0の代わりに0の続く数を送り（**ランレングス符号**という），ブロックの最後に続く0の数はブロック終了符号（end of block，EOB）で代替する．ブロック内が一様な像はDC成分のデータとEOBで表現され，情報量は大幅に圧縮される．また，ビット数をDC成分には8ビット，高周波数成分では削減すると，再生画質をさほど劣化させずに情報圧縮ができる．

カラー画像は3色の成分をもつが，*6.2*節に詳述するカラーテレビと同じ事情でカメラから得られる3色信号を輝度信号と2つの色差信号に変換し，色差信号については標本画素を半分に間引いたうえでそれぞれ圧縮する．

圧縮率と画質の関係は対象とする画像によって異なるが，通常圧縮率1/10までは画質劣化はほとんど感じられず，1/20では若干気になる程度である．

(*b*) **MPEG**　　MPEG（Moving Picture Experts Group）は，動画の圧縮方式の制定作業を進めた専門家団体名であるが，一般には動画の圧縮方式名として使われ，使用システムに応じて数種の方式がある．いずれも画像情報のもつ空間的な冗長度はDCT符号化で，時間的な冗長度は動き補償予測符号化や双方向予測符号化で削減する．色情報については前項同様，輝度信号と2つの色差信号に変換し，色差信号については標本画素数を縦横とも半分に間引いたうえで圧縮する．

MPEG-1　　コンピュータ用のCD-ROMやDAT（ディジタルオーディオテープ）への動画蓄積システムに使うため，低いビットレート（1.5 Mbpsまで）の動作を目的として作られた高能率符号化方式である．家庭用VTR程度のやや低い解像度の映像を扱う．

情報圧縮には双方向予測符号化方式が使われる．すなわち数十フレームに1枚の割合でJPEGの手法でフレーム内符号化して送った画像を基幹画像として，その間の省いた画像を双方向に補間して作る．符号化には時間遅れが伴うが，蓄積メディアに使用する場合はまったく問題にならない．ランダムにアクセスする場合は，双方向予測の基幹とした画像を先頭および末尾とするグルー

プ単位で行うこととなる．

MPEG-2　テレビ映像の高能率符号化に使用することを主目的に制定された方式である．標準方式のほかハイビジョンにも対応できるようになっており，それぞれ 15 Mbps，80 Mbps までのビットレートで動作する．

基本的な手法は MPEG-1 と同様であるが扱う画素数が多い．空間的な解像度や毎秒のフレーム数などの自由度が大きく，双方向予測は使う場合と使わない場合とある．インタレースの画像に対してきめの細かい動きベクトル検知，動き補償予測が行われる．デジタルテレビ放送に使われている．

MPEG-4　64 Kbps 以下の低いビットレートの通信に適した符号化方式で，インターネットや携帯電話のネットワークによる画像通信を目途に開発されている．画像圧縮の手法にはモデルベースを含む本節前半のすべての手法が取り入れられる．

MPEG は動画像を扱う装置に広く実用され，その発展に大きく貢献しているが，内容に専門性が強いので詳細は専門書にゆずる．MPEG がこんにちの良好な結果を上げるに至ったのは高速処理装置やフレームメモリの開発によるところが大きい．

演習問題

3.1　式(3.6)の2次元フーリエ変換の式を座標変換し，この式はじつは2点$(1/u, 1)$, $(0, 1/v)$を結ぶ直線に垂直な方向の1次元フーリエ変換であることを導け．

3.2　離散フーリエ変換の式(3.10)から$F(ku_0)$はM項ごとに同じ値を繰り返すことを証明せよ．

3.3　たたみ込みの定理の式(3.19)〜(3.23)は1次元孤立画像に対するものであるが，離散的なスペクトルをもつ周期的な画像に対しても式(3.23)が成り立つことを証明せよ．

3.4　長方形の孔の針孔カメラをつくり，図問 *3.4* の点 A に置いた点光源を B 面のフィルムで撮影したところ1辺 $2a$, $2b$ の長方形の像を得た．この撮影系

図問 3.4

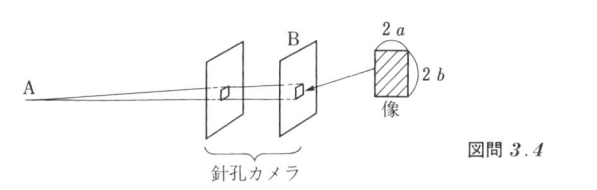

のOTFを求めよ．

3.5 式(3.32)以下を計算して式(3.27)を求めよ．式(3.27)，(3.28)の第5項はどんな値か．

3.6 図問 3.6(a)は原画像，図(b)はカメラのピントを故意に外して原画を撮影したものである．現象を説明せよ．

(a) (b)

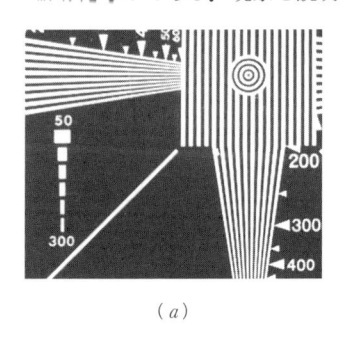

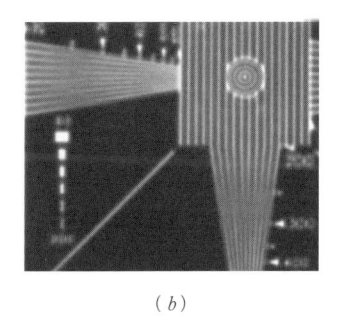

図問 3.6

3.7 電子レンズのピント面ではPSFはほぼ軸対称であり，ガウス分布すなわち $\exp(-a^2r^2)$ の形に電子が分布する．偽解像は生じうるか．

3.8 LSFが $h(x)$ で与えられるシステムで，つぎのステップ関数 $f(x)$ を撮影したときの出力 $y(x)$ を求め，その概略図を書け．

$$x \geq 0 のとき f(x) = 1 \ (白)$$
$$x < 0 のとき f(x) = 0 \ (黒)$$

3.9 解像度の性質の表現にOTFを用いる場合とLSFを用いる場合の得失を述べよ．

3.10 3.2.2項でPSFからLSFを導いた．逆にLSFからPSFを導けるか．

3.11 点 A (2, 0), B (1, 1), C (0, 2), D (2, 1), E (2, −1) があるときA, B, CおよびA, D, Eがそれぞれ直線上にあることをハフ変換で求めよ．

3.12 問問 3.12 は 1.5.2(g)項に示したFZP 2枚を中心をずらせて重ね合せて撮影したものである．このような平行じまが生ずることを説明せよ．ず

(a) FZP (b) FZP をわずかずらせて重ねたもの

図問 3.12

らす距離を大きくするとしま間隔はどう変化するか．

3.13 アナログ信号のサンプル値を n ビットに量子化するとき，量子化雑音に基づく SN 比は平均的に式(3.58)で表されることを証明せよ．

3.14 変換符号化に際して8画素を1ブロックにするとして，①水平方向連続8画素を1ブロックにする場合と，②図 3.30(b) のように 4×2 画素を1ブロックにする場合の優劣を比較せよ．

3.15 画素値 $f_0 \sim f_7$ から H 変換の係数 $F_0 \sim F_7$ を求める式を式 (3.59) に示した．$F_0 \sim F_7$ から $f_0 \sim f_7$ を求める式も同じ形になることを示せ．

4. 画像信号の発生

テレビカメラは弱いエネルギーの分布を短い時間内に電気信号に変える装置で，その実現はテレビ開発史上最も重要な研究課題であった．テレビが市民権を得た 1950 年以降も，カメラは進化を続け，各年代のテレビシステムの実用性はカメラの性質でほぼ決まったといえる．ここではテレビやファクシミリ，デジタルカメラなどに現用されている装置を中心に画像入力技術を述べる．

4.1 撮像装置の機能

図 1.3 で述べたように，テレビ撮像装置は画像面で毎秒 30 回のラスタ走査と光電変換を行う機能をもたなければならないが，高感度撮像のためにはこのほかに入射光の情報を記憶する**蓄積機能**を備えることが必要となる．

まず，図 1.3(c) の撮像装置で標準方式のテレビ撮像をする場合，適切な映像信号を得るためにどの程度の照明が必要か検討しよう．撮像素子は，1 cm^2 の感光面に隙間なく並んだ 500×700 個の光電素子行列（1 素子は 17 μm 角に相当）をスイッチによって順次切り換える構造で，各素子はその画素が出力に接続される走査期間（τ_s，標準方式では 10^{-7} s）のみ，入射する光子 1 個を電子 1 個に変えて出力すると仮定する．妥当な数値として，映像信号につねに存在する増幅器雑音を 1×10^{-9} A，画像の明部で信号の SN 比を 40 dB（上記雑音の 100 倍，信号電流 1×10^{-7} A に対応），到来する光を緑色と仮定する．1.6 節の数値を使うと，素子 1 個への入射光子数は画像の明部で 6.3×10^{11} 個/s（1.5×10^{-4} lm の光束に対応），感光面の照度として 5.3×10^5 lx が

必要と計算される．

図 1.13 から考えて，通常の撮影では上の計算で求めた照度は実現不能である．撮像装置の1画素の光電素子を考えると，光景からはつねに光子が入射しているにもかかわらず電子に変換し有効に出力されるのはその画素の走査期間だけで，スイッチが他の画素を走査している期間の入射光子はすべて無視されることが低感度の原因である．光子の有効率は装置の解像度が高いほど小さい．このような装置を**非蓄積形撮像装置**という．

この光子のむだを避けるには，各画素の素子が**フレーム期間**（1枚の画像の伝送に割り当てられた時間で τ_F とする，標準方式では 1/30 s）に到来する光子のエネルギーを蓄積し，その画素の走査時にすべてを出力すればよい．しかし，光エネルギーのよい蓄積装置はないため，実際の撮像装置は画素ごとにコンデンサ（**蓄積容量**という）を設けて τ_F 期間に光電変換で得た電荷を蓄積し，その画素の走査時に全蓄積電荷を出力する．このような装置を**蓄積形撮像装置**といい，動作が理想的に行われると出力に寄与する光子数は他の条件が同じ非蓄積形撮像装置の（τ_F/τ_S）倍，標準方式のテレビでは 350 000 倍となる．したがって，感光面の所要照度は上の計算値の 1/350 000，すなわち約 1.5 lx で常識的な値となり実現できる．

図 1.13 に示した通常の撮像を行う際の像面照度 10 lx という値は，緑色光の場合 0.015 W/m^2，面積 1 cm^2 の撮像素子では 1.5×10^{-6} W と計算され，この光を 1/30 s の露出で撮像するテレビカメラやデジタルカメラの扱うエネルギーはきわめて小さく，光のむだが許されないことが理解されよう．

ファクシミリや画像処理の入力装置のように1枚の画像を長時間かけて読み取る場合や，輝度の高い発光体の動きを追うなど，走査の条件が上記と違う場合は蓄積形撮像装置を使う必要はない．蓄積形撮像装置は出力が蓄積時間の影響を受けるため，全画素を同じ蓄積時間で撮像することが使用の条件であり，テレビのような連続周期走査はまたデジタルカメラのような1ショットの撮像に適しており，例えば全体の粗い走査とその中の関心領域のみの細かい走査を交互に繰り返し行うといった非周期走査には使えない．

4.2 撮像装置の歴史

撮像の歴史は1920年代，回転円板を利用して小さい光のスポットを走らせる輝点走査に始まった．以後，撮像に必要な機能を備えた電子管つまり撮像管が登場し，当初は非蓄積形，つぎに蓄積形へと発展し，テレビの普及に貢献した．さらにICの発展に伴って開発された固体撮像装置は80年代から実用が進み，小形で使い勝手がよく，応用システムの発展と相まって家庭・個人の携帯へと広く使われ，20世紀末には「いつでもどこでも画像を電気で捕らえる」ことが可能となった．固体撮像装置は次節にゆずり，この間の歴史的な装置の代表例をファクシミリや画像処理用も含めて**表4.1**に示す．

表4.1 歴史的撮像装置のいろいろ
(光導電形撮像管のみ蓄積形，他は非蓄積形)

方式		構成	機能	用途
機械走査	① 回転円板	(レンズ，孔あき円板，レンズ，光源，回転，画像，光電素子，出力)	透光性画像を光点が走査．透過光を計測	初期実験
	② 円筒走査機	(高速回転，光電素子，出力，光源，低速移動台)	円筒に巻いた原稿を光点が走査．反射光を計測	大形像FAX 画像処理入力
電子走査	③ 飛点走査機	(ブラウン管(短残光)，レンズ，光電素子，出力，映画フィルム)	ブラウン管の輝点がフィルムを走査．透過光を計測	フィルム送像 画像処理入力
	④ 光導電形撮影管	(電子，電子銃，出力，ガラス，透明電極，蓄積容量，光導電膜，E_T)	走査により容量充電．フレーム期間光量に応じて放電 (蓄積形・本文参照)	テレビカメラ

① 『イ』の字をブラウン管に写す最初の実験（高柳健次郎，1927）で有名．実用の実績はない．

② 初期のファクシミリに普及したが，走査条件が変えられずファクシミリからは撤退．走査精度が高いので大形図面などの高精度読取りに使用．

③ 小形画面に対して特性がよい．1970年代までニュース取材は小形の映画フィルムで撮影され，現像後のテレビ放映に本機を使用．

④ 1930年代から70年代にかけて種々の撮像管が開発された．その最終製品が光導電形撮像管で家庭にも普及，80年代から固体撮像素子に交替．

光導電形撮像管の光導電膜は高抵抗の膜で，両面間に蓄積容量が形成される．ある画素を電子ビームが走査すると膜の真空表面は0Vとなり，容量は透明電極の電圧 E_T に充電される．その後，光が入ると発生した電荷の導電作用で蓄積容量の電荷が放電する．1フレーム期間後のこの画素の走査で元の電圧に戻るとき充電電流が流れ，出力電圧が発生する．出力信号は期間中に入射した光の効果を蓄積したもので，高感度撮像を実現している．

電子管は電子ビーム集束や偏向の磁界が必要，コイル装着や調整が面倒，周辺の半導体回路とは違う電圧の電源が必要，体積重量，寿命など欠点が多く，20世紀末に歴史的役目を終了した．

4.3 固体撮像素子

固体撮像素子（solid state imaging device）は，撮像に必要な光電変換，電荷蓄積と走査の機能を1枚のシリコン基板上に作ったLSI（大規模集積回路）である．これには直線状に数千個の画素を配列した**リニアセンサ**と，2次元に数十万個〜数百万個の画素を配列した**エリアセンサ**がある．前者はファクシミリやコピー機などのスキャナに，後者はテレビカメラ，デジタルカメラに用いられ，携帯電話にも付属するなど普及している．

固体撮像素子の走査には，図 $1.3(c)$ のように画素の出力を順次スイッチで切り換えるアドレス走査方式と，画素の電荷を順送りして端から順次出力す

る電荷転送方式とがある．以下に，この2方式の素子について構造・動作を示す．

4.3.1 アドレス走査方式固体撮像素子

1枚のシリコン基板上に微小光電素子の行列を配置し，スイッチング回路で素子を順次切り換えて蓄積信号を出力させる方式が**アドレス走査方式**である．素子数が多いことから消費電力の少ないことが求められ，要求に適した MOS トランジスタ技術で全体が作られるため，通常，**MOS 形撮像素子**と呼ばれている．

図 $4.1(a)$ はこの方式の**リニアセンサ**の回路構成を，図 (b) はその1画素の動作タイミングを示し，図 4.2 は1画素の素子の断面構造の例を示す．MOS トランジスタは走査のスイッチングを担当する．そのソース(S)のn領域と基板のp領域で構成するpn接合がホトダイオードを構成して光電変換を担当し，その接合容量が蓄積容量となる．図 $4.1(a)$ のシフトレジスタは左端の画素から始めて順次に右側隣接画素のトランジスタのゲート(G)に走査期間（τ_S と表す）継続するパルスを供給し，右端画素の終了後に左端に戻り，この動作を繰り返す．

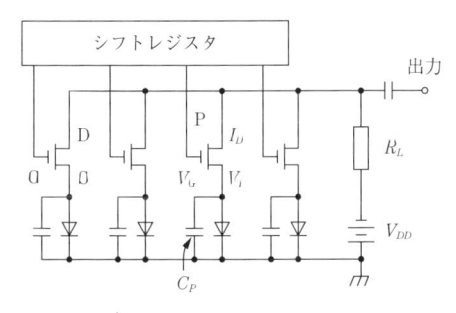

(a) 回路構成

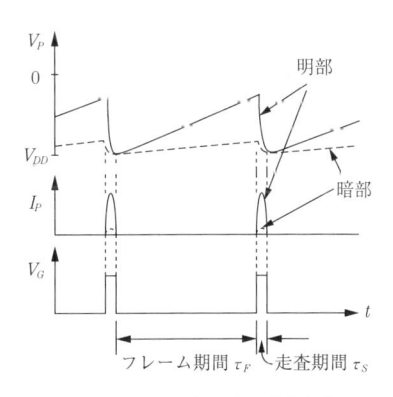

(b) 充放電に伴う電圧電流変化
（1画素の動作タイミング）

図 4.1 MOS 形リニアセンサの回路構成と電圧電流変化

4. 画像信号の発生

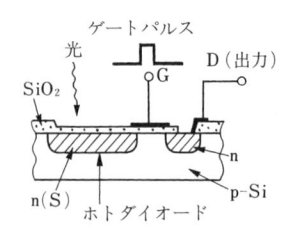

図4.2 MOS形撮像素子の1画素の断面構造の例

　図4.1(a)の任意の画素Pに着目する．この画素のゲートの電圧 V_G が走査パルスにより正になり，トランジスタが導通状態になると，その画素の容量 C_P は逆バイアスに充電され，端子間電圧が電源電圧 V_{DD} と等しくなる．τ_S が経過し V_G が0に戻るとトランジスタは遮断状態になる．この状態で光が入射し接合付近で光子が吸収されると，発生した電子と正孔はそれぞれ遷移領域の電界に導かれてn領域，p領域に走り込み，τ_S 期間の充電で蓄積していた電荷を中和する．走査が他の画素を一巡するフレーム期間（τ_F と表す），光子到来のたびにこの動作を繰り返し，C_P の電荷はこの画素の入射光の強さに応じて減少する．τ_F が経過してこの画素のゲートに走査パルスが加わると C_P は再び電圧 V_{DD} に充電され，このとき τ_F 期間に失われた電荷の総量が補充されて充電電流が負荷抵抗 R_L を通して流れ，この画素の撮像出力となる．図4.1(b)はSの電圧 V_P の変化を示す．こうして蓄積効果が実現される．図4.1(a)の各画素のトランジスタのドレーン(D)は共通の出力線となっているので，シフトレジスタの動作に伴って各画素の蓄積信号が順次出力され，1ライン分の信号が得られる．

　図4.3は上記のMOS形素子の配列と走査方式を2次元に拡張した**XYア**

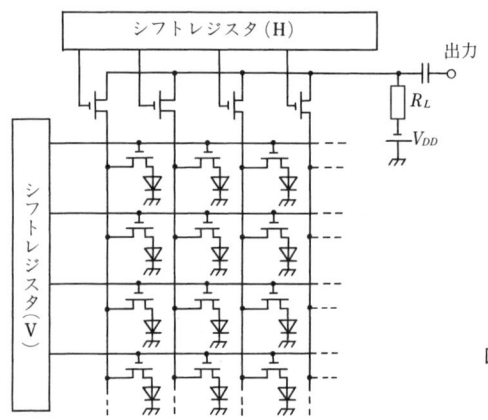

図4.3 MOS形エリアセンサの基本構成

ドレス走査方式撮像素子，すなわちこの方式による**エリアセンサ**の基本構成を示す．図 1.3 (c) と同じ手順で水平 (H)，垂直 (V) の各シフトレジスタをテレビ標準方式に基づいたクロックで動作させれば映像信号が得られる．

MOS 形は次項に示す CCD 撮像素子に比べ，シフトレジスタに代わる走査回路を設定すればアクセス画素の選択や順序の自由度が大きいこと，半導体表面で感光部分の面積が大きくとれること，低電圧，低消費電力で動作するなどの利点があり，デジタルカメラに多く用いられている．

4.3.2 電荷転送方式撮像素子

画素の素子を 1 列に並べておき，光により各画素に発生し蓄積された電荷をクロックに合わせて隣接の画素に順送りすると，最終の画素から 1 列分の映像信号が得られてリニアセンサが構成される．これを 2 次元に構成すればエリアセンサとなる．このような動作をする素子に**電荷転送素子**（charge transfer device），または**電荷結合素子**（charge coupled device, CCD）の名があり，前者が内容にふさわしいが一般に **CCD** と呼ばれる．

この方式の素子では，MOS コンデンサが光電変換および蓄積の動作を行う．1 画素の構成原理を**図 4.4** に示す．図で電極 G に正電圧を与えると，絶縁膜 SiO_2 を介した対向部分は正電荷が失われて見掛け上 n 領域となり，p 領域との間に絶縁性の遷移領域をはさんで MOS コンデンサを作る．点線ではさんだ遷移領域は電位が傾いて内部がポテンシャルの井戸となるとともにホトダイオードの動作をする．光が入射して電子-正孔対が発生すると，電子は電位の傾きに加速され井戸へ走り込んで蓄積される．電極 G の電圧を 0 に戻すと井戸は消滅し，蓄積されていた負電荷は基板の正孔と再結合して消滅し，このとき外部に再結合電流が流れ，これが信号電流となる．

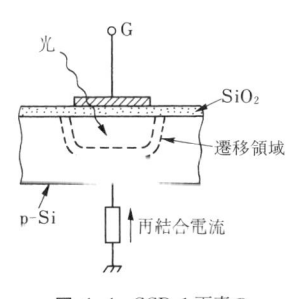

図 4.4 CCD 1 画素の構成原理

図 **4.5** に CCD の断面構造と電荷転送原理を示す．素子は図 (a) のように

4. 画像信号の発生

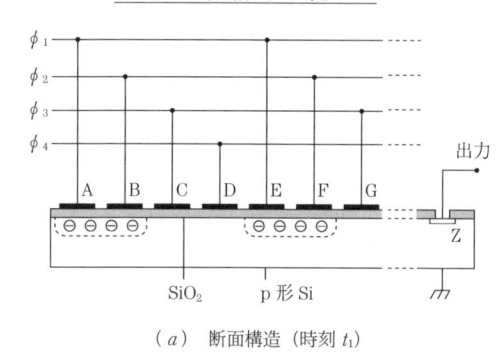

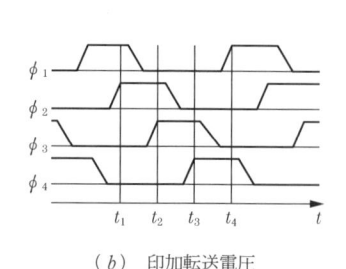

図 4.5 CCD の断面構造と電荷転送原理

(a) 断面構造（時刻 t_1）
(b) 印加転送電圧

比較的高純度の p 形シリコン基板に，画素に対応する電極を 1 列に等間隔に接近して設けた MOS コンデンサ群で，これに図 (b) のような転送電圧を印加する．時刻 t_1 では ϕ_1 と ϕ_2 が正でポテンシャルの井戸は A，B，E，F の位置にあり，そこに電子が蓄えられているが，間もなく ϕ_1 は減少し始め，井戸は B，F の位置のみとなる．時刻が t_2 に進むと ϕ_2 と ϕ_3 が正になるため井戸は B，C，F，G の位置に移り，間もなく ϕ_2 は減少して 0 になるとともに，井戸は C，G の位置のみとなる．これを繰り返すと空間的な電荷の分布が順に転送され，電極 Z から順次出力されて画像信号が得られる．以上は 4 相駆動の例であるが他の駆動方式（2 相，3 相など）もある．

図 **4.6** は CCD を応用した**リニアセンサ**の構造例を示す．感光蓄積部を直線上に等間隔に，電荷転送部をこれに隣接して作ってある．蓄積時間を一定とするため，一定周期で感光部の蓄積電荷を一斉に転送部に移し，転送部でこの電荷を順次転送し出力する間，感光部はつぎの画面の信号を蓄積する．転送部

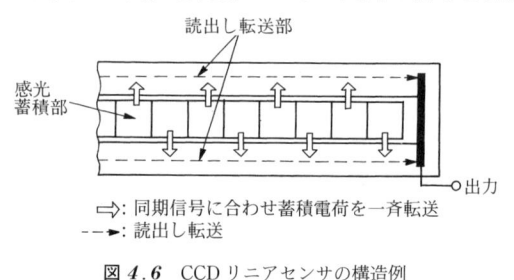

⇒：同期信号に合わせ蓄積電荷を一斉転送
--→：読出し転送

図 4.6 CCD リニアセンサの構造例

が感光して転送中の信号を損ねるのを防ぐため転送部は遮光する．転送部は感光部の両側にあり，電荷を分けて各CCDで転送したのち出力端で合成する．

エリアセンサは感光部を行列状に配し，垂直転送・水平転送のCCDと組み合わせて一体化したもので，いくつかの方式のうちおもな2例を図 *4.7* に示す．

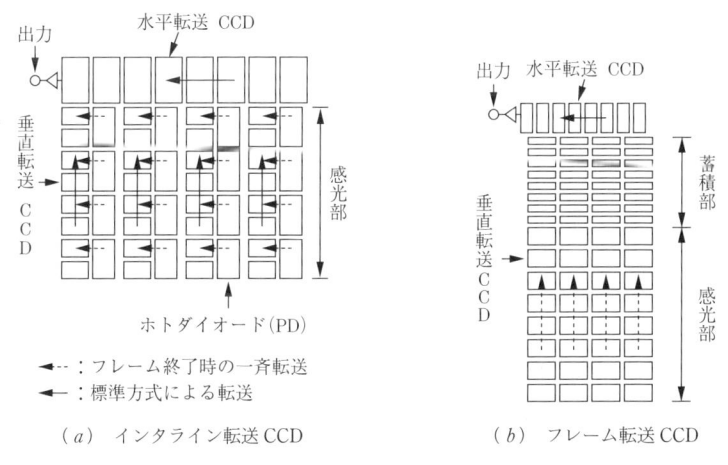

図 *4.7* CCDエリアセンサの転送方式

インタライン転送方式　　図(*a*)のようにホトダイオード（PD）列と垂直転送CCD列が交互に設けてある．フレーム期間中にPDに光が入射すると電荷が発生し蓄積されてフレーム期間終了時にはPD行列に電荷パターンが形成される．この電荷を全素子一斉に隣接するCCD素子に転送する．つぎのフレーム期間にPDは光電変換により新しい画面の電荷を蓄積し，CCDは転送された電荷を標準方式で転送する．転送はまず蓄積部の全体の電荷を1画素だけ上に送り，水平転送CCDに入った第1行の電荷を転送して左から順次出力する．つぎに，蓄積部全体の電荷をさらに1画素上に送り水平CCDに入った第2行の電荷を同様に出力する．これを繰り返して映像信号を得る．

CCD部は遮光してあり，転送中に本来無関係な画素の信号が加わることによる画質低下は少ないが，感光面に占めるPDの面積率が小さく感度低下や微細情報の読み落しが問題となる．画素ごとにマイクロレンズを設けてこの欠点

を防いでいる．ビデオカメラに多く使われる方式である．

フレーム転送方式　図 $4.7(b)$ のように感光部と水平転送 CCD の間に蓄積部（1 画面分の PD と垂直 CDD）を設けてある．フレーム期間に感光部の PD で発生蓄積した電荷をフレーム期間終了時に全画面一斉に蓄積部に高速転送する．つぎのフレーム期間に感光部は光電変換により新しい画面の電荷を蓄積し，蓄積部は高速転送された電荷を前項の方式と同様に標準方式で転送し，出力する．

蓄積部は遮光してあるが，垂直転送 CCD は感光部でもあり転送中も望まざる光に感じて信号を損ねる（いわゆる光のかぶり）ことをできるだけ防ぐため，高速転送する．前項の方式に比べ感光面積を広くとれる．

実際の製品はテレビをおもにデジタルカメラにも感光部の面積 $1\,\mathrm{cm}^2$ 程度，画素数 30 万～数百万のものが多数使われている．多くの場合 1 枚の撮像素子でカラー撮像を行うため，次節に述べるような色フィルタが適用される．

撮像素子の用途に応じた変形があり，良好な画質を得るための IC 構成や回路上の工夫も多い．

4.4　撮像システム

上記撮像素子のうちエリアセンサを用いて連続画像を取り込むものがテレビカメラであり，デジタルカメラをはじめ画像入力技術の基礎になっている．

$4.4.1$　撮像素子の駆動

白黒テレビカメラは撮像素子を中心に**図 4.8** のようなブロックで構成され

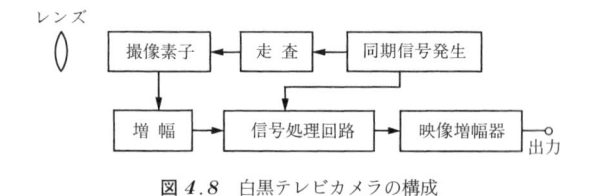

図 4.8　白黒テレビカメラの構成

る.撮像素子を標準方式で駆動するための周辺の回路部分は IC 化されている.以下に各ブロックの機能について簡単に示す.

走査 撮像素子が走査・出力を行うための信号類を供給する.CCD の例ではフレーム期間終了ごとに全画素の蓄積電荷を一斉に垂直転送 CCD にシフトし,以後垂直・水平転送 CCD の各電極に既定のタイミングで図 4.5(b) のような転送電圧を供給する.

増幅 撮像素子の映像信号は小さい.これを既定の出力電圧(例えば 75 Ω の負荷に対して 1 V)にするために増幅する.

信号処理 画面中の極端に明るい部分の信号を抑制するなど信号を所定の電圧範囲に納める回路,撮像素子に特有な雑音を抑制する回路,ぼけ補正回路,ガンマ補正(**8.2.1** 項参照)回路など.

同期 放送など大きなシステムでは精密な同期信号発生器を設け,カメラを含む全機器がこれに同期して動作する.それ以外の場合はカメラに簡易な同期信号発生器を設け,同期信号を映像信号に挿入して出力する.

4.4.2 テレビカメラ

赤外線や X 線など特殊な像を扱う例を除いて,現在の画像機器は自然な色を映すようになっている.赤,青,緑(R,G,B)3 色の混合により肉眼で種々の色を感じることは **2.3.3** 項に示した.カラーカメラは被写体を 3 色成分について同時に独立に撮像して 3 色の映像信号を求め,表示装置はこれらを 3 色別の画像として表示する.合わせて見ると画素ごとに混色の効果が成り立ち,元の色の光景を感じとる.

3 色成分を独立に撮像するためのカラーカメラには 2 方式がある.

(**a**) **3 板方式** 3 色情報を得るために 3 個の固体撮像素子を使うことからこの名がある.ヘッド部の断面構造を図 **4.9** に示す.各部を簡単に紹介する.

レンズ(撮影レンズ) 像の明るさ,解像度,画角,撮影距離,被写界深度,感光面の面積など画像を作るうえでの要求は,レンズの焦点距離と直径,

100　4. 画像信号の発生

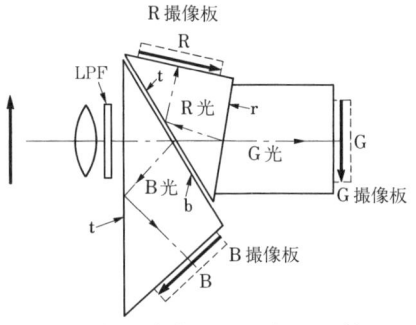

b, r は所定の入射角の B, R 光のみ反射する干渉膜, t は全反射面. 3 色光の実像を 3 枚の撮像板で撮像する.

図 4.9　3 板方式カラーカメラのヘッド部の断面構造

収差の補償という物理問題に帰着する. サイズ, 簡便性, 価格も問題となる.

色分解光学系　　撮影レンズにより本来一つの像を 3 色成分別の像に分ける. 図の光学系は**色分解プリズム**（dichroic prism）と呼ばれ, 特定の色光の反射と全反射により図の 3 本の太矢印の位置に被写体の各色成分の光の像を結ぶ. この像を 3 枚の固体撮像装置を正確に位置を合わせて張り付けた 3 系統のカメラで撮像する.

光学ローパスフィルタ（光学 LPF）　　固体撮像素子は画像の標本化装置であり, **3.2.6** 項に示したように正しい標本値を得るためには標本間隔を L とするとき, $1/2L$ 以上の周波数成分を除いておく必要がある. 図 3.5(a) を参照すると, 図の左の波形の LSF が実現できれば上記の高周波数成分を除くフィルタが実現される. 図 4.9 のプリズムの前の LPF は **1.5.2** 項の (f) に示した複屈折性の水晶の薄板で, 入射光像が二重像を作る. したがって, 着目画素と隣接画素につねに同じ光量の光が入り, 上記の LSF と同じ効果が実現できる. 複数枚重ねると着目画素の全隣接画素に同じ量の光が入り, 実効的に図 3.12(b) のトップハット（top hat）関数が実現され, 全方向の空間周波数フィルタが実現できる. この板は**光学ローパスフィルタ**と呼ばれ, これを用いないと画像と撮像素子の空間周波数成分が干渉して激しいモアレ（moiré）像が表示されることがある.

このようにして目的の 3 色別の映像信号が得られる. 3 板方式は入射光の利用率がよく, したがって信号が大きく, SN 比, 解像度などの画質が優れ, 業務用など高画質の装置に使われる.

（b）単板方式　　専用の固体撮像素子を 1 枚使って 3 色信号を得る方式

である．図 4.10 (a) のように撮像素子のホトダイオードアレーの感光部に色フィルタアレーを位置を合わせて配置する．各ホトダイオードが交互に異なる色の信号を計測出力するので，間欠的に得られた同色の信号を補間処理して 3 色信号を出力する．

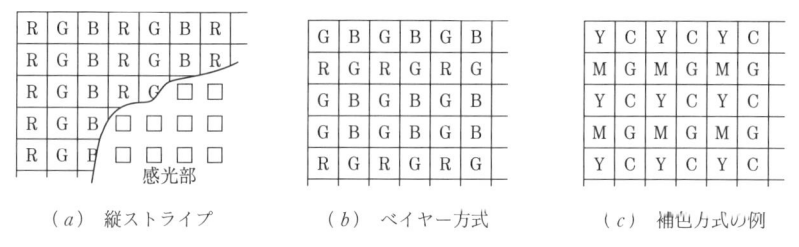

R	G	B	R	G	B	R
R	G	B	R	G	B	R
R	G	B	R	G	□	□
R	G	B	□	□	□	□
R	G	□	□	□	□	□

感光部

(a) 縦ストライプ

G	B	G	B	G	B
R	G	R	G	R	G
G	B	G	B	G	B
R	G	R	G	R	G
G	B	G	B	G	B
R	G	R	G	R	G

(b) ベイヤー方式

Y	C	Y	C	Y	C
M	G	M	G	M	G
Y	C	Y	C	Y	C
M	G	M	G	M	G
Y	C	Y	C	Y	C

(c) 補色方式の例

映像信号は時分割で順次異なる色成分を出力する．信号処理で 3 色信号にする．
色の記号は 2.3 節参照

図 4.10　単板方式カラー撮像素子の色フィルタ配置例

色フィルタアレー　　図 4.10 に色フィルタを正面から見た透過色の例を示す．図 (a) では 3 原色 R, G, B の光に対する出力が順次出力され，画素数を多くして出力信号を規則に従って標本化すれば 3 色の映像信号が得られる．図 (b) は視覚的に重要な G の画素数を多くしている．以上の方式では平均して入射光の 1/3 が利用され，2/3 がフィルタに吸収されてむだになるため，SN 比・解像度が劣る．図 (c) は補色 Y, M, C のフィルタを用いたもので，演算により 3 原色信号を求める．2.3.5 項に示したように原色使用に比べ平均して透過光量が 2 倍あるため画質が優れ，ビデオカメラに広く使われる．

色フィルタは数 μm ピッチのホトダイオードに位置正しく設けるために，固体撮像素子の表面に樹脂の染色層と写真製版技術を使って作りつける．

4.4.3　カメラの特性

テレビカメラの特性は，撮像素子の特性で定まる部分が多いが，周辺装置の性質で補完される部分もあり，撮像素子が周辺部を取り込んで一体化する傾向にある．実際は素子もシステムも進化を続けており，装置の目的や価格によって特性が異なる．ここでは特性を表す用語の定義を中心に述べる．

4. 画像信号の発生

分光波長感度特性　感度の入力光波長依存性を指す．光電物質の種類でほぼ定まり，固体撮像装置はSiのホトダイオードが基本となる．厳密には白黒テレビは図1.9に，カラー用は図6.3（b）に合致する必要があり，ホトダイオードと色フィルタの組合せでこれを実現する．

感　度　光電変換の入出力の関係は撮像管では非線形の場合もあり，3.4.1項に定義した光電変換特性で表す．固体撮像素子では入出力が比例するので特性を図示することは少い．CCDの感度は照度1 lxのときの1画素1フレームごとの転送電子数で表し，テレビ用素子の代表例では10^4個の程度である．使用範囲の下限は入射光0のときの雑音レベルで，上限は蓄積容量に充電し得る最大電荷量で決まり，ダイナミックレンジは60〜80 dBとされる．

解像度特性　撮像素子の解像度は有効画素数と撮像素子のサイズで表される．テレビ用としては数十万画素，デジタルカメラでは数百万画素が一般的である．この数値から画素ピッチを求め，3.2.6項に示したナイキスト周波数，すなわち伝達できる空間周波数限界を計算できる．一方，これと組み合わせるレンズはアナログ装置であり特性はMTFで表される．上記ナイキスト周波数で十分なMTFの値を有していることが望まれる．多少のMTF低下は画像処理で救うことが可能である（8.4.2項）．

　なお，撮像素子の感光部面積を「形」で表すことが多い．80年代以前ビデオカメラに撮像管を用い，大きさの表現に撮像管直径のインチ数を「形」として使った名残であり，表4.2の内容をもつ．例えば外径1インチ（25 mm）

表4.2　撮像素子の感光部サイズ

形（管外径）		対角長	画面サイズ〔mm〕	
〔インチ〕	〔mm〕		標準方式*	EDTV, HDTV*
5/4	31	21.4	17.1×12.8	18.6×10.5
1	25	16.0	12.8× 9.6	13.9× 7.8
2/3	18	11.0	8.8× 6.6	9.6× 5.4
1/2	13	8.0	6.4× 4.8	7.0× 3.9
35 mm フィルム		43.3	36×24	

画面アスペクト比は標準方式では4:3，EDTV，HDTVでは16:9，写真フィルムでは3:2

の管はガラスの肉厚と周辺の電磁界の不均一部を除き画像部の有効径を 16 mm（内接長方形のサイズ：12.8×9.6 mm）とし，この管を **1 形** と称したことに由来する．

雑音 出力信号の含む雑音の絶対値よりも SN 比（白部の信号）/（黒部における雑音の rms 値）が問題となる．SN 比が 30 以下では見苦しい．放送には通常 1 000 以上（60 dB 以上）が使われる．

雑音の原因には一般に増幅器の雑音，多数の画素の面積や特性の不均一，信号電流に伴う散射雑音，入力光が 0 でも流れる暗電流の散射雑音などがある．

ほかに機種に特有の原因もある．CCD の場合，最終段で順送りされた電荷を容量 C に転送し，$V = q/C$ の関係を利用して電圧に変えて増幅する．電荷転送に先立って C にある前画像の電荷を短時間にリセットするが，この際に発生する**リセット雑音**が問題となる．高感度撮像装置や X 線撮像では量子雑音が問題となる．これらの雑音は装置の低レベル側の使用限界を決める要因として重要で改良が続けられているが，詳細は専門書にゆずる．

残　像 入力像が消えても出力がただちには追随しない現象．残像の多いカメラで撮ると動く像は尾を引く．残像の量は入射光を遮断してから 3 フィールド（50 ms）後の残存信号の初期値に対する比で示す．現用の素子では残像は数％以下で問題にならない．

偽信号 出力信号に現れる原画にない像信号．入力画像に強い輝点があるとき出力像でその周辺が白く写る現象を**ブルーミング**，その際に輝点を通る縦の明るい線が写る現象を**スミア**という．前者は蓄積電荷があふれ出して近接画素に入り込むことが原因であり，後者は遮光してある転送部に光が入り込むことが原因である．素子の構造を工夫してともにほとんど問題ない程度に減少している．

4.5　各種画像入力システム

テレビ撮像については **4.4** 節で述べた．ハイビジョンなど高精細度テレビ

やX線テレビは走査線数1 000本以上であるが，数百万画素の固体撮像素子が開発され，前節と同様のシステムで撮像が行われる．ここではテレビ以外のシステムの撮像について述べる．

イメージスキャナ　各種の画像処理やコピー機・印刷機などへの画像の読込み装置をこのように呼ぶ．原稿をレンズで光学的に縮小し，図 4.6 に示した CCD のリニアセンサで主走査を行い，画像を主走査と垂直の方向に機械的に動かして副走査を行うのが一般的である．

ファクシミリ　ファクシミリは **6** 章で詳しく扱う．入力部には上記のイメージスキャナを用いるほか，小形機では**密着センサ**が使われる．このセンサは紙の幅だけの長さのガラス板に **1.7.2** 項に記した光導電素子の画素 1 728 個（A 4 の場合）を蒸着し，図 4.1 と同様な走査回路を組み込んだリニアセンサである．センサを原稿に密着したまま機械的に移動走査し，LED で局所的に照明した原稿からの反射光を測定する．

画像処理　処理の目的に応じていろいろなものが使われたが，イメージスキャナやテレビカメラを用いることが多い．

デジタルカメラ　デジタルカメラは撮像機構，すなわちレンズと撮像素子にメモリを組み合わせ，従来のフィルムカメラに代わり静止画像情報を記憶する．簡便なコンパクトカメラや，携帯電話の付属品から写真家をおもな対象とした高画質一眼レフまで多種類ある．出力を大画面にして細部を見る用途を考慮して数百万画素を備えたものが多い．

カメラは**電子シャッタ機能**をもつ．撮影の際にはまず全画素の蓄積容量の電荷を空にする．CCD 素子の場合は全ホトダイオードに隣接して設けてあるドレーンに蓄積電荷を転送するとこの動作が行われる．その後，光電変換により発生した電荷を空の容量に蓄積する．撮影（露光）時間が経過したら蓄積電荷をいっせいに垂直 CCD に転送し，走査により順次読み取って信号とする．

大多数のカメラでは表 4.2 の 2/3 形，1/2 形など小形撮像素子が使われるが，高画質の一眼レフカメラには従来の 35 mm フィルムと同じ感光面積の MOS 形撮像素子を搭載するものが多い．後者ではすでに普及している交換レ

ンズが流用できるとともに，画素面積が大きいため蓄積電荷・出力電流が大きく SN 比が高い．

走査の際，画面を分割しそれぞれの信号を複数の回路で同時に出力したのち合成する構成のものでは，毎秒複数の画面を撮り，動画の撮影も可能としている．

デジタルカメラは 21 世紀初頭に特に競争の著しい分野で，新しい技術や仕様により年々技術動向が変化している．

演習問題

4.1 （1） *4.1* 節に想定した非蓄積形撮像装置（感光面面積 $1\,\mathrm{cm}^2$，500×700 画素，画素間に隙間なし，量子効率は 1，波長 550 nm の緑色光入射，その他 *4.1* 節参照）を標準方式で駆動するとして，信号 10^{-7} A を得るには入力光照度 5.3×10^5 lx が必要なことを導け．

（2） もし画素の感光開口部が面積率で 25 ％とすると，同じ信号を得るのに必要な照度はどれだけか

4.2 光センサや撮像素子では，入力光が 0 でも熱励起に基づき，ある程度の直流出力電流が流れることが多い（暗電流）．通常はセンサ出力から暗電流を減算して光量を求める．このとき両者に含まれる雑音はどうなるか．

4.3 3 板式カラーカメラは単板式よりほぼ 3 倍感度が良いといわれる理由を考えよ．

4.4 カメラレンズの像面で入力像の含む空間周波数成分の最大値はレンズの MTF で定まり，代表的な値としては 100 lp/mm，50 lp/mm である．像面に表 *4.2* の標準方式の 2/3 形撮像素子を置いてデジタルカメラとし，像の含む空間周波数成分を有効に取り出すには撮像素子は何画素必要か．

5. 電気信号の画像化

　テレビの誕生以来，長い間，画像表示はブラウン管だけの世界であったが，20世紀末頃からブラウン管と異なる原理の表示装置が種々実用化され，用途も各種情報端末や携帯電話などに広がった．ここでは，表示装置に必要な機能を考えたのち各種の表示装置を述べ，さらにハードコピーを得る記録装置つまりプリンタについて述べる．

5.1 画像表示装置の機能

　画像表示装置（**ディスプレイ**，display）には電気から光への信号変換と走査の機能が必要である．そこで，電圧を加えると光る豆ランプ状の素子を行列に構成して画像を表示する**行列形画像表示装置**とその駆動を考え，問題を検討する．電卓やデジタル時計の数字表示では"$日$"の字形に並べた字画の発光素子7個の装置に数字を当てはめ，選択した字画素子の端子に定常的に電圧を印加する．この方式（スタティック駆動）は画素数の多い画像装置には適さない．

　画像装置では，図 **5.1**(a)のように直交平行導線群2組の全交点に発光素子を設け，X電極，Y電極（それぞれ**信号電極**，**走査電極**ともいう）の端子を順次切り換えて電圧を与える．この構成を**単純マトリックス**，駆動方式を**ダイナミック駆動**と呼ぶ．標準方式のテレビに対応する装置の画素数は約 500 × 700，端子総数は 1 200 となる．カラー表示の場合は1画素を三原色のサブ画素で構成し，画素ごとに三原色の混合つまり加法混色の原理で色を表す．サブ

5.1 画像表示装置の機能

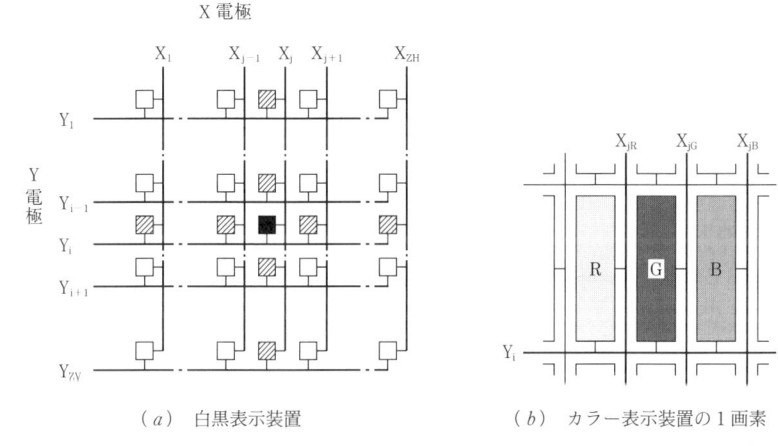

(a) 白黒表示装置

(b) カラー表示装置の1画素

X, Y 電極群から各1個選び（図では X_j, Y_i）通電すると，交点の画素が光る．
X_j, Y_i につながる他の素子（斜線の素子）も淡く光る．

図 *5.1* 行列形画像表示装置（単純マトリックス）の構成

画素構成の例を図(*b*)に示す．全端子数は 2 600 となる．

走査は，まず Y_1 行について X_1 から X_{ZH} まで映像信号に応じた電圧を順次印加して素子を点灯，つぎに Y_2 行を同様に駆動する．これを繰り返して Y_{ZV} 行の X_{ZH} 列まで走査して1枚の像の表示を終えたら最初に戻り，同じ動作を毎秒30回繰り返す．標準方式テレビの大略の走査時間は1画面（フレーム期間 τ_F）：33 ms，1 画素（τ_S）：10^{-7} s，1 ライン（τ_L）：63.5 μs である．

つぎに，この装置でテレビ画像を適切な輝度で表示するのに必要な条件を検討する．25 形白黒受像機（画面．38 cm × 51 cm）の表示面に隙間なく並んだ 500 × 700 個の発光素子で毎秒30枚の画像を表示すると想定する．全面を妥当な輝度 300 cd/m² で光らせると仮定し，光エネルギーの換算は視感度域中央の緑光で代表させる．*1.6* 節の数値を使うと，装置前方の半空間に放出される光束はおよそ 370 lm，放射エネルギーは約 0.53 W と計算され，発光エネルギー効率を 10% と想定すると，走査器は 5.3 W の電力を切り換えなければならない．発光素子の供給電圧を 5 V とすると，1 A を超す電流の 10^{-7} s ごとの切換えが必要で，回路の負担が重い．発光素子には短い τ_S の時間だけ電圧が印加され，つぎにこの画素が走査されるまでの長い τ_F の期間（τ_S の 350 000

倍），電力の供給がないにもかかわらず前記の平均輝度の発光が求められ，素子の実現も難しい．

図 5.1 の単純マトリックスの Y_i, X_j の端子間に電圧を加え交点の■の素子を光らせる場合，選択した■以外の全素子も直並列に接続されており，電流が流れる．斜線を付した素子▨は電流が集中して淡く光る．この現象を**半選択**といい，これにも対応が必要である．

単純マトリックスの欠点を解決する手法にはつぎのようなものがある．

（1）**パッシブディスプレイ**　画素の素子は発光せず別の光源の光を制御する方式で，走査器は電力を供給しない．液晶表示装置はその例である．これに対し前記のような自発光素子を使う方法を**アクティブディスプレイ**という．

（2）**アクティブマトリックス駆動**　画素ごとに走査時の信号を記憶し，能動素子（通常 FET）により発光素子に別電源の電力を供給し，信号に対応した明るさの発光を τ_F の全期間（τ_L の場合もある）続ける駆動方式を指す．そのため行列構造の全画素に記憶素子と能動素子を設けておく．液晶をはじめ多くの行列形表示に使われる．

表示装置に要求される特性は使用目的により異なるが，一応の基準として歴史の永いテレビ用ブラウン管による像の特性をつぎに示す．

輝　度　ブラウン管の明部では $500\,\text{cd/m}^2$ 程度が得られる．静止した文字情報を比較的暗い室内で見ることが中心の情報端末では $100\,\text{cd/m}^2$ 程度でよいとされる．

コントラスト　ブラウン管のコントラストは数百程度で大きいが，通常は室内光の反射で黒が不完全であり，コントラストは小さくなる．

解像度　ブラウン管はアナログ装置であり，解像特性は MTF で表される．水平方向の MTF は画面中央で 500 TV 本のしまに対して数％低下する程度，高精細度ブラウン管は 2 000 TV 本程度の解像度を持つ．

行列形表示装置の解像特性は表 3.1 に示す画素数で表す．装置を画像の標本値の伝達装置とみれば，画素数と画像サイズから **3.2.6** 項に従って求めたナイキスト限界までの周波数成分を目に伝達できると考えられるが，実際は原

画は滑らかでも表示像細部の輝度の階段や画像と装置の空間周波数成分どうしの干渉で生じたビートが画質を妨げる．図 $3.2(b)$ のようなしまを表示観察したとき，しまの空間周波数が低ければ問題ないが，周波数が高いと表示像は正弦波しまに見えなくなる．表示像を正弦波しまと認識できる限界の空間周波数はしまの色や方向，表示装置の画素間隔とサブ画素の配列，観察者の主観などに関係する．この正弦波しまと認識できる限界のしまの空間周波数を2種のサブ画素配列の表示装置（いずれも画素間隔 d）について求めた例を図 5.2 に示す．

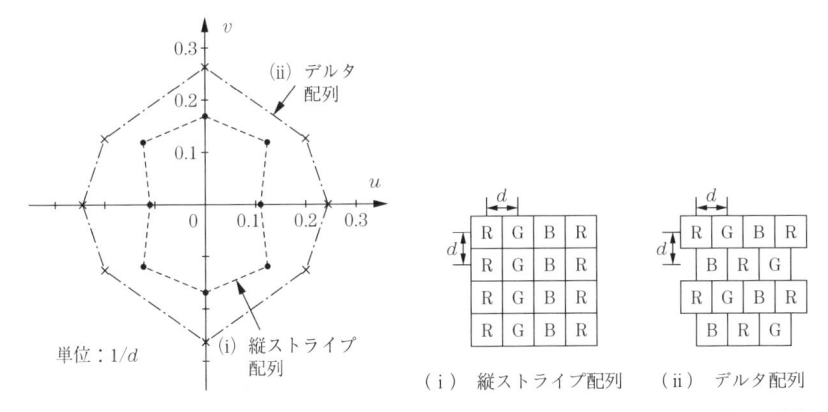

例えば $d=0.5\,\mathrm{mm}$ の装置では u，v の単位は $2\,\mathrm{lp/mm}$，正弦波しまと認識できる限界の空間周波数はサブ画素配列（ⅰ）では $2\sim3\,\mathrm{lp/cm}$，（ⅱ）では $4\sim5\,\mathrm{lp/cm}$
（陳ほか：テレビ誌，**46**，p.615(1992)より）

図 5.2 表示像を正弦波しまと認識できる限界の空間周波数

色再現範囲 　図 2.9 の色度図に表示装置の三原色の色度点を記すと，その3点の作る三角形の中の色が表現できる．室内光の反射が加わると，純色が表現できず，彩度が下がる．

5.2 表示の歴史——ブラウン管

図 $1.3(b)$ に示した「明滅しながら走る豆ランプ」の機能を巧みに具体化した電子管を日本とドイツでは発明者の名にちなんで**ブラウン管**（Braunsch

110   5．電気信号の画像化

Röhle）と呼ぶが，一般には英語名 **CRT**（cathode-ray tube）が使われている．CRT は 20 世紀の表示技術を支えたが，21 世紀初頭には特殊用途を除いて平板形表示装置に道をゆずり使命をほぼ終えた．以下カラー CRT の概略を述べる．

5.2.1 構　　　造

カラー CRT の原理構造は，図 *5.3* に示すように，ガラス管内は真空で，電子ビームを作る電子銃，ビームの方向を変える偏向系，光を発生する蛍光面を備えている．

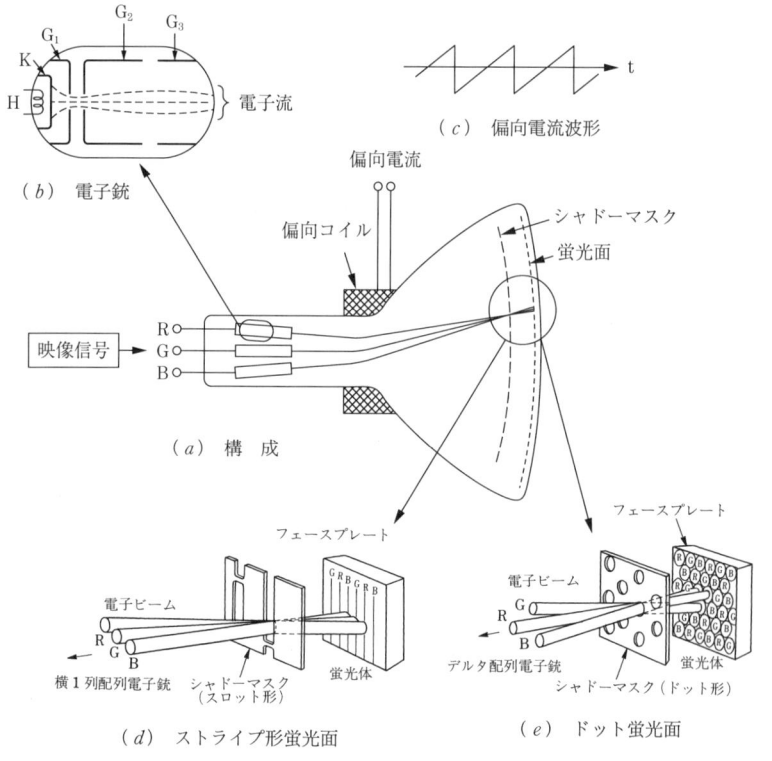

図 *5.3*　カラー CRT の原理構造

R, G, B とあるのは各色蛍光体，色別の塗り分け，図(*d*)は家庭用受像機に，図(*e*)は高解像ディスプレイに主として使用

電子銃 (electron gun)　三原色（R, G, B）発光用の3本があり，それぞれ電子を発生する熱陰極 K，陰極加熱用ヒータ H，電子流制御電極 G_1，電子レンズ電極群（G_2〜）から成る．陰極を出た電子流は G_1 の電圧 V_{G1} に応じた電流量に制御され，電子レンズの集束作用で3本の細いビーム状となり，10〜30 kV の高電圧に加速されて蛍光面に衝突し輝点を作る．

偏　向 (deflection)　管の首の部分の磁界で行う．磁界が鉛直方向に生じるようコイルを装着し，図(c)のような波形の電流を流すと，電流に比例して発生する磁界の力を受けて電子ビームが曲がり，蛍光面を前から見たとき輝点が画面の左端を出発して水平に等速で動き，右端に達すると瞬時に左端に戻る水平走査を繰り返す．同様に磁界が水平方向に生ずるコイルを設ければ垂直走査が行われる．両偏向コイルを重ねて設け，標準方式に従った周期の偏向電流で動作すれば輝点はラスタ走査をする．

蛍光面　ガラスのフェースプレート内面に R, G, B の蛍光体を図(d)のような縦じま，または図(e)のようなドットに塗布してある．蛍光面と数 mm 離れたシャドーマスク（ピッチ 0.2〜0.3 mm のスロットまたは孔をあけた金属板）と R, G, B の各信号で動作する3本の電子銃は各電子ビームが対応する色の蛍光体だけに入射する配置としてある．各色蛍光体の境界付近は黒色塗料を塗り，混色や室内光の反射による画質低下を防ぐ．

5.2.2　動作・特性

R の電子銃の V_{G1} に R の映像信号を与え動作させれば R の単色像が得られ，G, B の電子銃も同時に動作させればカラー像が表示される．

CRT のおもな特性は **5.1** 節に示した．**ガンマ**の値は G_1 電極の電子流制御の仕組（電子銃内の電位分布の変化）により決まり，2.2 とされる．

CRT は画素メモリが不要な唯一の表示装置であり，周辺回路の負担が軽いという特徴をもつ．高速の電子の運動エネルギーを瞬時に吸収し，高い量子効率で光る蛍光体の性質（1個の電子が数千の光子を発生）がこの特徴を支える．CRT は視野角が広く輝度・コントラスト・解像度などの点で優れ，技術

的に完成度が高く，低消費電力，安価などの長所をもつ．一方，画像ひずみ，走査の位置精度が劣り，ガラスが重く奥行きが大きく画面大形化が困難，動作がアナログ的でコイルの装着や調整が面倒，電源を投入後動作開始までに時間を要するなど短所も多い．

5.3 液晶表示装置

液晶は特殊な有機化合物で，外見は粘性をもつ液体であるが，結晶と同様な光学的性質を合わせ持つ．これを用いた行列形の**液晶表示装置**（liquid crystal display，**LCD**）は，80年代から携帯用パソコンなどの静止情報表示に，2000年前後からテレビなど動画表示に多数使われている．

5.3.1 素子の構造・動作

液晶には多種類あるうち，画像表示用の**ネマチック液晶**は長さ数 nm の棒状の透明な液晶分子の集合で，長軸がほぼ一定の方向を向いて並んでいるが，電界を加えると分子に電気双極子が発生し長軸が電界の方向を向く．液晶分子は光学的異方性を示し，長軸方向の屈折率が大きい．

図 5.4 に透過光制御形液晶素子の構造原理を示す．基板は研磨したガラス板に透明電極をつけその上に樹脂膜を施し，表面を布で一定の方向に擦り微細

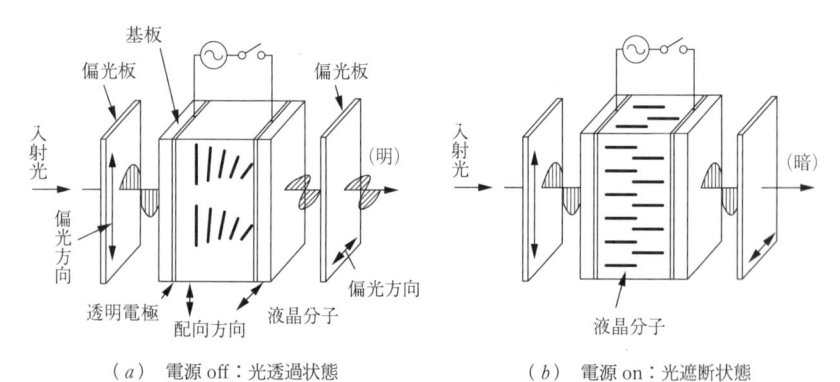

(a) 電源 off：光透過状態　　　(b) 電源 on：光遮断状態

図 5.4　透過光制御形液晶素子の構造原理

な凹凸で方向性をもたせてある．この膜を**配向膜**という．この基板2枚を配向の方向が 90° よじれるよう数 μm の間隙で向き合わせ，隙間に液晶を満たす．液晶の長い分子は両基板の近傍では配向膜の方向に並び，2面の間でその方向がスパイラルに徐々に変わる．この構造を **TN**（twisted nematic）**形**という．この両面をそれぞれの配向膜と同じ方向の偏光板2枚ではさむ．

図(a)は，基板間の電圧0の状態を示す．入射光は偏光板で直線偏光となり，液晶中では光が進むとともに液晶分子の光学軸の方向が徐々に変わるにつれて偏光の方向も変わる．直線偏光は右回り・左回りの2つの円偏光（光波の振動ベクトルの先端が円運動，光の進行を考えればらせん運動する光）の合成と考えられる．液晶分子は原子配列の非対称性から両円偏光に対する屈折率が異なる，すなわち光の速度が異なるため，液晶層を通過すると両円偏光を合成した直線偏光はその方向が変わる．実際の装置では層中で偏光面が 90° 回転して出力側の偏光板を通過し画素は"明"の状態を示す．

図(b)のように基板間に電圧を加えると液晶分子は電界の方向，したがって光の進行方向を向く．液晶へ入射した直線偏光は液晶層中で偏光の方向が変わらないため出力側の偏光板を通過できず，画素は"暗"の状態を示す．加える電圧に応じて中間調が表現される．液晶の両側の偏光板の方向をそろえた場合も通過光量は制御されるが，液晶分子の方向のばらつきに起因して完全な黒の表現が難しい．

5.3.2 実際の液晶表示装置

液晶素子を単純マトリックスに構成すると，画素数の多いLCDでは **5.1** 節と同様な理由で画面のコントラストが乏しくなる．そこで通常のLCDは，全画素に**図 5.5** のように制御用 FET をつけてアクティブマトリックス駆動とする．FET はガラス基板に多結晶シリコンを蒸着した薄膜構造のため **TFT**（thin film transistor）と呼ばれる．走査電極 Y_1 が on になるとその行の全 FET が on になり，各コンデンサ（液晶素子の静電容量）は接続された信号電極 X_1, X_2, … の電圧を取り込んで Y_1 が off になったのちも，つぎに Y_1 が

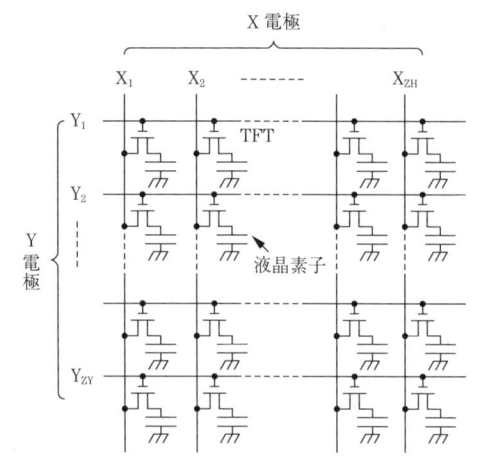

図 5.5 アクティブマトリックス形 LCD

on になるまでの τ_F の期間その値を保って表示する．

通常の LCD は，1 画素を 3 つのサブ画素に構成し，それぞれに R，G，B の色フィルタをつけ，バックライト光源には直径数 mm の蛍光灯を使用する．携帯用装置のなかには，消費電力の多いバックライト光源を省いて前面からの通常の照明で見るために液晶層の裏面を反射性としたものもある．

LCD は，CRT に比べて薄く軽く，画像ひずみがなく，消費電力がきわめて少ないなど長所が多い．一方，光の利用率が悪い（理想的には偏光を利用することで 1/2，カラーフィルタで 1/3，計 1/6，実際は両者で 1/10 以下）ため低輝度でダイナミックレンジが小さく，画像メモリの使用と液晶分子の動きが遅いので動画がぼけやすく，斜入射光に対して図 5.4 の原理が成立しないため，正常に見える視野角が小さいなど欠点があるが改善策が講じられている．

5.4 プラズマ表示装置

プラズマ表示装置（plasma display panel，**PDP**）は，原理的に豆ネオンサインの行列を一体化した自発光の表示装置で，放電現象を巧みに利用した素子の制御により画像を表示する．CRT では製造不能の大画面に適した薄形装置であり画質が良いとして普及している．

5.4.1 素子の構造・動作

蛍光灯やネオン管などの放電管は適量の気体を封入した図5.6のようなガラス管で，**グロー放電**と呼ぶ現象を利用する．印加電圧 V が放電開始電圧 V_{BD} より大きいと，管内空間にわずかでも電荷が存在すれば放電が始まる．正電荷のイオンは陰極に向けて加速され陰極に衝突して電子を叩き出す．この電子が陽極に向けて加速され気体に衝突しこれを電離して正イオンと電子を作る．この両現象を正帰還的に繰り返してイオン・電子が急増し，放電が成長して外部回路の条件に応じた電流（放電電流が増えると抵抗の電圧降下により印加電圧が減る）で安定な放電となる．プラズマ部では気体分子と電子・イオンが混在し，衝突電離や励起が激しく行われ気体に特有の色の光を出す．安定な放電状態から供給電圧を下げると，V が放電維持電圧 V_S（$V_S < V_{BD}$）以下になったとき放電が止まる．V_S，V_{BD} は気体の種類や放電管の設計で決まる．

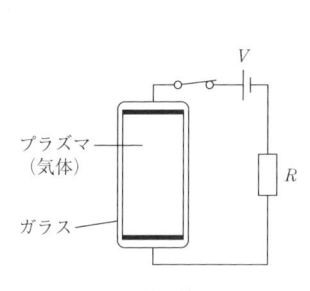

図5.6 放電管の動作

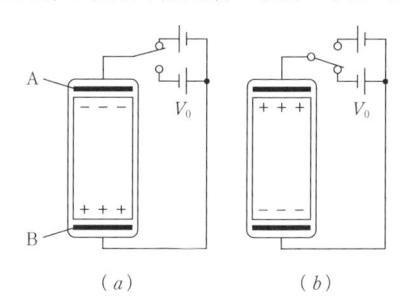

＋－は放電に伴って生じた壁電荷
図5.7 AC形放電セル

画像表示に用いる **AC形PDP** 装置の素子は，図5.7のように放電空間の両端の電極を絶縁体に埋め込んである．電極AB間に図(a)のように電圧 V_0 をかけると管内に電界が発生する．放電空間をはさんだ絶縁体壁面間の電位差を V_D とする（$V_D < V_{BD}$ に選ぶ）．放電空間に電荷があれば，この電界に従って正イオンはB，電子はAへ向かって走り，それぞれB，A部の絶縁体壁に付着して**壁電荷**を作り，放電空間の電界を減らす．壁電荷に基づく電位差を V_W と表すと放電空間両端の電位差は $V_D - V_W$ となる．電源を図(b)のように切り換えるとその瞬間に空間の電位差は $V_D + V_W$ となる．$V_D + V_W \geq V_{BD}$

に選んであれば放電が生じ，電荷が走って図(a)と逆符号の壁電荷を作って空間の電位差は $V_D - V_W$ となり放電が終わる．ここで外部電圧の極性を図(a)に戻せば再び放電する．

そこで，電圧の極性を数十kHzで切り換えればその2倍の周波数で放電し，放電に伴うパルス性発光を得る．素子に適当な電圧と幅の放電維持交番パルスを加えておくと，この素子は壁電荷をいったん作り出せば上記のように点灯状態が維持され，壁電荷をいったん消せば消灯状態が続くという放電状態のメモリ機能をもつ．

図 5.8(a) は原理的な対向電極形 AC 形 PDP の構造，図(b) はその駆動状

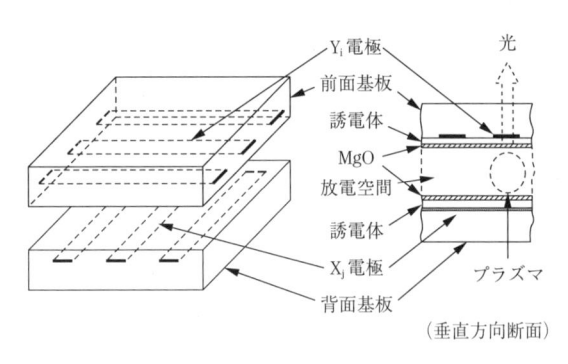

(a) 構造

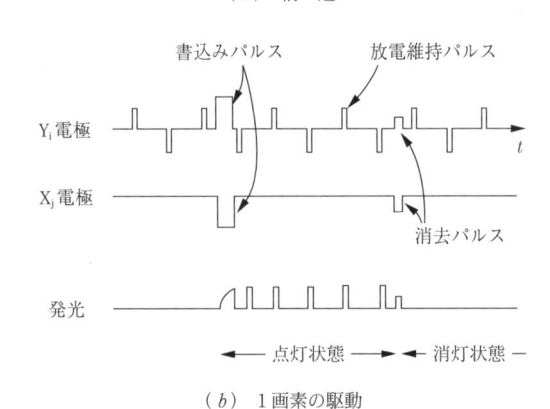

(b) 1画素の駆動

水平電極は透明電極．MgO層はイオン衝撃に対して電子放出比が高い．

図 5.8 対向電極形 AC 形 PDP の構造と駆動状態

態を示す．放電空間は全画面一体で，前面の透明な X 電極と背面の Y 電極の交点が図 5.7 の素子 1 個に当たる．全 XY 電極間に放電維持交番パルスを常時加える．Y_i，X_j 電極に図示の書込みパルスを与えると両電極の交点の素子は V_D が増え，放電して壁電荷を作り，以後維持パルスごとに放電による発光が生じて点灯状態となる．この状態で電圧の低い消去パルスを加えると，壁電荷が中和され消灯状態となる．書込みパルスや消去パルスは片側の電極のみに加わっても放電状態が変わらないように設計され，各電極に順次上記の操作を行うと 1 画素ずつ点灯状態が変更され，画面更新の走査が行われる．

5.4.2 実際のプラズマ表示装置

受像機に実用される AC 形 PDP の構造を図 5.9 に示す．放電空間には Xe と Ne の混合ガスを満たし，垂直方向に隔壁を設けて電荷の拡散を防ぐ．図 5.7 の A，B 部に相当する電極は水平方向の画素に共通な交互の平行線とし，その片方を放電維持・走査電極（以下電極 A），他方を放電維持電極（同 B）と呼ぶ．蛍光体は垂直方向に R，G，B 3 色を交互に塗る．

駆動についてはフレームごとに短いアドレス期間を設け，この期間にまず全

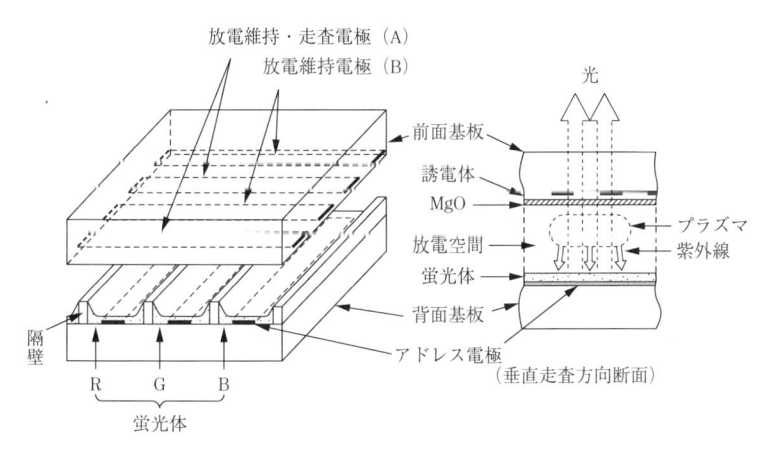

電極 A，B は同じ構造で交互に配置，接続のみ異なる．
図 5.9 3 電極面放電形 AC 形 PDP の構造

画素を消灯状態としたのち,水平の電極 A と垂直のアドレス電極を順次選択し書込みパルスを加えることで点灯すべき全画素に壁電荷を作る.残りのフレーム期間は放電維持期間で,全画面の電極 A と B の間に放電維持パルスを加えると全画面の指定画素が同時に発光する.この装置で放電は表面に平行に垂直走査方向に生じ,放電に伴って発生する紫外線を蛍光体で可視光に変える.

前記の放電 1 回に生ずる光パルスの光量はほぼ一定で小さい.そこで実用のPDPでは放電維持期間の放電の回数を変えて輝度変調する.すなわち,フレーム期間を8サブ期間に区切り,サブ期間の長さの比,すなわち放電回数の比を $1:2:4:\cdots:128$ とする.各画素は映像信号の大きさに応じてサブ期間を組み合わせていくつか選択してその期間を点灯,残りを消灯とする.これにより画素の放電回数の比は 1 から 256 までのすべての整数の比となり,1 バイトの明るさレベルを表現できる.図 5.9 で三原色の蛍光体それぞれにこれを適用すれば 1 画素の色が 3 バイトすなわち約 17 万種類の異なる色を表現できる.

PDP は輝度・コントラスト・視野角・時間応答などの画質に優れ,薄形で特に大きい画面の装置に適している.周辺回路の負担が大きく消費電力の大きいこと,価格面で改善の余地がある.

5.5 その他の表示装置・システム

上記 3 種の装置はハイビジョンを含むテレビやコンピュータの端末用に広く使われているが,ほかにも多種類の装置が開発されている.

小形表示装置　　携帯電話やデジタルカメラの表示には特に小形薄形で消費電力の少ない装置が望まれる.液晶のほかつぎの ELD が適している.

材料に電界を加えると発光する現象を**電界発光** (electroluminescence, **EL**) といい,基板上に X 電極群,EL 層,Y 電極群を積層した薄膜表示デバイスが **ELD** (electro-luminescent display) である.有機 EL 材料を用いたものが発光ダイオード (light emitting diode, LED) と似た機構で光るため **OLED** (organic LED) と呼ばれ,視野角などの特性が優れ,小形表示装置に

良いとされる．

投射形表示装置　講演や映画など多人数が対象の場合は画像を映写幕へ投射する．小形の液晶画像をレンズで投射する装置が多い．フィルム映画に代わるデジタルシネマ館の大形投射装置にはつぎのDMDが良いとされる．

半導体チップ上に行列状に極微小の鏡数十万個を画素として設け，その角度を静電的に動かして光量制御するものが**DMD** (digital micro-mirror device) で，反射形画像投射装置として使う．

屋外大形画像表示装置　屋外の表示システムでは数千 cd/m^2 の輝度が必要である．LEDを行列に配した**LEDディスプレイ**はビル壁などの画像表示

表 5.1　立体像表示装置の表示部構成と原理

方式	表示部構成	原理
のぞきめがね式	R像、L像	R像・L像をそれぞれの目で直視する．ゴーグル形にして実用（HMD, head mounted display, ヘッドマウントディスプレイ）
偏光めがね式	偏光板　ハーフミラー　偏光めがね　R像　L像　偏光板	R像・L像に直交偏光板を設置．偏光めがねにより対応する像を見る．
時分割方式	液晶めがね　R・L（交互に表示）　交互に透光	R像・L像を一面に交互に表示．交互に片眼のみ透光するめがねで対応する像を見る．
レンチキュラー式	像　レンチキュラー　眼　R、L、A、B	レンチキュラー：平面上等間隔に配列した1画素幅の1次元レンズ群．立体視の場合，光は横方向に集束，縦方向に直進する．像面ではレンチキュラーAの作用でL像・R像が交互にスダレに描いた像のように写り，それぞれをレンチキュラーBを通して左右の眼で見る．

などに使われている.球場などの特に大形の画像表示には電球状の蛍光管を行列に配したものもある.

立体像表示装置　両眼の間隔だけ離れた左右2点から見える像の信号をL,R像として左右の目それぞれに見せる装置である.多くの種類が提案されているうち4種を**表 5.1**に示す.立体的な作業を遠隔的に行う場合の視覚装置,仮想的な空間や現実感(virtual reality,VR)の体験手段として重要である.

5.6　ハードコピー技術

情報をハードコピーとして出力する**プリンタ**は古くは白黒の明確な文字をおもに扱ったが,CGやデジタルカメラの進展とともに中間調の豊富なカラー画像を扱うようになった.動画表示と異なりプリントの一部を心ゆくまで観察することが多く,画質への要求も前記の表示装置とは異なる状況にあり,21世紀初頭は技術変革の最中にある.基本的な事項を簡単に記す.

(**a**)　基　礎　技　術　　画像電子装置の信号を印刷するプリンタも前記の表示と同様に走査と電気信号 → 光の変換を要する.印刷の所要時間は常識的な範囲であれば制約がなく,走査は通常は機械的に行う.インクなどの色材には色光を吸収するYMCKの材料を用い,色や中間調を表現するには色材を厚さを変え積層する方法と,一定濃度の色材の微小なドットを印刷し付着面積を変えて濃淡を表現する場合があることを **2.3.5** 項に記した.

(**b**)　特　　　性　　プリンタの精細度を表すには通常 dpi(dots/inch)を用いる.視力1の眼の解像度は明視距離で約 0.07 mm であり,画素密度 350 dpi 以上であれば通常の視力の裸眼では画素は認められない.書籍の写真は通常 100 dpi(新聞は 65 dpi)にとり,点の面積を変えて階調を表現している.

多くのプリンタではドット密度を上記よりきわめて大きく取り(例えば 1 000 dpi),濃度と面積が一定の微小ドットを面積密度を変えて印刷し中間調

や混色を表現する．1.6節に記したように紙の反射率（<1）の制約からダイナミックレンジが小さい．また純色の表現が難しく，色再現範囲は表示に比べて小さい．色材の種類を増して色再現範囲を増すものもある．

（c）**記録装置** 実際のプリンタはペン先の機能をもつ**スタイラス**と，これを紙の上に走らせる走査機を組み合わせて作られる．おもなスタイラスの構造・原理，特徴，用途を**表5.2**に示す．

表5.2 各種記録装置のスタイラスの構造・原理，特徴，用途

	構造・原理		特徴	用途
① 感熱記録	Si基板（n高抵抗），発熱部（p形），絶縁層（SiO₂），電極，保護層，感熱記録紙，記録情報	感熱紙を使用 局部加熱で化学反応により黒化	簡便 可動部少ない 白黒のみ 変色しやすい	ファクシミリ
② 熱転写	ローラ，記録紙，記録情報，インク紙，熱ヘッド	インク紙を局部加熱 →色成分が溶融または昇華 →紙に着色	簡便 可動部少ない	プリンタ
③ バブルジェット	インク，ノズル，記録紙，ヒータ，インク滴	加熱により気泡発生 →インク液滴噴出 →紙に着色	高速記録 高解像度	ファクシミリ プリンタ
④ インクジェット	インク，ピエゾ素子，記録紙，インク滴	電圧により圧電素子伸縮 →インク液滴噴出 →紙に着色	構造簡単	プリンタ
⑤ 電子写真	光，帯電，感光体ドラム，現像，トナー，記録紙，転写，定着	感光体円筒を帯電 →光照射 →電荷像形成 →静電的にトナー吸着 →紙に転写 →加熱定着	高画質 高速記録	コピー機 プリンタ （レーザプリンタ）

トナー：カーボンと熱可塑性樹脂の混合微粉末

演 習 問 題

5.1 5.1節で想定した理想的な豆ランプ行列による単色画像表示装置で,毎秒30枚の動画を表示しようとする.緑色 300 cd/m² で光らせるためにはどれだけの電力が必要か.ランプの光へのエネルギー変換効率を 10 % とする.

5.2 白黒テレビの 20 形ブラウン管は電子ビームの加速電圧 20 kV,画像の明部ではビーム電流 200 μA 程度で動作した.これを発光ダイオード(LED)パネルに置き換えると,同じ明るさを保つためにどれだけの供給電力を必要とするか.光へのエネルギー変換効率は蛍光体で約 20 %,LED では 1 % とする.

5.3 表 5.1 に記した立体表示方式について得失を考えよ.

5.4 21 世紀初頭,受像機の表示装置はブラウン管から薄形デバイスへの変更が急速に進み,新品種が採用され技術改善も進んでいる.立体表示やプリンタについても同様な状況にある.学会誌・技術誌を参考にその内容,特徴,問題点をまとめてみよ.

6. 画像の伝送

　画像伝送は画像電子工学の原点であり，通信が新しいディジタルメディアに移行するなか，社会や家庭で重要な役割を果たしている．これら画像通信は歴史的にも技術的にもテレビから発展した．以下に，一般論を述べたのち，テレビ，ファクシミリを中心に画像伝送技術を述べる．

6.1 画像伝送システム

　画像通信実用の歴史は1925年の写真伝送に始まったが本格的な活動は20世紀後半からであり，アナログの放送網・電話網が整備され，テレビ，ファクシミリが家庭や社会の必需品となって利用されてきた．画像通信には種々あり，通信者が1：1の個別通信と1：多数の放送に，利用メディアの種類から無線と有線に，有線も電話網や専用回線に，送る情報から動画と静止画などに分類され，それぞれ用途に見合った装置やシステムが開発実用化されてきた．

　しかし，1990年代から本来は個別通信である衛星通信がCSテレビ放送に発展し，インターネットも同じサイトにアクセスが多くあれば放送と似た機能を示すなど，放送と個別通信は融合の傾向にある．衛星からの電波，地上から発射する電波が混在し，ネットワークを作るメディアも同軸ケーブルから光ケーブルへ移行しつつ共存しているほかその性能も種々ある．毎秒送る像数にも多種あり，動画と静止画の区別も失われている．これらの融合，混在の中で信号伝送の方式は1980年代までのアナログから90年以降のディジタルへの移行が確実な流れであり，その結果，2000年前後から電波やケーブルテレビを通

して多数のテレビ番組がデジタル放送され，電子メールに写真を添付するなどして日常多くの画像がデジタル通信されるようになった．

(**a**) **映像信号のアナログ伝送**　　映像信号や音声信号はアナログであり，1980年頃までに開発された通信装置はすべて搬送波をこれらの信号で直接変調して送った．情報発生速度のまったく異なる音声と画像には別個の通信路が用意された．

アナログ伝送は高速動作には対応しやすいが，次項に示すディジタル伝送のもつ多くの長所はそのままアナログ伝送の短所に対応する．この短所に対する改善策も研究されたが，十分な効果がないまま90年代以降は画像を含む通信全体がディジタル伝送に移行している．しかし，伝送系はディジタルになっても撮像装置や表示装置はアナログ信号を扱う．アナログ信号を扱う装置の特性ひずみと出力像への影響の例を**表6.1**に示す．

表6.1　アナログ信号を扱う装置の特性ひずみと出力像への影響の例

	伝送路の性質	出力像への影響の例
波形のひずみ	高周波特性不足	解像力不足，輪郭のぼけ
	〃　　過大	輪郭部にふちどり（オーバシュートなど）
	周波数特性の急な変化	輪郭部にしま模様（リンギング）
	中・低周波特性不良	中間調のゆるやかな変化（ストリーキング）
	直線性不良	中間調不自然，白づまりなど
	位相ひずみ	｝（カラー放送の）色の乱れ
	微分利得・微分位相*	
雑音	非同期性雑音	白点・黒点などのちらつき
	同期性雑音	しま模様

* 高周波信号に対する利得・位相特性の低周波信号の振幅依存性．DG，DPという．

(**b**) **映像信号のディジタル伝送**　　画像のディジタル伝送はアナログ伝送に比べると

① 情報統合：画像と音声や文字などのディジタル符号を統合して扱える．
② 高機能化：通信システムやコンピュータと結んで情報処理が可能である．
③ 情報量圧縮：高能率符号化により画像情報を大幅に圧縮できる．

④ 高品質化：信号の伝送・記録に際して画質低下がない．

など多くの利点をもつ．しかし，デジタルテレビの実用は遅く，アナログからの移行は1996年末のCSテレビ放送からである．

 3.5節に述べたようにテレビの映像信号を標本化・量子化して得るディジタル信号はきわめて大きなデータ量となり，高能率符号化による情報量圧縮が実用されて初めてディジタル時代を迎えた．一方，送る情報が文字など白黒2値で伝送時間に特に制約のないファクシミリについては，1980年頃からディジタル技術で情報圧縮する機器がアナログ装置に代わって普及し始めた．自然の動画を伝送するデジタルテレビの開発には回路素子やメモリなどの高速化・低価格化，高能率符号化などクリアすべき壁が多くあったためである．

6.2 テレビシステム

テレビには計測や監視用など放送と無関係の独立システムも多い．この場合，相互に規格の合うビデオカメラと表示装置を図 **6.1** のようにつないだテレビシステムにすると，自由度の高い設計ができる．しかし，通常は部品調達や録画の利便性などを考慮して放送規格に準じた仕様とする．以下，放送システムの仕様について述べる．

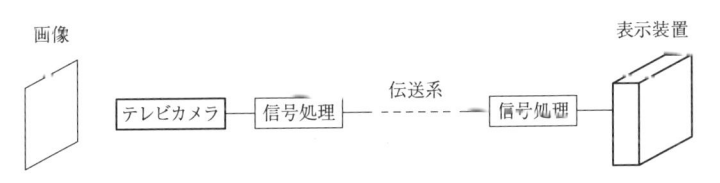

信号伝送は映像信号そのまま，搬送波を用いたアナログ伝送，
ディジタル伝送など．色情報の扱いにも種々ある．

図 **6.1** テレビシステム

白黒テレビの原理は **1.4** 節に概説したが，放送システムに関する走査や信号などの仕様（**標準方式**）は国により異なる．日本の在来のテレビ標準方式の概要を図 **6.2** に示す．内容は表示装置にCRTを使うことを前提として，真

6. 画像の伝送

画面寸法横縦比 ($w:h$)	4:3
映像信号帯域幅	4.3 MHz
垂直走査周波数（フレーム周波数）	30 Hz
フィールド周波数	60 Hz
水平走査周波数	15 750 Hz
水平走査周期	63.5 μs
水平走査有効期間	52.7 μs
1フレーム中の走査線数	525 本

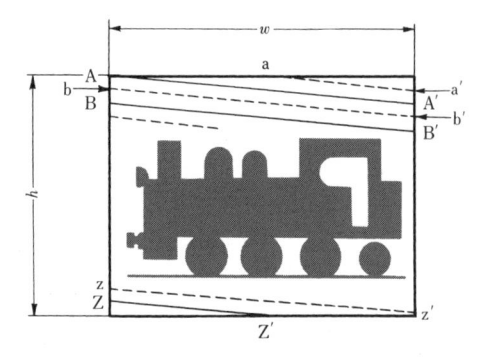

図 6.2 日本の在来のテレビ標準方式の概要

空管アナログ回路の 20 世紀前半の技術と，視覚特性の当時の理解レベルに基づいて米国で定められた規格が基礎になっている．その後，テレビはカラー化され，ディジタル化も進んでいるが，上記の方式の基本は生きている．

6.2.1 輝度情報の伝送

白黒テレビではカメラから得る輝度信号を映像信号として伝送する．標準方式では**毎秒像数**は肉眼の性質を考え 30 枚，1 画面は水平走査線 525 本で構成され，画面の横縦化（**アスペクト比**）は映画と同じ 4:3 とされた．

(a) 走　査　走査は画面左上——図 6.2 の点 A から始め A → A′，B → B′…と進み，Z′ までの 262.5 本で**フィールド**（field）と呼ぶ粗い画像を送ったのち a → a′，b → b′…と前者の隙間を走査し，z′ までの 2 フィールドで 1 **フレーム**（frame）と呼ぶ走査線 525 本の完全な画像を送る．この走査は**インタレース走査**（interlaced scanning）または**飛越し走査**と呼ばれ，走査線を上から順に並べて 1 画面を作る**プログレッシブ走査**（progressive scanning）または**順次走査**と呼ばれる方式に比べ，6.4.2 項に述べるように垂直解像度に難があるが，同じ帯域幅を使っても動画の動きが滑らかに見えるという長所をもつ．

(b) 同　期　テレビ機器の走査のタイミングを合わせる作業が**同期**である．1 画面を構成する走査線の 525 本のうち映像信号を運ぶ有効走査線は

483本で，残りの42本分の時間に垂直同期信号がフィールドごとに2回送られる．水平走査も走査線1本分の時間のうち映像信号を運ぶ有効期間は83％で，残りの期間に水平同期信号その他（図 6.5 参照）が送られる．受像機は同期信号を受信すると映像信号を表示中の走査線を終了し，つぎの走査線に移る．映像信号のない期間を**帰線期間**といい，水平帰線期間の長さは表示用CRTの偏向磁界の逆転に要する時間を考慮して決められている．

（c）**帯域幅**　つぎに，テレビの解像度と画素数，映像信号の帯域幅を考える．CRT画面の有効走査線数483本が縦方向の画素数に当たる．画面高さの6倍の距離から見ると走査線間隔を望む視角は1分となり，走査線のしま構造が視力の限界で見えなくなる．

CRTの画像は横方向には連続であるが，行列形表示装置を使うとき画質は縦横等方が自然と考えれば，横方向に $483 \times 4/3 = 644$，全画面で約 3×10^5 個の画素を持つことが望ましい．数値は表 3.1 のVGAに相当する．しかし，しま画像に対する限界解像度が483 TV本あるわけではない．水平方向のしまを映すと走査線のしまが干渉し，限界解像度は飛越し走査の場合画素列数の約70％（**ケルファクタ**，実験的に決まる），340本程度となる．したがって，映像信号の最大周波数は340 TV本の縦じまに対する値とするのが自然で，走査線1本の有効期間 $52.7\,\mu s$ に $340 \times 4/3 \div 2 = 227$ 周期の波が入るため $4.3\,\mathrm{MHz}$ と計算され，図 6.2 の数値が得られる（規格では $4.2\,\mathrm{MHz}$ 以上で漸減）．

（d）**信号処理**　テレビにはいくつかの信号処理回路を設ける．

信号の入出力の関係を示すガンマ値は撮像素子ではほぼ1，CRTでは2.2であり，両者を直接つないでも正しい階調の像は再生されない．これらを γ_C，γ_D とすると，システムのどこかにガンマ値 γ_P の処理回路を設け

$$\gamma_C \cdot \gamma_D \cdot \gamma_P = 1 \qquad (6.1)$$

とすれば系全体として入出力が比例し，正しい階調の像が見られる．テレビでは放送局側にこの**ガンマ補正回路**を設け，受像機の負担を軽減している．受像機にCRT以外の表示素子を用いる際は，表示装置としてのガンマ値が2.2となるよう補正する．

このほか,カメラでは画面に電灯が写り込むなど高輝度の過大な入力がある場合に信号を飽和させる**振幅制限回路**,ぼけ補正のための**輪郭補償回路**(**8.4**節参照)などを設ける.

6.2.2 カラー情報の伝送

日本の従来のアナログ放送のカラーテレビの標準方式は **NTSC**(National Television System Committee)**方式**である.カラー放送開始当時すでに普及していた白黒テレビの1チャネルの帯域の中に輝度情報のほかにカラー情報も納め,かつ白黒受像機でもカラー放送を受信可能とするため(表示は白黒),白黒テレビと同じ手法で輝度信号を送り,色情報は副搬送波で送る.本項の色に関する記述は NTSC に基づくもので,デジタル放送では数値は改められているが(**6.5**節参照),信号の扱いは広く画像伝送・蓄積に共通する.

(**a**) **カラー撮像・表示の原理** 色度図上の3点に対応する3色光を混ぜるとこの3点を頂点とする三角形内の任意の色度の色が得られることは**2.3.3**項に記した.そこで被写体を赤,緑,青(R, G, B)の3色別に感度を持つ**4.4.2**項に記したカラーカメラで撮像し,その3色の出力信号(**三色信号**)でカラー表示装置の3色の入力を駆動すればカラー画像を表示できる.

NTSC は図 **6.3**(*a*)の×印に示す3色の蛍光体の色を**受像三原色**と定めた.この3色光を混ぜて基準白色を得るときの3光の強さを各光の単位の強さとし,**2.3.2**項を参照してスペクトル色を等色するための光の混合比を求めると,三刺激値曲線 $\bar{r}'(\lambda)$, $\bar{g}'(\lambda)$, $\bar{b}'(\lambda)$ が図(*b*)のように得られる.そこでカラーカメラの3色の撮像素子の分光感度をこれに合わせると,赤の撮像出力信号 E_R はつぎの形に表される.

$$E_R = \int E(\lambda)\bar{r}'(\lambda)d\lambda \qquad (6.2)$$

緑,青の出力信号 E_G, E_B も同様の形に表されるが省略する.

この撮像素子で得られる信号で,上記 NTSC の受像三原色で発光する表示装置の3色入力を駆動すれば正しい色が表示される.実際には撮像素子の感光

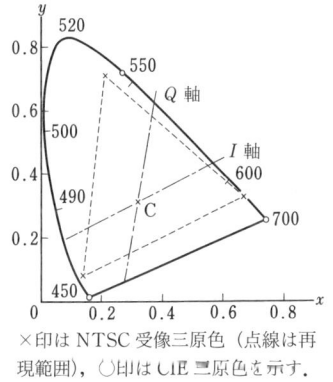

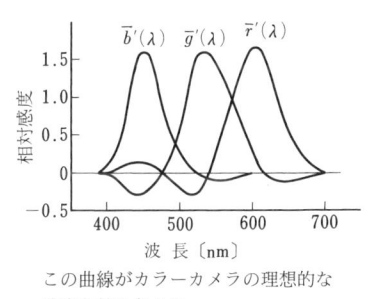

(a) 色再現範囲　　　　　　(b) 受像三原色に対するスペクトル三刺激値曲線

図 6.3　NTSC カラーテレビの色再現

物質の性質と色フィルタの組合せで系の分光感度を図(b)の曲線に合わせる努力がなされるが，刺激値曲線のもつ負の値など整合できない部分が残り，再生像の色ひずみの原因となる．表示装置の発光材料の色度が図(a)と異なる場合も再生像の色がひずむ．

(b)　**輝度信号・色差信号**　　カラー画像を信号として伝送または蓄積するにはカメラ出力の三色信号を輝度信号と色を表す信号に変換することが望ましい．肉眼の解像度は輝度情報に対して高いが，色成分に対しては劣ることを利用して色信号の情報量を圧縮でき，また輝度信号は白黒表示器にそのまま使えるためである．

輝度信号（Y 信号）　E_Y は三色信号から

$$E_Y = 0.30 E_R + 0.59 E_G + 0.11 E_B \tag{6.3}$$

の変換で求める．内容は $2.3.3$ 項の Y と同じ意味をもち，各刺激値にかかる係数は肉眼が感じる輝度への各色光の貢献度から決まる．

また，色情報は $E_R - E_Y$，$E_B - E_Y$ で表す．それぞれを R−Y 信号，B−Y 信号と呼び，**色差信号**と総称する．三色信号からつぎの変換で求める．

$$\left. \begin{array}{l} E_R - E_Y = 0.70 E_R - 0.59 E_G - 0.11 E_B \\ E_B - E_Y = -0.30 E_R - 0.59 E_G + 0.89 E_B \end{array} \right\} \tag{6.4}$$

無彩色光すなわち $E_R=E_G=E_B$ の光に対して色差信号は 0 となる．

カラー映像を送るには輝度信号と 2 つの色差信号（**コンポーネント信号**という）を送る．受信側では受信した 3 信号を用い，上の 3 式を逆に解く形の変換を行えば三色信号が得られる．送信側・受信側とも信号変換は抵抗網と位相反転器からなるマトリックス回路でリアルタイムに行うことができる．

実際のテレビでは次節以下に述べるアナログ放送，デジタル放送とも伝送情報量を輝度信号に多く，色情報に少なく割り当て，全体として効率的なシステムとしている．この結果は細い鉛筆で細かく書いた像に，太い色鉛筆で着色した像に例えられるが，実際の像からはそうした印象を受けない．

6.3 アナログテレビ放送

NTSC アナログテレビ放送送受信システムの構成を図 **6.4** に示す．送信側ではまずカラーカメラ出力から前節のようにして輝度信号と色差信号を作る．

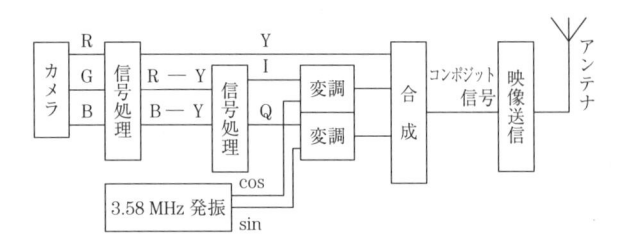

(a) 送信

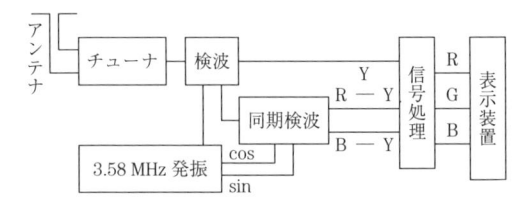

(b) 受信

映像送信は搬送波変調，電力増幅など．音声・同期回路など省略．

図 6.4 NTSC アナログテレビ放送送受信システムの構成

輝度信号は帯域幅を 4.3 MHz に制限する．色差信号は帯域幅を 0.5 MHz に制限し，映像信号の帯域内に**色副搬送波**として 3.58 MHz の cos 波と sin 波を作り，それぞれを R−Y 信号，B−Y 信号で振幅変調し，輝度信号に加算して映像信号とする．色が異なると cos 波と sin 波の振幅が違い，副搬送波の位相が変わる．水平走査の帰線期間に図 **6.5** のように同期信号，映像の黒を示す信号，色副搬送波の位相基準となる**カラーバースト**（color burst）信号を挿入する．この信号（**コンポジット信号**）で，VHF または UHF の搬送波を振幅変調し，変調に伴って生ずる側波帯を図 **6.6**(*a*) のように一部削って帯域幅を節約して送信する．

受像機は受信した映像信号を検波して輝度信号を得る．また 3.58 MHz を

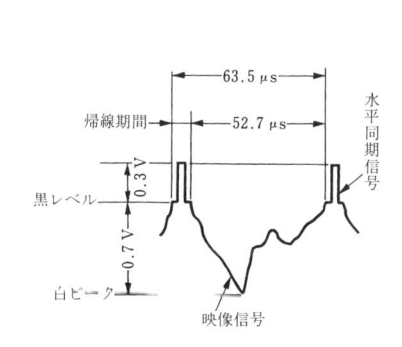

(*a*) 白黒放送の水平走査線 1 本分の信号と水平同期信号

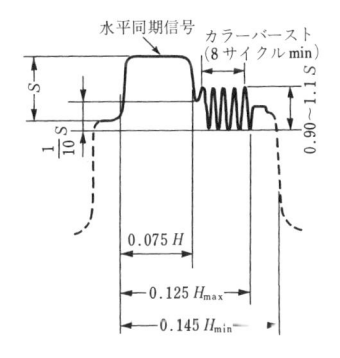

(*b*) カラー放送の場合は水平同期信号の後ろにカラーバースト信号が混入される

図 **6.5** NTSC テレビの水平走査の帰線期間の信号

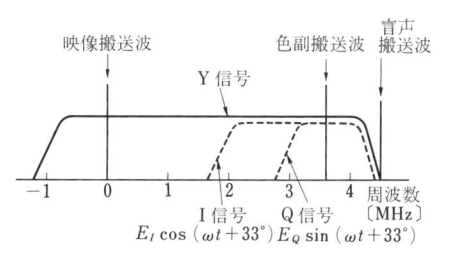

(*a*) 全体像，ω は色副搬送波の角周波数

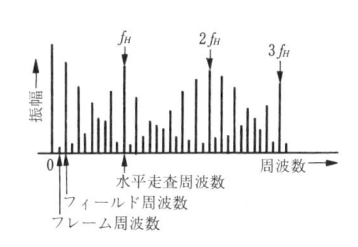

(*b*) Y 信号（輝度信号）の細部

図 **6.6** NTSC カラー放送の信号のスペクトル

中心として±0.5 MHzの色副搬送波を取り出し,別にカラーバーストの位相を基準に作った同じ周波数のcos波とsin波とで色副搬送波を同期検波すると2つの色差信号を得る.色差信号と輝度信号から前節に従って三色信号を作り,カラー表示装置を駆動する.副搬送波がない場合は白黒像を表示する.

〔注〕 テレビの連続2画面どうし,隣接走査線どうしの信号は似ているため,輝度信号では60 Hzと15.75 kHzの周波数成分が強く,スペクトルには図6.6(b)のように隙間がある.副搬送波の周波数は正確には3 579 545 Hzであり,水平走査周波数15 734.26 Hzの半奇数倍としているのは副搬送波がこの隙間を利用し,かつ隣接走査線間,連続画面間で副搬送波の位相が反転して画面上で副搬送波の作る細かい周期像が目立たないように工夫した結果である.

肉眼の色に関する解像度は詳しくは図6.3(a)でI軸と記しただいだい色-シアン方向に対して比較的優れている.そこで,じつは色副搬送波をこれに対応する位相角の信号と位相角が直交する成分に分け,それぞれを**I信号**,**Q信号**と呼び,帯域幅を前者は広く1.5 MHzとし,後者は0.5 MHzとし送信している.しかし,市販受信機は上記のとおり0.5 MHzの成分しか利用していない.

6.4 高精細度テレビ

在来の標準方式の走査部分は1941年,カラー関係は54年に米国で定められた規格が基本であり,70年代までの技術環境では総合的に優れた方式といえた.しかし,その後の技術発展により高画質のテレビ開発が可能となり,高画質の需要もあってアナログ技術を駆使した高精細度テレビが開発された.

6.4.1 HDTV

HDTV (high deffinition TV) は走査線1 000以上のテレビを指し,35 mmフィルムを使う劇場映画なみの解像度の映像を目指して,日本が主導的な立場で開発した.走査線1 125本の通称**ハイビジョン**がその代表であり,放送のほか,電子手法による精緻な画像,CG (computer graphics) を活用したリア

ルな映像制作などに使われる．その規格を**表6.2**に示すが，HDTV には異なる方式もある．HDTV に対応して在来の 500 本程度の走査線数のテレビを **SDTV**（standard deffinition TV）という．

ハイビジョンは大画面による臨場感を得るため，画面高さの 3 倍の距離から見ることを想定し，走査線数は在来方式との間の信号変換の利便性と肉眼の解像度を考えて 1 125 本とされた．画素数は在来方式の約 5 倍で表 3.1 の SXGA に相当し，三色信号は各 30 MHz で扱われる．また，SDTV の Y, I, Q 信号と同じ意味をもつ Y, C_W, C_N 信号の帯域幅はそれぞれ 20 MHz, 7 MHz, 5.5 MHz で扱われる．色の扱いは次項に示す．

表6.2 日本の高精細度テレビ（ハイビジョン）の規格

画面寸法横縦比	16 : 9
フレーム周波数	30 Hz
フィールド周波数	60 Hz
フレーム当り走査線数	1 125 本
フレーム有効走査線数	1 035 本
水平走査周波数	33 750 Hz
映像信号帯域	
輝度信号（Y 信号）	20 MHz
色信号　C_W	7 MHz
C_N	5.5 MHz

ハイビジョン放送の帯域圧縮技術として **MUSE**（multiple sub-Nyquist sampling encoding）と呼ぶ特殊な間引き走査——補間の方法が開発され，アナログ放送に使用されている．帯域幅は 8 MHz である．

6.4.2 EDTV

SDTV を基本に画質を改善したテレビを **EDTV**（extended deffinition TV）という．**クリアビジョン**はその例で，主要部は走査変換による解像度改善，ゴースト防止と色信号の改善であり，1989 年から実用されている．

飛越し走査は日本で発明された優れた方式であるが，80 年代に CRT の輝度が格段に向上した結果，画面を見る実効的な視力が向上し，横線や横の輪郭がフィールドごとに上下に揺れる**インタラインフリッカ**が目障りになった．EDTV の受像機は受信した通常のテレビ信号から欠落走査線の信号を補間作成する．すなわち画像の静止部分では前後のフィールドの同じ番号の走査線から，動く部分は同じフィールドの上下の走査線から飛び越された走査線の信号を補間作成し，毎秒 60 フレームの順次走査画面を作って表示する．NTSC 方

式の垂直解像度は340本程度（**3.4.4**項参照）であるが，クリアビジョンではインタラインフリッカに基づく低下分が改善されて約400本に向上する．

電波が受像機に届くまでの問題にゴースト像がある．これは送信アンテナから直接届く電波に，建物や山などで反射して遅れて到着する電波が重畳し，画像が横方向に二重三重にずれて重なって見える現象である．送受系を1つのシステムとみると，送信側におけるインパルスに対して**図 6.7**に示すようなインパルス応答が出力され，これと原画像のたたみ込みでゴースト像が生じる．したがって，**8.2.5**項に示すぼけ補正と同じ手法でたたみ込みを解くとゴースト像が消える．送像側ではそのために必要な基準信号を送信し，クリアビジョン受像機は受信チャネルごとに異なるフィルタで対応する．

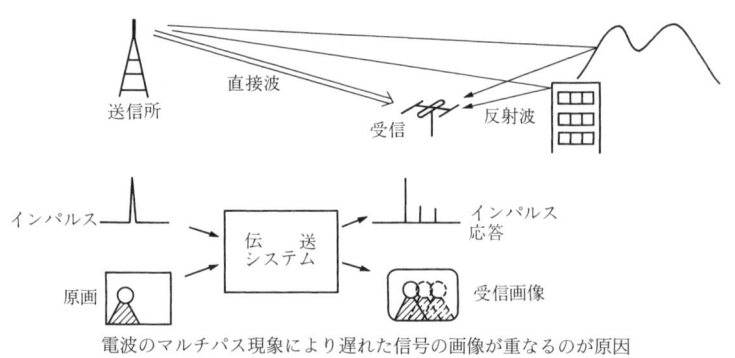

電波のマルチパス現象により遅れた信号の画像が重なるのが原因

図 6.7 ゴーストイメージの原理

6.5 デジタル放送

テレビは発足以来長い間前記のアナログ方式で放送されてきたが，ディジタル技術の発展に伴い，利点の多いデジタル放送に移行している．

映像信号をディジタル伝送する場合の利点は，一般に **6.1(b)** 項に示した
　①情報統合，②高機能化，③情報量圧縮，④高品質化
などがあるほか，テレビ放送の場合はさらに
　⑤周波数の有効利用……ディジタル変調波は電波の干渉に強い性質を持つ

ためチャネル利用の自由度が高く，送信電力も少なくて済む．
の利点もある．上記の利点③，⑤により，従来のアナログのSDTV1チャネル分の帯域幅の電波を使ってHDTV1チャネル，またはSDTV3チャネル程度の番組を放送でき，また利点④，⑤により電波による妨害が少なく画質の良い受信や録画が可能，②により地域別放送や特定の受信者のみに映像を配信できるなど効果がある．

デジタル放送では前節のアナログ放送と同じ規格（走査線数525本のNTSC，同1125本のハイビジョン）の映像が扱われる．システム構成の概要を図 6.8 に示す．

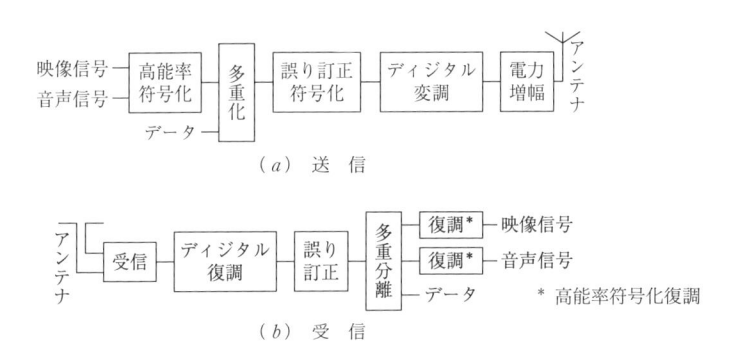

図 6.8 デジタルテレビ送受信システム構成の概要

送像側ではアナログ放送の場合と同様に，撮像装置で得た三色信号から輝度信号と2つの色差信号を作る．ただし，受像三原色は表 6.3 のように変更され，これに応じてNTSCでは式 (6.3)，(6.4) のように表された輝度信号と色差信号の変換式は

$$\left.\begin{aligned} E_Y &= 0.2126 E_R + 0.7152 E_G + 0.0722 E_B \\ E_R - E_Y &= 0.7874 E_R - 0.7152 E_G - 0.0722 E_B \\ E_B - E_Y &= -0.2126 E_R - 0.7152 E_G + 0.9278 E_B \end{aligned}\right\} \quad (6.5)$$

と変更されている．また，この色差信号に係数をかけた信号

$$E_{CR} = \frac{E_R - E_Y}{1.5748}, \quad E_{CB} = \frac{E_B - E_Y}{1.8556} \quad (6.6)$$

表 6.3 カラーテレビの三原色色度点

三原色	デジタルテレビ		NTSC	
	x	y	x	y
R	0.640	0.330	0.67	0.33
G	0.300	0.600	0.21	0.71
B	0.150	0.060	0.14	0.08

は C_R, C_B 信号または U, V 信号とも呼ばれる．なお，式中の数値は三原色および基準となる白の色度の値により変わる．

この信号を標本化，量子化してディジタルデータとする．輝度信号の標本値は画素単位に細かく取られるのに対し，2つの色差信号の標本値についてはつぎの取り方がある．

4：4：4方式 色差信号の標本を輝度信号と同じ位置にとる．3種の標本数は等しい．

4：2：2方式 色差信号の水平方向の標本数を輝度信号標本の半分に間引く．全標本数は4：4：4方式の2/3に削減される．

4：1：1(4：2：0)方式 色差信号の標本数を水平垂直とも輝度信号の1/2に間引く．全標本数は4：4：4方式の1/2に削減される．

この信号を 3.5.6 項に示した国際規格 MPEG-2 のエンコーダを用いて高能率符号化を行う．エンコーダはどの色差信号方式にも対応するが，通常は4：2：2方式を用い，NTSC方式の映像信号に対しては輝度信号は13.5 MHzで，2つの色差信号はともに6.75 MHzで標本化する．デジタルハイビジョンも併わせ，標本化周波数，1画面の有効標本数などの主要パラメータをまとめて**表 6.4** に示す．

この標本データを8または10ビットで量子化し，MPEGで情報量を大幅に（数十分の一に）圧縮符号化する．

表 6.4 日本のデジタル放送の主要パラメータ

方　式		NTSC	ハイビジョン
走査線数		525（飛越し走査）	1 125（飛越し走査）
有効走査線数		483	1 035
画面の横縦比		4：3 または 16：9	16：9
標本化周波数	輝度信号	13.5 MHz	74.25 MHz
	色差信号	6.75 MHz	37.125 MHz
走査線当りの有効標本数	輝度信号	720	1 920
	色差信号	360	960

画像と同時に音声信号も2進符号化し，上記の映像の符号と多重化して**パケット**と呼ぶ符号の塊(かたまり)とする．音声符号化，多重化とも MPEG に規格がある．これに誤り訂正符号化，すなわち雑音などが原因で生じた符号の伝送誤りを発見・訂正できるよう符号処理をする．

こうして得た符号列で搬送波を変調し，これを電力増幅して送信する．放送衛星や地上のアンテナからの放送（電波の反射によりゴーストを生ずる恐れが強い．図 6.7 参照），ケーブルテレビなど使用する伝送メディアにより伝送特性が異なるのでそれぞれに適した変復調方式を用いるが，これらの通信工学に属する技術は本書では省略する．

受信機は受信した信号からディジタル復調回路によりディジタル信号を取り出し，伝送中に発生した誤りを検出・訂正し，多重化されている映像と音声の符号を分離する．つぎに，高能率符号化の逆の処理で復号し，さらに逆量子化してアナログの輝度信号と色差信号を得て，これを三色信号に変換し，表示装置に導いて映像を表示する．

MPEG による圧縮符号化復号化には秒単位の時間遅れを伴うため，正確な秒針の動きが問題となる時報画面などはデジタル放送には適さない．

6.6　ネットワークによる画像通信

個人が情報交換を行う通信ネットワークは，1980 年代までは 3 kHz の音声帯域のアナログ回線と交換機を備えた電話網にほぼ限られていた．しかし，1988 年から回線網がディジタル化され，**ISDN**（integrated services digital network，**統合サービスディジタル通信網**）が利用でき，コンピュータを介してインターネットへの接続が可能となった．さらに携帯電話が普及し，これらを通して画像も送れるようになった．ほかに専用回線の通信もある．

いずれの場合も画像はカラーカメラの出力を輝度信号と色差信号に変換，高能率符号化し，他のディジタルデータとともに伝送する．しかし，文字情報は本書 1 ページ分（35×28 字）の符号が 2 K バイト以下であるのに対し，画像

の場合はVGA（480 × 640画素，表3.1）の情報を3.5.6項に述べたJPEGで1/20に圧縮符号化したとしても46 Kバイトを超えるため，伝送速度の低い電話回線などでは時間がかかることはやむを得ない．ネットワークに関する通信環境については，21世紀初頭現在，伝送容量の大きい新しいサービスがつぎつぎに提供される状況にある．

6.7 ファクシミリ

ファクシミリ（facsimile，**FAX**）は，静止画像を電子的手法で伝送し，ハードコピーとして再生する装置で，通常は文書など白黒2値を扱うものを指すが，中間調を送る**写真電送**も含まれる．

発明は古く新聞用の写真電送は1925年から実用されているが，普及したのは電話回線がFAXに公開されてからである（日本は1972年）．新聞社や鉄道などの専用システムを別として，電話網その他のネットワークを利用するものは国際共通の仕様に従うことが望ましく，**CCITT**（Comité Consultatif International Télégraphique et Téléphonique，**国際電信電話諮問委員会**）[†]で決められた規格のものが業務用に家庭用に広く使われている．

6.7.1 基本原理

歴史的，かつ原理的なファクシミリの構成を図6.9に示す．原稿を表4.1②に示す円筒走査機に巻いて走査し，撮像して得たアナログ信号を伝送する．受信側では送信側と同期して回転する円筒走査機と表5.2の記録ヘッド（おもに①）を組み合わせた記録装置で信号を紙に記録する．

走査機の回転による高速走査を**主走査**，それと垂直な遅い走査を**副走査**，信号を伝統的に**画信号**（picture signal）と呼ぶ．円筒直径をD，その回転数をN〔rpm〕，走査線密度をF〔本/mm〕，信号の帯域幅をf_F，原稿の長さをLと

[†] 現在のITU-T（International Telecommunication Union–Telecommunication sector，国際電気通信連合 - 電気通信標準化セクター）の前身

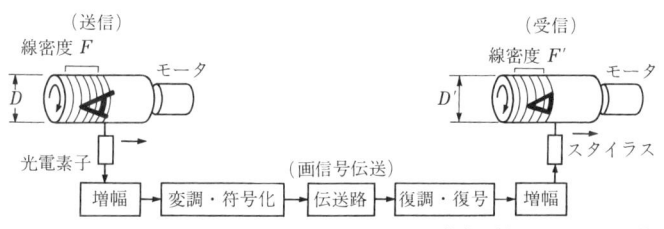

6.7 ファクシミリ

図6.9 原理的なファクシミリの構成

(送信) 線密度 F ／モータ／光電素子／増幅／変調・符号化／伝送路／(画信号伝送)／復調・復号／増幅／(受信) 線密度 F' ／モータ／スタイラス

主走査は円筒の回転,副走査は光電素子およびスタイラスの移動で行う. $DF = D'F'$ とする.

する.主走査の画素密度を F に等しくすると信号の周波数の最大値 $f_{\max}$($f_{\max} \leqq f_F$) および伝送所要時間 T は

$$f_{\max} = F \times \pi D \times \frac{N}{60} \times \frac{1}{2} \quad [\text{Hz}] \tag{6.7}$$

$$T = \frac{\pi D L F^2}{2 f_F} \tag{6.8}$$

となる. $\pi D L F^2$ は送り得る最も細かい図柄の総画素数を示す.

F の値は経験的に本書の本文活字の伝送には少くとも5本/mm 必要で,8.5本/mm あれば実用上十分であるが,15本/mm あれば字形が美しく,英数字は字画数が少いため同寸法の漢字より20％少なくてよいとされる.

初期のFAXであるG1機(CCITT規格――グループ1の意)はアナログ機で,$f_F = 1.24\text{kHz}$ の画信号で搬送波を振幅変調し,帯域幅3kHzの電話線を利用して伝送した.F は英字対象に必要最小の3.85本/mm とされたが,漢字には不足であった.情報圧縮を行わず,通信時間は原稿文字の粗密に関係なく一定で,A四判の通信に6分を要した.日本では1973年に使用開始されたが,普及しなかった.

6.7.2 高速ファクシミリ

現用のファクシミリには電話網やデータ通信の回線を使うものと専用回線を利用するものがあるが,ここではおもに前者について考える.現用のファクシミリは文字や図形を対象に画信号を白黒に2値化し,ディジタル処理により画

像の冗長度を抑制し符号化を伝送することで，前節の装置に比べ通信時間を大幅に短縮しており，1980年以降国際規格に従った装置が市販され，広く使われるようになった．G3機，G4機がそれである．

（a） システム構成　高速ファクシミリの基本構成を図 **6.10** に示す．

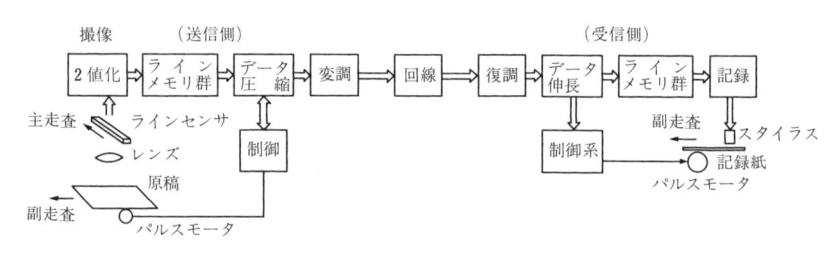

図 **6.10**　高速ファクシミリの基本構成

撮像系　両機種ともラインセンサを搭載したイメージスキャナを用いる．主走査は原稿を電子走査で1走査ずつ読み取る．信号をディジタル化しメモリに読み込み終えると，ステップモータの機械走査で原稿を1ライン分進める．画素密度は通常8ドット/mmで，1ラインの画素数はA四判の装置では1728個（8×216），B四判の場合2048個（8×256）である．

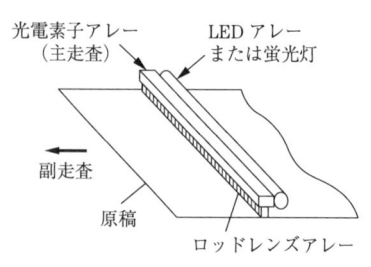

具体的には，図 6.10 の入力部のように，原稿の像を小形ラインセンサ（画素ピッチ10 μm程度のCCDを備えたLSI）の感光面に光学系で縮小結像させるものと，図 **6.11** のように長尺のセンサアレー（光電素子を1/8 mmのピッチで1列に紙幅いっぱいに配置したセンサ）を原稿に接触させて用いる密着形ラインセンサとがある．LEDなどで原稿面を照明する．

ロッドレンズは短いファイバオプティックス．原稿の画素の光量をそのまま他側の光電素子に導く．

図 **6.11**　密着形ラインセンサ

信号伝送　画信号はディジタル信号として使用回線に応じた方法で，規格化された通信手順に従って伝送する．情報を高能率符号化して伝送する際に，

G3機では次項に述べる1次元符号化と2次元符号化を併用することにより大幅な情報量削減を行う．

記録系　比較的速度の遅い機種には表5.2①の感熱記録ヘッドを並べたラインプリンタ，高速の場合は同表⑤のレーザプリンタが多く使われる．

(**b**)　**1次元符号化**　上記のようにしてメモリに読み込んだ1走査線分の情報を**3.3.2**項に述べたランレングス符号として伝送する．すなわち，紙の始めが白であるから，順次に白，黒，白…のラン長の数値列を伝送する．すでに述べたように，ラン長には統計的な発生確率があるため，確率Pの事象に$\log_2(1/P)$ビットの符号語を割り当てる**ハフマン符号化**（Huffman coding）を用いることが伝送時間のうえから望ましい．国際規格では基本的にこれに従った**MH**（modified Huffman）**符号**が用いられている．これはラン長pを64進数として

$$p = 64M + T \tag{6.9}$$

と表し，0〜63のラン長に対してはT（terminating符号）のみ，64以上の長いランについてはM（make-up符号）のあとにTを続けて表すものである．ラン長の頻度は原稿の種類（図，表，字の大きさ，英文か和文，縦書きか横書きなど）により大きく異なるが，文字の場合，最も頻度の高いラン長は黒，白とも2〜4，平均ラン長は黒で5〜8，白ではその10〜20倍程度ある．そこで白・黒別の符号で表し，頻度の高い短いランに2〜4ビット，長いランに長いビットが割り当てられている．**表6.5**にその一部を示す．

受信側では送られた符号を解読して各画素の白黒情報を求め，電子走査の記録装置を駆動して出力像を記録する．

(**c**)　**2次元符号化**　原稿は副走査方向にも強い相関をもつため，これを利用した**相対画素位置選定**（relative element address designate, READ）**符号化方式**が開発されている．読み込んだ現走査線1ラインの符号化に際し，1本上の走査線（**参照ライン**と呼ぶ）の情報と**図6.12**のように比較する．参照ラインの各画素情報に対し，つぎの情報を伝えれば現ラインの画素情報がわかる．

表6.5 MH符号表（CCITTの推奨規格）

(a) T符号

白		黒	
ラン長	符号	ラン長	符号
0	00110101	0	000011011
1	000111	1	010
2	0111	2	11
3	1000	3	10
4	1011	4	011
5	1100	5	0011
6	1110	6	0010
7	1111	7	00011
8	10011	8	000101
9	10100	9	000100
10	00111	10	0000100
11	01000	11	0000101
12	001000	12	0000111
13	000011	13	00000100
14	110100	14	00000111
15	110101	15	000011000
16	101010	16	0000010111
17	101011	17	0000011000
18～63のランは7～8ビットで符号化		18～63のランは10～12ビットで符号化	

(b) M符号

白		黒	
M	符号	M	符号
1	11011	1	0000001111
2	10010	2	000011001000
3	010111	3	000011001001
4	0110111	4	000001011011
5	00110110	5	000000110011
6	00110111	6	000000110100
7	01100100	7	000000110101
以下略		以下略	
EOL (end of line)		000000000001	

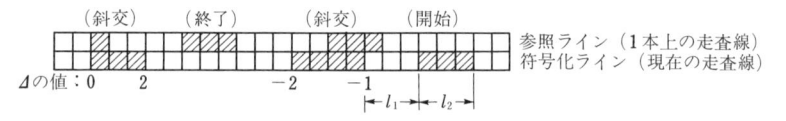

図6.12 2次元符号化（MR符号）

(1) 白黒の境界が走査線に垂直（$\Delta=0$），または斜交（Δが正，負の整数）するモードではΔの値

(2) 黒または白の領域が終了するモードではその符号

(3) 新しく黒または白の領域が始まる場合，その符号と図のl_1，l_2の値

そこで，それぞれのモードを表す符号と長さを表す符号を定め，順次伝送し，受信側では記号を解読用のROMと照合して走査線の白，黒を復元する．この方式は**MR**（modified READ）**符号**として国際規格化されている．

1次元符号化では伝送誤りがあっても記録のエラーはそのラインに限られるが2次元符号化では下位のラインに伝搬する．そのため2次元符号化を行う場合でもときどき1次元符号化のラインを入れ，エラーの伝搬を防ぐ必要がある．伝送の所要時間は活字文章では2次元符号化のほうが多少速い程度であるが，縦方向に相関の大きいグラフ，表などの伝送には2次元符号化のほうがはるかに有利である．

事務用高速ファクシミリとしては，上記の機種のほかに公衆データ網を利用する高速のものがある．すなわち現在のデータ回線や国際的に設置が推進されているISDN（integrated services digital network）に対応するファクシミリがCCITT（現ITU-T，p.138脚注参照）のグループ4規格として定められた．伝送レートは64 Kbpsであり，符号化方式としては前記のMR符号と似た方式が使われ，標準原稿が数秒で伝送される．このファクシミリは**G4機**と呼ばれ，ISDNの設置に伴って広く使われている．

6.7.3　専用回線ファクシミリ

特定のユーザ相互（実際は同一企業，同一官庁の本部-支部など）間の通信には専用回線が設けられている．加入電話のように長時間通信による料金加算の心配がないため，複雑な冗長度抑制はしない．例えば列車の運行指令を関連する部門や駅すべてに同時通報するなど大システム化することもある．

新聞社では，ニュース写真の通信のため1920年代から中間調を送ることのできる写真伝送装置を使用してきた．高画質が要求され，高精度の走査，中間調を表現するため受信側の記録紙には銀塩写真乳剤を用いること，などが特徴とされた．現在ではもちろんネットワークを介して電子的に送られる．

また，新聞社では本社で大きなコンピュータシステムを利用して紙面の活字を組み，編集，校正を行い，その結果をプリンタで印刷原紙の形で打ち出し，これをファクシミリで全国の印刷工場へ電送し，工場でオフセット印刷する．このファクシミリはほぼA二判の新聞1ページを13〜34本/mmの線密度で走査し，48 kHzまたは120 kHzの専用回線により数分間で伝送する．

演習問題

6.1 図6.6(b)に対応してNTSC標準方式に対応する順次走査(525本,30枚)の方式の信号のスペクトルを書け.

6.2 飛越し走査と順次走査の得失をあげよ.

6.3 表問6.3は3種類の放送標準方式の数値を示す.空欄となっているところを埋めよ.

表問6.3

国	日・米	ヨーロッパ	HDTV*
走査線数〔本/フレーム〕	525	625	1 125
有効走査線数**〔本/フレーム〕	485	575	1 035
毎秒像数〔フレーム/s〕	30	25	30
画面長さ 横:縦	4:3	4:3	16:9
水平走査周波数			
水平走査周期			
水平走査有効期間**〔μs〕	52.5	52	25.86
信号帯域幅			

* NHKで開発の高精細度テレビジョン"ハイビジョン"の走査諸元.
** この値は代表値,規格は帰線期間が公差を伴った取り決めとなっている.

6.4 テレビ系のガンマ補正回路の特性が式(6.1)で表されることを証明せよ.ガンマ値が1のCCDと2.2のCRTを組み合わせるとき,正しい階調の出力像を得るための信号処理回路のガンマ値を求めよ.

6.5 図6.3(b)のNTSCに基づくスペクトル三刺激値は図2.8(a)のCIEのスペクトル三刺激値に比べて負の部分が多いのは何の原因によるか.

6.6 本文で説明したカラーテレビ方式が点順次といわれるのに対し,CCTVの中には線順次,面順次などの方式もある.それぞれどのような色情報伝送方式と考えられるか.

6.7 アナログ信号をディジタル伝送する場合,初期にはデルタ変調が使われた.これを画像伝送に適用した場合の得失を考えよ.デルタ変調は信号をナイキスト周波数の数倍の高い周波数で標本化し,現信号を段差が$+\Delta$と$-\Delta$のみの階段で近似し,**図問6.7**のように前者では1,後者では0の符号を送る1ビットで量子化する方式である.

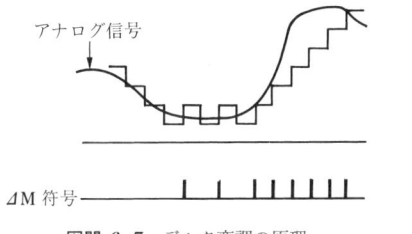

図問 6.7 デルタ変調の原理

6.8 図 6.9 に示した初期のファクシミリでは円筒を A 四判原稿に適合する大きさとし（周長：210 mm，長さ 297 mm），3.85 本/mm の密度で走査し，1.24 kHz の帯域幅で伝送した．原稿 1 枚の通信時間はいくらか．

7. 画像信号の記録・再生・蓄積

　画像情報をデータの形で記憶し要求に応じて電気信号に再生する装置は，情報化社会の中できわめて重要で，日常コンピュータで扱われるほか，録画・再生装置の開発が進んでいる．後者については，かつて磁気テープが広く使われたが，21世紀には光ディスクが主力となった．本章では，これら画像情報の記憶・保存のメディアとその装置を述べる．

7.1 画像情報の記憶

　画像システムのなかで画像信号を記憶し必要に応じて再生するメモリ装置の使い方には**表 7.1** のような分類がある．

表 7.1　画像のメモリ装置の分類

分類	目的	内容
長期保存	① 録画済みメディア DVD など鑑賞 ② 撮影結果の記録・保存 ③ テレビ番組の録画，撮影試行など	ユーザは再生専用 1回のみ記録，消去せず 鑑賞・使用後消去，書換え再利用
一時記憶	画像入力・処理などの途中データ記憶	作業終了後消去（結果のみ使用）

　(**a**)　**長期保存**　　画像の信号を記録して長期間保存し，必要なときに信号に再生するメモリを画像の**ストレージメディア**（storage media）という．静止画には，おもにメモリカード，動画には磁気テープや光ディスクなどのメディア（媒体）に記録しのちに再生する録画装置，再生装置が広く使われる．

　録画・再生装置の使用目的には，表 7.1 の①～③の3種が考えられる．

7.1 画像情報の記憶

メディアに対して一般に小形・大容量（高記録密度），長寿命，互換性，安価などが望ましく，さらに①に対しては大量複製，①，②では記録済みメディアのストックの整理保管，②，③ではアクセス・記録速度などに対する考慮が求められる．

メディアの記憶容量はメディア評価の重要な尺度となる．画像の情報量は表 1.7 を参照してカラー静止画像1枚が数Mバイト，JPEG で圧縮すれば目安としてその 1/10 となる．動画像では映画を SDTV の形で記録すると，毎秒の情報量は 216 Mbps（3.5 節冒頭），1時間分の情報量は約 100 G バイト，MPEG で 1/50 に圧縮できれば約 2 G バイトとなる．ちなみにフロッピーディスク1枚の記憶容量は 1.4 M バイトしかない．

(b) 一時記憶　画像システムでは画像データの一時記憶のためにアクセスの速い大容量メモリを使うことが多い．画像1枚分の画素値のメモリを**フレームメモリ**（frame memory）といい，**表 7.2** のような応用例がある．

表 7.2　フレームメモリ（FM）の応用例

名称	機能	構造・動作	応用例
表示用リフレッシュメモリ	表示内容の記憶	表示装置と1：1対応のFM．毎秒数十回画素値を読み出して表示装置に信号を供給	画像処理結果の継続表示
フレームシンクロナイザ	同期信号の位相の変更	FM の内容を映像信号で更新しつつ別の同期信号で読み出す	映像の合成・切換
タイムベースコレクタ（TBC）	映像信号の時間軸変動補正	映像信号を変動時間軸のクロックで A-D 変換して FM に書き込み，基準の同期信号で読み出す．	ジッタ防止（7.3 節参照）

画像処理に際しては主記憶装置の大きいコンピュータが使われる．一方，映像作品制作の際は種々の映像をメモリに蓄えて編集を行い，テレビ放映番組を録画するにはいったん録画装置内のメモリに採りためた番組を DVD に一括記録するのが一般的な手法である．両者とも大容量のメモリを必要とするが個々の画素にはアクセスしないため，補助記憶装置——ハードディスク装置（HDD）の大きいシステムを使う．両者とも画像専用メモリではなく本書では

扱わない．

7.2 メモリカード

前節で扱ったフレームメモリは汎用の半導体メモリの応用であるが，以下のフラッシュメモリは画像に適した特徴的な性質を持つ．

フラッシュメモリの1ビットは絶縁物で囲まれた導体を浮遊ゲートしてもつMOSトランジスタ1個で構成される．したがって，電源を切っても電荷が逃げず，書き込んだ2進符号"0"，"1"の状態が記憶され，集積度が大きくとれる．消去はメモリ全体またはブロック単位で電気的に行い，その後ビット単位で書き込む．入出力速度が速く，機械的に動く部分がなく，アクセス性，信頼性，耐久性，対衝撃性に優れる．これらの性質はデジタルカメラ，ビデオカメラのメモリとして好適であり，小形，大容量（10^6〜10^9バイト）のものが**メモリカード**として広く使われる．画像メモリとしての利用は撮影してからプリントまたは他のメディアに移し換えるまでの期間で，記録済みメモリカードをそのまま長年月保管することはコストの点から難しい．

7.3 録画装置・再生装置

動画を記録する**録画装置**（picture recording system）は，メディアの形状，再生に用いる物理現象から**表7.3**のように分類される．生産数の多い家庭用では70年代からVTRが普及，21世紀とともに光ディスクに移行，オーディ

表7.3 録画装置のメディアの形状と利用する物理現象による分類

物理現象	メディアの形状	
	テープ	ディスク
磁気現象	TR, VTR	ハードディスク, フロッピーディスク
光現象	映画サウンドトラック	DVD, CD

TR：オーディオテープレコーダ，その他の略語：本文参照

7.3 録画装置・再生装置

オ機器同様アナログからディジタルへ，テープからディスクへ移った．記録方法については，磁気記録は物性的な状態変化を利用するので応答が速いが，光記録は加熱加工の内容をもつため記録速度が遅くその向上が工夫される．

ディジタル録画再生装置の構成を**図 7.1**に示す．録画の本質的な機能は記録ヘッドがメディアの磁化や光反射率を変化させることであり，再生の機能はセンサがそれを検知する仕組である．それら装置の各論はあとにゆずり，まずディジタル録画装置に共通の事項を考える．つぎのような不都合を生じる恐れがあり，正常な動作をさせるための措置が必要である．

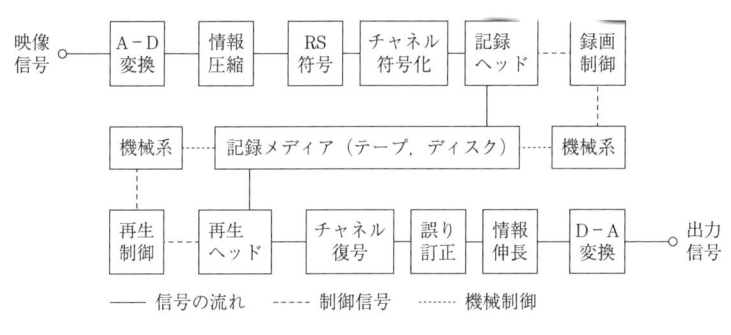

図 7.1 ディジタル録画再生装置の構成

ジッタ（jitter）　再生画面が振動する現象を指す．可動部の精度やテープ振動などによる信号の時間軸誤差が原因で生じる．表 7.2 のタイムベースコレクタ（TBC）で補正する．

ドロップアウト　メディアの突起や異物による信号欠落を指す．例えば，テープ面からヘッドが浮いて連続したデータ欠落（**バースト誤り**）が生じる．

クロストーク　再生の際，目的の画素に隣接する部分の磁界や光がセンサに混入すると信号のクロストークが生じる．

クロック再生　再生装置では通常のディジタル回路で供給されるクロックが供給されない．再生側で正確なクロックを作り出す方策が必要である．

このうちクロックはディジタルシステム特有の問題であるが，その他はシステムがアナログでもディジタルでも発生する．磁気や光反射率などの物理現象の発生・検知がアナログ現象であることは注意を要する．

150   7. 画像信号の記録・再生・蓄積

つぎに,図 *7.1* の各部を説明する.

(*a*) **情報量圧縮**   映像信号をそのまま記録するより **3.5.6** 項に示した方式で情報を圧縮記録し,再生後伸長するほうが得策である.フレーム間予測符号化を行えば圧縮率は向上するが,誤りが発生すると後続画面に伝搬する.

(*b*) **誤り訂正**   録画装置では**リードソロモン符号**(RS 符号)を用いる.通常,伝送システムの誤り訂正ではデータを一定数のブロックに区切り,冗長ビット(パリティ)を加えて送り,ビット単位の伝送誤りを訂正する.RS 符号はデータをブロックに区切り,ブロック内の符号"0","1"を行列に並べ,行と列に二重に冗長ビットを加えることにより補正を強化している.

(*c*) **チャネル符号化**   この用語は通信分野で伝送路符号化(channel coding)と訳され,伝送路の特性に整合する符号化の意味をもつ.録画の場合,装置を画像情報の記録者と再生者の間の情報伝送路とみなし,信号の大きさを自然 2 進数で表したデータから録画装置に適した符号に変更する内容をもつ.録画装置のつぎのような性質を考える必要がある.

(*1*) 記録後再生した際の再生ヘッド出力のアナログ信号の概念を**図 *7.2***のように考える.記録密度を高めたいが,細かく反転する信号は出力のしきい値処理の結果 "0","1" を正しく 2 値化できないおそれがあり,

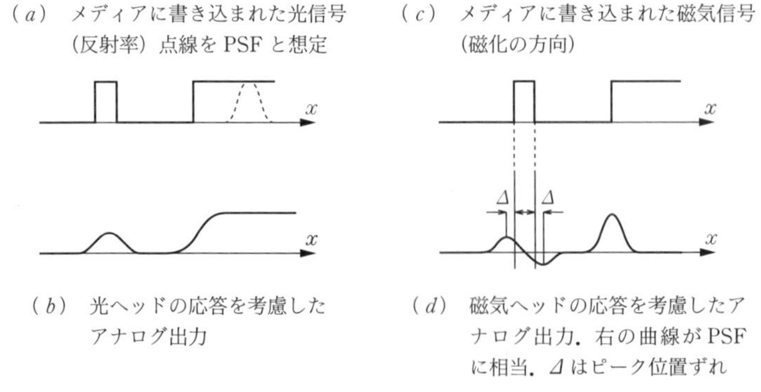

(*a*) メディアに書き込まれた光信号
    (反射率)点線を PSF と想定

(*c*) メディアに書き込まれた磁気信号
    (磁化の方向)

(*b*) 光ヘッドの応答を考慮した
    アナログ出力

(*d*) 磁気ヘッドの応答を考慮したアナログ出力.右の曲線が PSF に相当.Δ はピーク位置ずれ

再生ヘッドの出力信号は形がなまっており,出力を 2 値化処理すると応答に対して細かい信号は無視されたり,位置が動いたりする.

図 *7.2* 記録後再生した際のヘッド出力のアナログ信号の概念

この点ではランレングス（RL）は長いほうがよい．

(*2*) 再生側で再生信号から位相同期回路を利用してクロックを作るには，信号は帯域幅の狭いことが望ましい（RL の長すぎ短すぎは不都合）．

(*3*) 回転トランスを通してヘッドに信号を送る VTR では，RL の長い DC 分は送れない．

以上から，録画装置には RL をある範囲に抑えた**ランレングス制約符号**（run length limited code, RLLC）が適している．

8-14 符号（**EFM 符号**（eight-to-fourteen moduration code））は上記 RLLC の例で，VTR や CD に使われる．8 ビットのデータ語は"0","1"の組合せで $2^8 = 256$ 種のデータを表現する．14 ビットの場合 $2^{14} = 16\,384$ 種のデータを表現できるが，8-14 符号はこのうち条件

(*1*) "0" または "1" の継続数（RL）が 2 以上 7 以下の範囲

(*2*) "1" の数と "0" の数の差が 4 以下と小さいこと

を満たす 256 種を選び，8 ビットのデータ語に対応させたものである．(*1*) は信号が狭帯域という意味をもち，(*2*) は "0","1" のレベルを正負の同電圧に対応させたとき信号の平均値（DC 分）が 0 に近い利点を示す．

実際には 14 ビットの符号を順次並べると，接続部で上記条件が破れることがある．そこで 8 ビットデータ語に対して 14 ビット符号を 4 組用意し，符号の組合せで条件を破らないように対応する．また，同じ目的で 14 ビットの符号間に接続ビットを加えた **8-16 符号**があり，VTR や DVD に使われる．

7.4 ビデオテープレコーダ

ビデオテープレコーダ（video tape recorder, **VTR**）は，映像信号を磁気テープに記録する．1950 年代から放送局で重用され，70 年代から家庭にも普及，90 年代末には家庭や社会の出来事の記録がアナログ VTR のテープに大量に残された．テープは巻戻し，頭出しや大量複製が困難などの欠点のため DVD 出現後は記録済みテープの再生が主用途となっている．一方，放送局で

は映像信号を実時間で記録する形でディジタル VTR が活用されている．

7.4.1 録画・再生原理

VTR の記録と再生の原理を**図 7.3** に示す．磁気ヘッドは透磁率の高いフェライト製で，せまい間隙（ギャップ，約 0.5 μm）が設けてある．磁気テープはポリエステルのテープに $\gamma\text{-}Fe_2O_3$ などの磁性層をつけたものである．

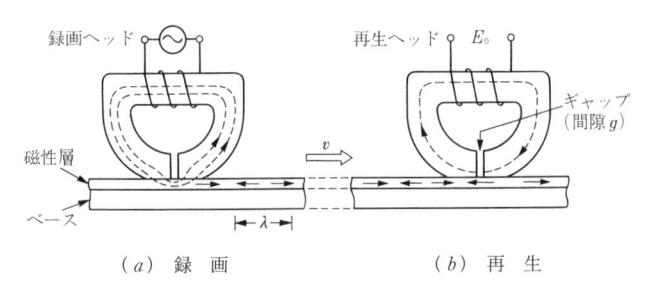

（*a*）録　画　　　　　　（*b*）再　生

図 7.3 VTR の記録と再生の原理

録画の際はテープの磁性層をヘッドのギャップに接触走行させながらヘッドのコイルに記録電流を流すと，ギャップに発生した磁界がテープの磁性層中に入り，磁界を 0 としたのちも磁性層中に残留磁化が残り情報が記録される．録画されたテープを再生するときは，図 7.3(*b*) に示すように再生ヘッドのギャップ部にテープを接触させる．テープの残留磁気による磁束の一部がコアを通り，テープが走行するとコイルにはコア中の磁束 ϕ の変化に応じた起電力が発生する．録画・再生ヘッドはまったく同じ構造で，共通使用する．

テープが進行方向に正弦波状に $A \sin 2\pi x/\lambda$ で磁化され，x 方向に速度 v で再生ヘッド部を走行したとする．信号の周波数を f とすると，$x = vt = f\lambda t$ であり，コイルに発生する電圧 E_0 は，再生ヘッドのギャップを無視すれば

$$E_0 = -N\frac{d\phi}{dt} \propto A\frac{2\pi}{\lambda}vN\cos\frac{2\pi v}{\lambda}t = 2\pi AfN\cos 2\pi ft \quad (7.1)$$

となる．ここに，N はコイルの巻数である．すなわち出力は記録周波数に比例し，DC に近い低周波の信号成分は出力が小さく SN 比が下がる．

一方，ギャップの間隙を g とするとヘッドの誘導電圧は間隙の中の磁気現

象の積分に比例するため,正弦波状に磁化が変化するテープを再生すると λ が小さいほど出力が小さく,$\lambda = g$ のとき出力が 0 となる.

以上の周波数特性の非線形性を考慮し,映像信号の録画には振幅変調を避け,アナログ録画の場合,$\lambda > 2g$ の範囲で周波数変調で行われる.

7.4.2 アナログ VTR

VTR は大形の放送局用から出発したが,小形化に必要なヘリカル走査,アジマス記録,カセット方式がすべてわが国で 1960~70 年に開発され,これらを組み合わせた家庭用アナログの**ビデオカセットレコーダ**(video cassette recorder,**VCR**)が世界の家庭に普及した.以下にその例を説明する.

映像信号の帯域幅は音声信号の 10^3 倍あるので,テープ録音機の機構をそのまま転用するとすれば,テープ速度は数十 m/s と実現不能な値となる.そこで微細加工技術で磁気ヘッドのギャップを小さくするとともに,回転 2 ヘッド,**ヘリカル走査**を採用し,テープ速度が遅く,しかもヘッド-テープの相対速度を上げることができた.その機構を図 7.4 に示す.テープを円筒に巻き,円筒の軸に垂直な面内で 2 つのビデオヘッドが高速回転すると,ヘッドは走行テープに対してヘリカル(らせん状)に動き,テープ面上での記録トラックは斜めの直線群となり,その 1 本が画面 1 フィールド(1/60 s)に相当する.ヘリカル走査の採用により,テープ走行を止めればコマ止め表示ができ,間欠走行によりスロービデオも可能になる.

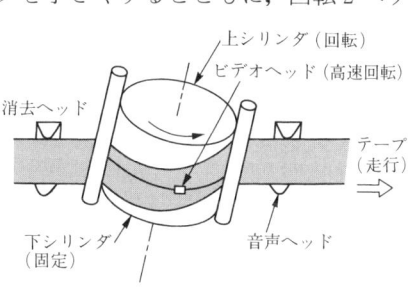

図 7.4 VCR 録画機構の例(VHS)

録画トラック密度が高いと,再生ヘッドが隣接トラックの信号も拾ってクロストークを生じる.**アジマス記録**では 2 つのヘッドのギャップを傾けて配置し,磁化方向がトラックごとに交互に $\pm \alpha$ だけ傾くようにしてある(表 7.4 の図).再生時にはねらったトラックからは正規の信号を発生するが,隣接ト

ラックについては磁界とギャップの方向が $2α$ 傾くため大幅に利得が下がる．これによりトラック間に隙間を設けず，高密度の記録が行われる．

図 7.5 と表 7.4 に代表的な家庭用 SVHS 方式 VCR の構成と規格例を示す．NTSC の映像信号は輝度信号 Y と色信号 C に分離され，Y 信号はそのまま，C 信号は低周波に変換し，合わせて周波数変調して記録される．

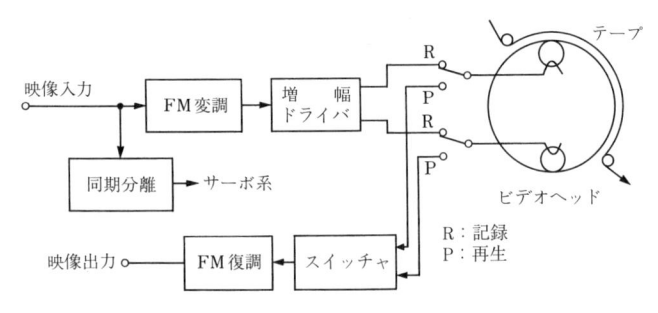

図 7.5 家庭用 SVHS 方式 VCR の構成

表 7.4 家庭用 SVHS 方式 VCR の規格例

磁気テープ幅	12.63 mm
シリンダ径	62.0 mm
テープ送り速度	33.35 mm/s
ヘッド相対速度	5.8 m/s
ビデオトラック幅	58 μm
ビデオトラックピッチ	58 μm
FM 変調周波数	3.4〜4.4 MHz
Y 信号帯域幅	5 MHz
水平解像度	400 TV 本

$θ : 5°58'$
$α : ±6°$（アジマス角）

7.4.3 ディジタル VTR

前項の VCR の信号は録画・再生に伴って劣化する．特に放送局ではテープ再生，録画を繰り返す編集のため画質劣化が問題となり，作業に適したディジタル VCR が開発され使用されている．以下に例を示す．

ディジタル VCR の基本構成は図 7.1 が該当する．映像入力は 4：2：2 方式のコンポーネント信号で，フレーム内符号化で 1/2〜1/4 程度に情報量を圧縮する（フレーム間符号化は早送り再生や静止画再生に不都合）．つぎに，画

面全体にわたりルールに従って画素値を入れ換え，誤り訂正の RS 符号を追加する．これにより記録再生の過程でバースト誤りが発生しても誤りが分散しているため再生後に訂正できる．さらに，チャネルコーディングとして 8-14 符号に変換して記録ヘッドに導く．

記録の機構は，基本的に図 7.4 のアナログ機と同様で，テープに斜めの直線状のトラックに沿って記録する．ただし，情報量が多いためヘッド数を増して 1 フィールドの信号を数本のトラックに分け，磁化がトラックと同方向か逆方向かを 2 進符号の"0"，"1"に対応させて記録する．

再生には同じ磁気ヘッドを用い，読み取った情報を上と逆の順に復号，誤り補正，データの順序入れ換え，伸長，D-A 変換を行って映像信号とする．7.3 節に記したようにクロックが供給されないので，電圧制御発振器（VCO）と位相同期ループ（PLL）回路を設け，前者の出力を磁気ヘッドの再生出力信号と位相比較制御して正確なクロックを作り出し，D-A 変換に使用する．

7.5 光ディスク

情報の記録された円板を回転して細い光ビームを当て，反射光量の変化を測って情報を読む装置が**光ディスク**であり，過去のものも含めた種類を**表 7.5**に示す．**CD**（compact disc），**DVD**（digital versatile disc, 万能ディスクの意）は，それぞれに再生専用形，追記形，書換え形があり，用途にコンピュータ系，音楽や映像系があるが原理は同じである．同類を合わせて **CD ファミリ**

表 7.5 光ディスクの種類

使用目的	コンピュータ系	音楽系	映像系
再生専用	CD-ROM DVD-ROM	CD-Audio DVD-Audio	DVD-Video LD
記録再生	CD-R, CD-RW DVD-R DVD-RAM	CD-R DVD-R DVD-RW	CD-R DVD-R DVD-RW

LD：アナログ方式，直径 30 cm，片面 1 時間収録の光ディスク
その他の略語：本文参照

一，**DVDファミリー**と呼ぶ．光磁気ディスク（magneto-optical disc, MO）も通常光ディスクに含めるが画像記録に使われず，本書では略す．記録再生原理が異なる．

表 7.5 のうち映像の記録に用いられるのは DVD で，記録密度が高くアクセス性に優れるため，21 世紀に入って VTR に代わり広く使われている．光ディスクは光・情報・機械システム技術の融合の成果であり，その完成には日本の技術が大きく貢献した．

7.5.1 光ディスクの原理

本節では再生専用（工場で作り込まれた DVD の情報をユーザは読み出すだけ，DVD-ROM に相当，read-only memory の意）の光ディスクとその再生装置の概要を示す．光ディスクは，**図 7.6** に示すように，透明プラスチック基板で，面上の渦巻状の記録トラックに沿って情報を表す**ピット**と呼ぶくぼみを設け，光反射層を蒸着，さらに保護板をつけてある．DVD の場合，深さ（高さ）0.1 μm のピットの有無が基板に当てた光ビームの反射量の違いとなり，2 進符号 "1"，"0" に対応する．

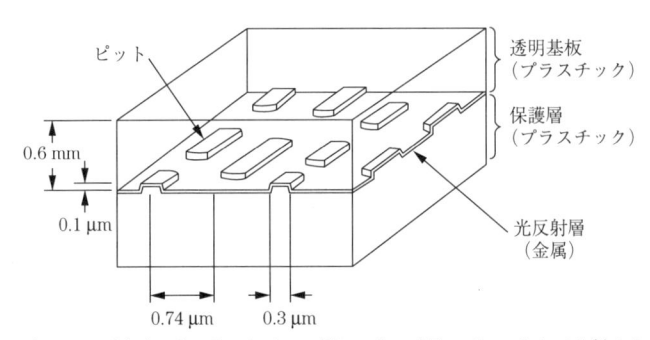

本図では再生時の光は上からピット幅の 3 倍の直径のビームとして入射する

図 7.6 再生専用 DVD の原理構造

各部のサイズその他の規格を CD と対比して**表 7.6** に示す．

再生専用 DVD の第一の目的は，120 分の映画を映像信号としてディスク 1 枚に納めることである．信号にはデジタル放送と同じ 4：2：2 方式のコンポー

7.5 光ディスク

表 7.6 CD, DVD のおもな規格

項　目	CD	DVD
ディスク直径	120 mm	120 mm
基板厚さ	1.2 mm	0.6 mm*
レーザ波長	780 μm	650 μm
レンズ開口数（NA）	0.45	0.6
光収束角度(2α)	54°	74°
光スポット直径	1.44 μm	0.9 μm
トラック間隔	1.6 μm	0.74 μm
ピット幅	0.5 μm	0.3 μm
最短ピット長さ	0.9 μm	0.4 μm
チャネルコーディング符号	EFM 符号	8-16 符号
記憶容量	650 M バイト	4.7 G バイト

* 2枚はり合わせて 1.2 mm としている

ネント信号を用い，MPEG 2 で大幅圧縮する．信号の記録には VCR と似た状況が多く，前節と同様に RS 符号で誤り訂正処理したのち，チャネルコーディングとして 8-16 符号に変換する．頒布用のディスクを作るにはガラス板に IC 製造と同様の工程でピットパターンを作り，これを元に鋳型を作る．つぎに，この鋳型にプラスチック材料を射出成型して基板をつくり，反射膜を付けることでソフトを作り込んだ DVD が効率よく大量生産される．

図 7.6 に構造を示した再生専用 DVD の再生原理を図 7.7 に示す．半導体レーザから出た波長 λ が 650 nm のコヒーレント光は特殊な対物レンズ（図 (a) において $2\alpha = 74°$，開口数 0.6 と表現される）で縮小され，情報面に直径約 0.9 μm の円形の光スポットを作る．ピットがなく反射面が平たんであれば反射光は図 (b) のように整反射し，ピットがある場合，ピット部分の反射光は

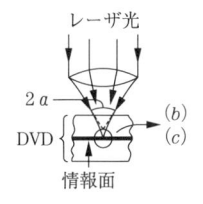

(a) DVD への入射光

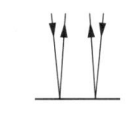

(b) ピットなし　光は整反射

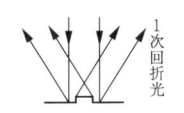

(c) ピット部分　光は 1 次回折光として斜め横へ

図 7.7 再生専用 DVD の再生原理

基板部分の反射光より位相がピットの往復分だけ（約 $\lambda/3$ に相当）遅れるので図(c)のように回折を生じ，光軸方向への反射光が変化する．そこで反射光をプリズムで曲げて光センサに導き，ディスクを回転させればピットの情報が図7.2(b)のような電気信号の形で出力される．このアナログ信号をしきい値処理して2値符号とし，上記の記録時と逆の処理を行えば元の信号が再生される．

光源レーザ，光学系，光センサを一体化したものは**光ピックアップ**と呼ばれる．このセンサから正しい情報を読み出すには，ディスクの回転に伴う機械的な揺れに対して光ビームが正確にピット列を追従するように位置制御する．すなわち，円板の偏心揺れに対しては光点の中心がピット列の中心を追従するよう半径方向に，ディスクの反りによる上下動にはそれを追従するよう上下方向に，光ピックアップを2方向のアクチュエータで駆動制御する．それぞれ**トラッキングサーボ**，**フォーカスサーボ**と呼び，ディスクからの反射光からは本来目的とする2値情報（ピットまたはマーク，後述）のほか2方向の位置ずれ情報が得られるように巧妙な光学系が使われる．**図 7.8** はその一例である．

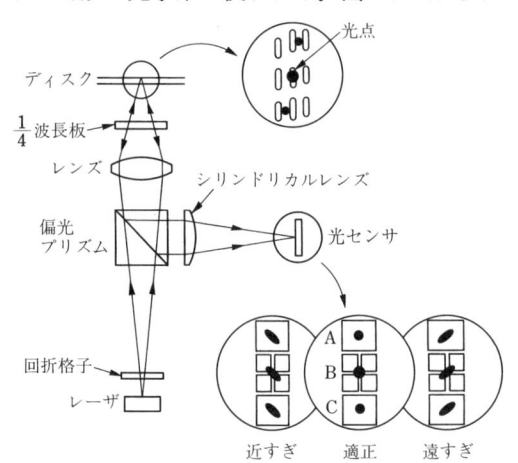

レーザから出た光はディスク面上に3つの光点を作り，ディスクからの反射光はセンサ ABC 上に3光点を作る．中央の光点は主ビームが作るもので，対応するセンサ B は4分割し，映像信号再生とともにディスクの遠近判定も行う．

図 7.8 光ディスク再生ヘッド

レーザを出た光は，回折格子により直進する主ビームと，式(1.4)に従い $\pm\theta°$ 偏向した1次回折光となってプリズムを透過し，ディスク面上に離れた3光点を結び反射する．レーザ光は，直線偏光で偏光プリズムにP偏光として入射直進するが，ディスクの前で往復2回1/4波長板を通ることにより偏光方向が $90°$ 変わり，復路ではS偏光としてプリズムに入射するため，プリズムで $90°$ 曲がり光電素子の感光面に3つの光点を作る．途中のレンズには通常のレンズとかまぼこ状のシリンドリカルレンズを組み合わせ，直交2方向に関し集束位置を違えてある．したがって，図 7.8 のようにディスクが望ましい距離にあるとき感光面上の光点ははば円形，ディスクに浮き沈みがあるとき異なる方向の長円形の光点となる．そこで主ビームに対する光センサを図示のように4分割し，各電極の電流がつねに等しくなるように制御して再生ヘッドとディスクの間の距離を一定距離に保つ．また，ディスク上で3光点を結ぶ線がビット列とわずか傾くよう設置すると，主ビームがビット上にあるとき光センサAとCから得られる信号が等しい．したがって，つねにそうなるようにヘッドをディスクの半径方向に機構的に制御する（前者はフォーカスサーボ，後者はトラッキングサーボ）．

図 7.8 の光センサ B に到来する光は，主ビームとして映像・音声信号で変調されている．そこでトラッキングサーボのため4分割してある素子の出力を加算し，フィルタを通して信号を分ければ，映像・音声信号が得られる．

7.5.2 記録形光ディスク

ユーザが情報を記録する DVD にはつぎの2種類がある．

(a) 追記形 DVD　情報を1度だけ記録することができる DVD を追記形 DVD と呼ぶ．DVD-R（R は recordable の意）として市販されているものがそれで，いったん記録したあとの記録の書換えはできない．

このディスクの断面構造を図 7.9 に示す．情報記録材料として高い屈折率をもつアゾ色素などの有機色素を干渉により反射率が大きくなるよう最適化した厚さで基板上につけ，さらに金属反射層がつけてある．

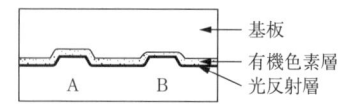

A は露光なし，B は露光により色素が分解し，基板も少し変形する．

図 7.9　追記形 DVD の断面構造

これに記録用の強いレーザ光を照射すると有機色素が光吸収により加熱され，温度が上昇して色素が分解するとともに基板のプラスチックも局部的に変形し，その結果，光反射率が低下する．ディスクを回転しながらこの動作を行えば DVD-R に情報が記録される．

DVD-R の再生には前項の光ピックアップを用い，再生専用 DVD の場合と同様に反射率変化を測定し，結果を処理する．再生の際には記録時よりパワーの弱いレーザ光を用いる．

（ b ）　**書換え形 DVD**　　記録した情報を書き換えることができる DVD を書換え形 DVD と呼ぶ．DVD-RW（RW は rewritable の意）などとして市販されているものがそれで，何回でも書換え記録ができる．

このディスクの構造と動作を図 7.10 に示す．情報記録材料として相変化物質，すなわち原子が整列する結晶相（例えば立方晶）と原子が無秩序な非結晶相（ガラス状）の間を温度により可逆的に変化し，両相の光反射率が異なる物質として Ag-In-Sb-Te などの多元素物質を使う．レーザ光の強度を図（ b ）のように記録信号の"1"を記録レベル，"0"を消去レベルの 2 値に変調して照射しつつディスクを回転したとしよう．記録レベルの光照射部分では相変化物質の温度が融点を超えて原子配列が無秩序となり急冷されて"1"がマーク

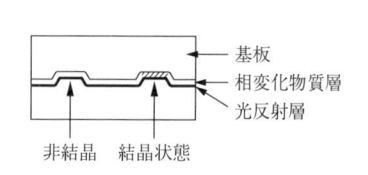

（ a ）　書換え形 DVD の断面構造

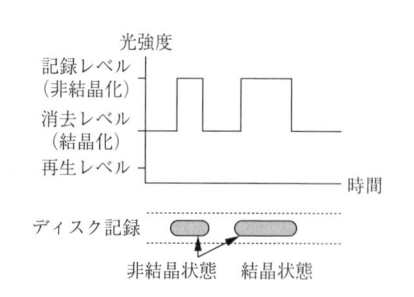

（ b ）　光ビームの強度を上図のように変えると，ディスクには下図のように記録される．

図 7.10　書換え形 DVD の構造と動作

される．消去レベルの照射部分では温度が融点より低い結晶化温度に一定時間保たれると原子が整列して結晶状態となり"0"が記録される．この作用は照射前のディスクの状態（書かれていた古い情報）には関係なく，新情報が書き込まれたことを示す．

演習問題

7.1 図問 **7.1** のようなヒステリシス曲線の磁性材料がある．録画テープ，録画ヘッドとして適している材料はどちらか．

7.2 VTR あるいは VCR の信号変調方式として AM 変調が行われず FM 変調方式が採られるのはなぜか．

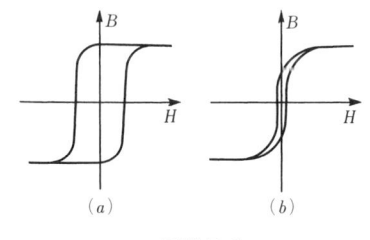

図問 **7.1**

7.3 表 7.4 に示した VCR において，磁気ヘッドのギャップを 0.5 μm とすると，およそどのくらいの周波数までの信号を録画・再生できるか．

7.4 DVD の面積と SVHS 規格の VCR で 2 時間の録画に必要なテープの面積を比較せよ．ディスクとテープの優劣，磁気と光の優劣を考察せよ．

7.5 光ピックアップの出力が図 7.2(b)，磁気ヘッドの出力が図(d)のように得られることを説明せよ．この信号を 2 値化するとどんな誤りが見込まれるか．

7.6 光方式のビデオディスクの再生系に半導体レーザが使われている．強い点光源が得られればレーザの代替として白熱電球を使い得るか．

7.7 ディジタル録画装置では映像信号を A-D 変換して得られる自然 2 進数の符号列をそのまま記録せず，わざわざ効率の悪い別の符号に変換して記録するのはなぜか．

7.8 21 世紀初頭，映像記録メディアはテープから光ディスクへの変更が進み，新品種の開発も進んでいる．最新の記録メディアについて学会誌，技術誌などを参考に，その内容，在来品との特性の違い，特徴をまとめてみよ．

8. 画 像 処 理

画像処理には劣化した画質の修復改善や強調など（以上，狭義の画像処理），製品形状の良否や医用画像の異常を識別する画像認識，画像の性質の計測その他の分野があり，応用を中心に特に進展が早い．ここでは分野を概観したあと処理の基本的な手法とその応用を述べる．

8.1 画像処理概説

電子情報工学の進展とともに，視覚・聴覚・触覚などの感覚に訴える情報の処理により，特殊な環境や異次元世界すら体感できるようになり，マルチメディア処理が話題となるなかで**画像処理**（image processing）は重い役割を担う．まず画像処理の全分野を概観する．

(a) 目 的 画像伝送や記録などの分野の目標は原画に忠実な像の出力であるのに対し，画像処理は画像の人為的な変更や計測を行う．画像は視覚情報であり，それが含む情報を引き出して判断し処理する対象であると考えると，画像処理は図 *8.1* のように分類される．

原画を改善・加工して望ましい画像にするまでの狭義の処理を画像システムが行い，この像を人間が見て判断（または納得など）するのが(1)で，X線像を医師が見て行う読影診断やテレビ視聴がこれに当たる．画像システムが原画から必要な情報を抽出計測する動作が(2)の**画像計測**で，人間は計測結果を知って判断する．画像装置を用いた科学の解明にその例が多い．画像システムが計測から判断まですべて行う方式が(3)の**画像認識**（image recognition）で

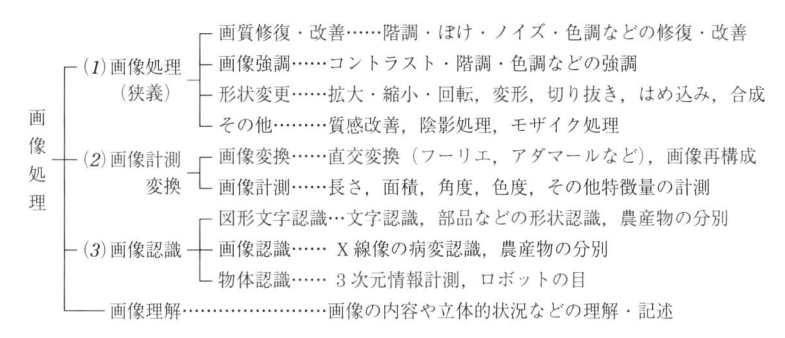

```
                    ┌ 画質修復・改善……階調・ぼけ・ノイズ・色調などの修復・改善
         ┌(1)画像処理├ 画像強調………コントラスト・階調・色調などの強調
         │  (狭義)   ├ 形状変更………拡大・縮小, 回転, 変形, 切り抜き, はめ込み, 合成
画        │          └ その他…………質感改善, 陰影処理, モザイク処理
像       ┌(2)画像計測┌ 画像変換………直交変換 (フーリエ, アダマールなど), 画像再構成
処       │   変換   └ 画像計測………長さ, 面積, 角度, 色度, その他特徴量の計測
理       │          ┌ 図形文字認識…文字認識, 部品などの形状認識, 農産物の分別
         │(3)画像認識├ 画像認識……X線像の病変認識, 農産物の分別
         │          └ 物体認識……3次元情報計測, ロボットの目
         └ 画像理解………………………画像の内容や立体的状況などの理解・記述
```

図 8.1 画像処理の分類とその例

めり，工業製品検査や農産物の分別が代表例である．

アニメーションや **CG** (computer graphics) はコンピュータ上での画像創作であり，創作した画像は日常のテレビ・映画や印刷物に見られ，機械設計などにも使われる．画像創作は処理とは別の技術であるが，いったんつくった画像の修正・加工など画像処理にかかわる作業も多くある．

(b) 手　段　最初の画像処理は光学フーリエ変換（**3.1.5** 項）を利用した 1960 年頃の**光学画像処理**であり，ついで電子回路による処理が現れた．ともにアナログ量を扱う処理で内容は解像度改善や狭い範囲の画像計測に限られ，ディジタル処理の出現後はこれに移行した．コンピュータを利用したディジタル処理は精度が高く，柔軟性があり，知能処理が可能など格段の利点をもつ．画像の情報量が大きいため開発が遅れたが，情報装置が画像を扱える機能を得た 70 年代から実用化が進んだ．一方，テレビの画質改善など一部の簡単な処理には機器に組み込んだ回路が利用される．

(c) 応用分野　画像処理の例を**表 8.1** に示す．産業部門では量産品の検査，例えば形状を計測して良否を判定する作業が画像認識に適した命題として早くから研究された．これを利用した検査ロボットは日本の得意分野であり，人間より速く確実な検査を行い，品質安定と経済性に貢献してきた．医学部門では人命にかかわる優先課題として研究が集中したが，個人差や誤診に伴う問題から機械的な認識は難しい．現状では狭義の画像処理をされた像を医師が見て診断の責任をもつものが多いが，状況は変わりつつある．

8. 画像処理

表 8.1　画像処理の例

分野・目的（例）	原画像・信号	処理内容
テレビ映像信号処理[*1]	テレビ信号	輝度・ガンマ・ぼけ補正，時間軸補正，画面合成など
印刷好適原画像作成	写真	写真から不要部消去，別画像合成，文字追加，色や形の修正
血管造影像表示（脳）	X線透視像(信号)	造影剤[*2]を投与，これが目的部位の血管に達したときのX線像から直前に撮影した像を減算（除算）処理する．両画像で同じに写る臓器は消去される．
文字認識（郵便番号）	手書き数字	字画の中心線を抽出，その形や相互関係から文字を判別
野菜分別（きゅうり）	検査機上の現物[*3]	長さ・太さ変化・曲りなどを計測，値を辞書と照合等級分け
果物分別（りんご）	検査機上の現物[*3]	カラー撮像，大きさや色を計測，良否を選別
魚類分類（網で捕獲）	検査機上の現物[*3]	輪郭を抽出，全長，高さ，ひれ形状など計測，魚種分別
錠剤・カプセル検査	検査機上の現物[*3]	輪郭を抽出，周囲長，面積などのデータから異常品を検出
指紋認識[*4]	窓に押しつけた指	指紋の隆起部のつくる線の端部（切れ目）・分岐点の位置，間隔など特徴量を抽出，登録値と照合して本人と確認
乳がん自動検診	X線透視像	乳房のX線透視像から異常テクスチャ部分を抽出

[*1] 映像信号処理：リアルタイム処理が原則で通常画像処理といわないが，内容は画像処理と共通
[*2] 造影剤：X線吸収率の高い物質を多量に含む人体に無害な流動体．消化管のX線検査にはバリウム（Ba），血管注用にはよう素（I）を含む造影剤が使われる．
[*3] 検査機：製品を1個ずつベルトに乗せ，走行中に撮像・画像処理し，不良品をとり除く作業を自動的に行う．
[*4] 指紋認識：個人ごとに異なる特徴をあらかじめ登録しておき，現れた人間が本人であることを確認する個人認証の1つ．個人に伴う人体的な特徴としては指紋のほか，掌紋，虹彩や網膜のパターン，顔などがある．

（d）処理手順　まず画像を撮像し，信号をA-D変換して画像データをメモリに読み込む．以後の手順は多岐にわたるが，**図8.2**のような流れとなる．図の(1)〜(3)の過程は図8.1の(1)〜(3)の分野に当たる．(1)の狭義の画像処理にはつぎの2種類があるが，処理手法は類似している．

画像修復（image restoration）　光・X線などの画像媒体の状況や撮像装置に起因して解像度，明暗や形状などが劣化した画像を復元する処理．

画像強調（image enhancement）　原画を加工して見やすくする処理．例えば明暗や微細部を元の像以上に強調したり，擬似的に着色するなど．

(3)の認識の過程は，製品検査の例では「被検査品の画像から特徴量（輪郭

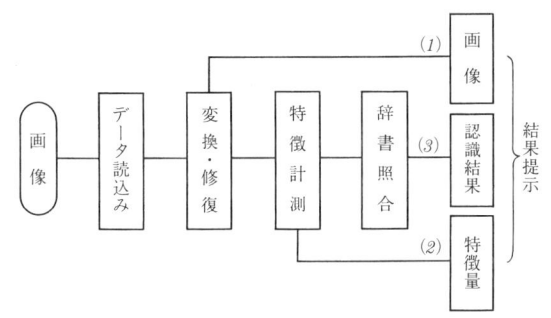

(1),(2),(3)はそれぞれ図8.1の各項に相当．対話形処理では提示結果に基づき，人間が処理内容を変える．

図8.2 画像処理の流れ

の長さや面積など）を計測し，その結果を標準値と比較して（辞書と照合するという）良否を判定する」作業を示す．

このほかにも複数画像間の処理，立体情報の計測やX線の透過情報から断面図を作成するなど種々の処理がある．

8.2 基本的処理手法

本節では基本的な手法を示し，具体的な応用例は後節に示す．以下，特に断らないかぎり，入力原画を白黒または単色とし，連続な画像の画像関数を $f(x,y)$，ディジタル化後の画素値を $f_{i,j}$，画素数を $m \times n$，処理後の画素値を $g_{i,j}$，$i:0,1,2,\cdots,m-1$，$j:0,1,2,\cdots,n-1$ とする．対象がカラー画像の場合は3色成分の比を保って処理すれば処理後の画像の色は変わらない．

8.2.1 点 処 理

処理後の画素値 $g_{i,j}$ を原画の同じ画素の画素値 $f_{i,j}$ だけから定める処理を**点処理**という．明るさのかたよったいわゆるハイキー，ローキーなどの画像の**レベル補正**や階調の現れ方を変える**階調処理**がこれに当たる．

処理前後の画素値の関係を示す曲線は**トーンカーブ**と呼ばれる．図8.3に示す例は画素値が中間値にかたよった画像のレベル補正用のもので，処理後は

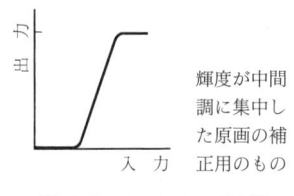

図 8.3 トーンカーブの例（輝度が中間調に集中した原画の補正用のもの）

画素値が黒から白の広い範囲に分布する．処理の際は曲線の形に従ったテーブルを作って $f_{i,j}$ からテーブルルックアップにより $g_{i,j}$ を求めるか，または曲線を表す式に基づいて $f_{i,j}$ の値から $g_{i,j}$ を計算する．処理例は 8.4 節に示す．

8.2.2 近 傍 処 理

処理後の画素値を原画の同じ画素とその近傍画素の値から定める処理を**近傍処理**（local processing）といい，微分操作を利用した輪郭抽出やぼけ補正その他の処理がある．輪郭は画像の輝度が急変する部分，すなわち画像の微分値の大きい部分であり，画像微分は輪郭抽出の基本技術である．

(**a**) **1 次微分** 画像関数 $f(x, y)$ の x 方向の微分は画素間隔が微小であればこれを Δx とみなし，隣接画素との差分として

$$\frac{\partial f(x,y)}{\partial x} \propto f(x + \Delta x) - f(x) \tag{8.1}$$

と表され，ディジタル化後の表記では $f_{i+1,j} - f_{i,j}$ となる．y 方向の微分は $f_{i,j+1} - f_{i,j}$ である．

一般的な意味で画像 $f(x, y)$ の微分，すなわち画像からこう配（gradient）を求める操作は，電位分布から電界を求める操作と同様で，こう配は

$$\mathrm{grad}\, f(x, y) = \nabla f = \boldsymbol{i} \frac{\partial f}{\partial x} + \boldsymbol{j} \frac{\partial f}{\partial y} \tag{8.2}$$

のようにベクトルの形で表される．

実用上は絶対値が必要で，$\sqrt{(\partial f/\partial x)^2 + (\partial f/\partial y)^2}$ の値の大きい部分が輪郭を示す．図 8.4(*a*) の原画について図(*b*)は横方向，図(*c*)は全方向の微分を求めたものを示す．

(**b**) **2 次微分** $f(x, y)$ の x 方向の 2 次微分は定義から

$$\begin{aligned}\frac{\partial^2 f}{\partial x^2} &\propto \{f(x + \Delta x, y) - f(x, y)\} - \{f(x, y) - f(x - \Delta x, y)\} \\ &= \{f(x + \Delta x, y) + f(x - \Delta x, y)\} - 2f(x, y)\end{aligned} \tag{8.3}$$

(a) 原画．画素値のヒストグラム

(b) 式(8.1)による横方向微分　　　(c) 全方向微分

図 8.4　画像の微分の結果

となる．全方向の2次微分はつぎの**ラプラシアン演算**で求める．

$$\nabla^2 f(x,y) = \frac{\partial^2 f(x,y)}{\partial x^2} + \frac{\partial^2 f(x,y)}{\partial y^2} \tag{8.4}$$

(c) **たたみ込み処理**　式(8.1), (8.3), (8.4)の微分演算は図8.5(a), (b), (c)の各関数と原画のたたみ込みで表される．つぎに，図(a)の関数のたたみ込みの意味を考える．1次元のたたみ込みの式(3.19)を参照すれば，ある画素点 x の微分出力に対する x 方向上位に Δx 離れた隣接画素の寄与は $f(x+\Delta x) \times 1$，自画素の寄与は図(a)から $f(x) \times (-1)$ であり，両者の和 {式(3.19)では積分} として式(8.1)の微分が得られることがわかる．図(b), (c)についても同様に考えられよう．

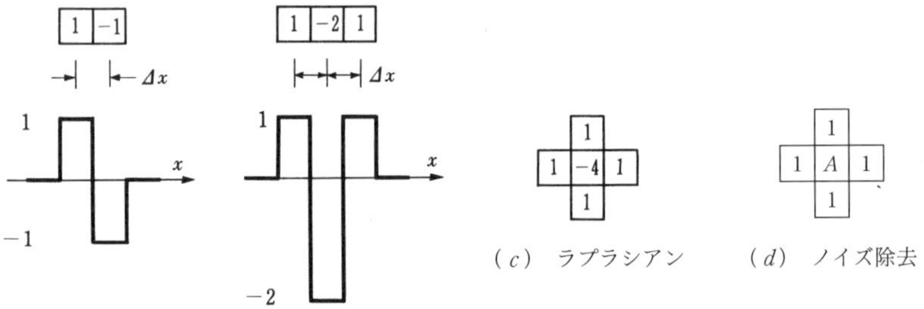

(a)　x方向1次微分　　(b)　x方向2次微分

図(a),(b)の下側の図はx軸に対する関数の形，図(c),(d)はx,y面上での関数の見取り図．図(d)は演算後全画素値が$(A+4)$倍になるので正規化する．

図8.5　画像処理のためのたたみ込み関数

　図(a)～(c)のような微分のための関数は**微分オペレータ**といわれる．カメラは点広がり関数（PSF）と原画のたたみ込み演算機であるため，図のPSFをもつカメラで原画を撮像すればただちに微分画（輪郭画）が得られるはずである．実際には負の光がなく実現できないが考え方は役に立つ．

　図(d)の関数を原画とたたみ込むと，各画素値は自画素と隣接4画素値との加重平均値で表され，画素ごとの明るさの変動──ノイズが低減される．

8.2.3　空間周波数処理

　画像をフーリエ変換し，得た空間周波数スペクトルに重みづけしたのち逆フーリエ変換して画像に戻す手法が**空間周波数処理（フィルタリング）**である．例えば，画像情報とノイズ（通常は高周波）の空間周波数帯域が異なる場合，ノイズのスペクトルを減衰させれば画質が改善される．画像に一様に光が重畳している場合はスペクトルから直流分を差し引けばよい．

　空間周波数処理と前項のたたみ込み処理は式(3.19′),(3.23′)により同じ内容をもつ．以下，**ぼけ補正**の例でそれを検討する．

　被写体を$f(x,y)$，撮影した画像装置のPSFを$h(x,y)$，これが広がっているため生じたぼけ画像を$g(x,y)$とする．このぼけ画像をPSFが$m(x,y)$で与えられるような画像装置で撮影してぼけ補正することを考える．

これらのフーリエ変換を大文字で書くと，$F(u,v)$ と $G(u,v)$ の間には

$$G(u,v) = F(u,v) \cdot H(u,v) \qquad (3.23')$$

の関係がある．補正装置による再撮影の結果を $f_0(x,y), F_0(u,v)$ とすると

$$F_0(u,v) = G(u,v) \cdot M(u,v) \qquad (8.5)$$

であり，このとき補正関数 $m(x,y)$ のフーリエ変換を**逆フィルタ**の関係

$$M(u,v) = \frac{1}{H(u,v)} \qquad (8.6)$$

に選んでおけば，$F_0(u,v)$ は $F(u,v)$ と同じになってぼけ補正される．

式(8.5)，(8.6)をフーリエ逆変換すれば次式が得られる．

$$g(x,y) * m(x,y) = f_0(x,y) \qquad (8.7)$$
$$m(x,y) * h(x,y) = \delta(x,y) \qquad (8.8)$$

すなわち，式(8.8)から $m(x,y)$ を求め，ぼけ画像と $m(x)$ のたたみ込み演算（記号 *）をすればよい．この考え方を1次元像について**図 8.6** に示す．

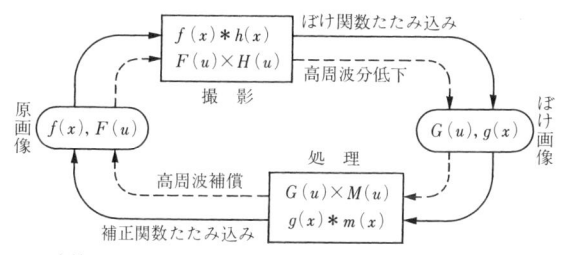

図 8.6 ぼけ補正処理の考え方

8.3 画像処理システム

画像処理システムには使用目的に応じて種々ある．ここでは本書で扱う程度の静止画像処理に適したシステムを扱う．

8.3.1 コンピュータ処理システム

1970年代までは比較的簡単な静止画処理でも時代の最先端のコンピュータ

に頼ったが，パソコンの機能が向上した現在，研究室などで静止画を扱う処理システムの多くは汎用パソコンを使っている．画像処理システムの構成例を図8.7に示す．システムには処理内容や使うソフトに応じた容量の主記憶メモリ（RAM）と補助記憶メモリ（ハードディスク，HDD）が必要である．

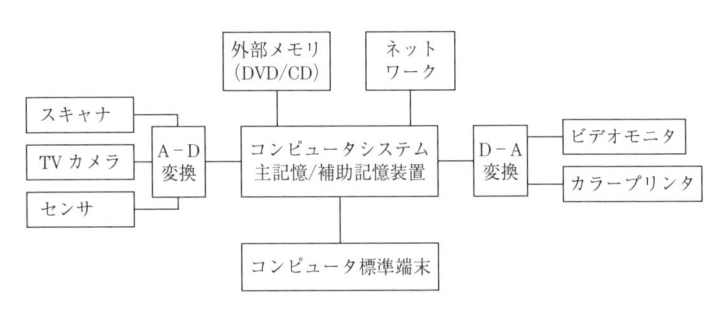

図8.7 ディジタル画像処理システムの構成例

通常の逐次処理形のコンピュータでは膨大な画像データの処理に時間がかかるため，高速を要する処理には並列処理やパイプライン処理などの方式のハードウェアが使われ，頻繁に使う処理に対しては専用の高速演算装置が利用される．また，周辺装置としてはコンピュータの汎用周辺装置のほかに，画像の入出力装置としてスキャナ，デジタルカメラ，テレビカメラ，ディスプレイ，プリンタ，各種のCDやDVDなどが使われる．

動画を扱う場合は，特に大量のHDDと高速動作のCPUの装備が必要となる．映像編集の際は多くの素材映像を取り込み，入力の時間順序と異なる順序に読み出して作品にまとめる**ノンリニア編集**が行われる．また，コンピュータグラフィックス（CG）で物体をリアルに表現するには光源-物体-カメラの位置関係に基づき，光の三次元的な振舞いに関して**レンダリング**と呼ぶ処理に大量の演算が必要で，それぞれ専用機種のワークステーションが多く使われる．

画像を読み込む画素数としては縦横各7～10ビット，量子化レベル数は単色画の場合で8ビット，カラー画では3色各8ビットとすることが多いが，さらに大きいものもある．

データ読込みの際，量子化レベル数と誤差について注意が必要である．入力

にテレビカメラを使用し，そのSN比として1 000（約60 dB）程度，ノイズをガウス性と仮定する．この特性は"信号の白ピークが約1 000のとき，ノイズにより標準偏差が1すなわち出力が±3の範囲で変動する"ことを意味する．例えば，信号が中間レベルの500では実際の出力は497～503の範囲で変動するため，出力を8ビットで量子化しても最下位ビットは信頼できない．

画像を扱うソフトウェアには**表8.2**のような各種のグラフィックソフトがあり，基本的な部分の処理プログラムが市販されている．

表8.2 グラフィックソフト

グラフィックソフト	内　　容
ペイントソフト	絵描きソフト．画面の画素に輝度・色をつける （拡大するとジャギーが目立つ）
写真修正ソフト	読み込んだ画像を加工する．写真修正に用いる （拡大するとジャギーが目立つ）
ドローソフト	製図目的のソフト．図を直線，円，多角形で組立て （拡大してもジャギーが発生しない）
画像処理基本ソフト	画像変換，特徴抽出など基本処理

白黒画像の認識処理にもサイズの小さい郵便文字読取りから医用X線写真の疾患の読影まで，カラー画像の処理や加工では携帯電話付属カメラの像を趣味的に扱うものから，大きなグラビアの原版画像の加工など千差万別であり，これらに使用するハードウェア，ソフトウェアとも日進月歩となっている．

8.3.2 画像処理回路——ディジタルフィルタ

ぼけ補正やノイズ削減などは空間周波数処理で行われるが，処理時間の点で特に対象が動画の場合は使いにくい．一方，図8.6によれば空間周波数処理と同じ内容の画質改善がたたみ込みで行われる．比較的小さい規模の関数とのたたみ込みはディジタルフィルタと呼ぶ回路でリアルタイムに演算される．

図8.8(a)に非巡回形**ディジタルフィルタ**の構成を示す．入力信号を遅延素子Dで順次遅延し，各段の出力に重みhを掛けて加算し出力する．映像信号を入力し，Dの遅延時間をすべて1画素の走査時間（NTSCの場合10^{-7} s）に設定したとすると，各Dの出力は順に水平方向に並ぶ画素の画素値を示

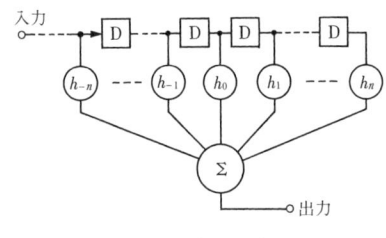

(a) 非巡回形 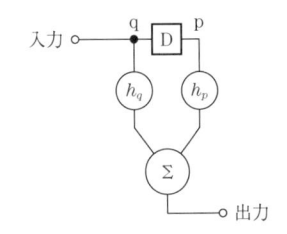　　　　　　　　（b） x 方向微分回路
　　　　　　　　　　　　　　　　Dは1画素遅延

D：遅延素子, h：重み係数, Σ：加算回路

図 8.8　ディジタルフィルタの構成

す．したがって，たたみ込みをしたい関数を h の分布として設定しておくと，式(3.19)に相当する積和が計算される．時間進行に伴って走査が進むと映像信号と h 群の表す関数とのたたみ込みの結果がリアルタイムに演算される．

例として，図 8.5(a) の x 方向微分オペレータを映像信号にたたみ込む回路を図 8.8(b) に示す．走査の進行に従って点 p の値が f_i のとき点 q は f_{i+1} であり，h_q，h_p がそれぞれ 1，－1 のとき出力は $f_{i+1} - f_i$ となる．

なお，画像として x 方向に輝度が変化する波長 λ_n の 1 次元正弦波の集合

$$f(x) = \Sigma A_n \exp\left(-\frac{2\pi j x}{\lambda_n}\right) \tag{8.9}$$

に上記の微分処理をしたとする．出力 $g(x)$ は式(8.9)の微分であるから

$$g(x) = \frac{df}{dx} = \Sigma\left\{-\frac{2\pi j A_n}{\lambda_n}\exp\left(-\frac{2\pi j x}{\lambda_n}\right)\right\} \tag{8.10}$$

となる．この回路による微分のたたみ込み処理は伝達特性が空間周波数 u に比例（波長に反比例）するフィルタ操作であることがわかる．同様に 2 次微分は u^2 に比例するフィルタ操作である．

8.4　画像改善処理

種々の画像処理があるが，ここではおもに自然画像を対象とした画像修復や

8.4 画像改善処理

強調処理に使われる技法の例をまとめて示す．**ホトレタッチ（写真修正，フォトレタッチ，photo retouch）**ソフトではパソコンに読み込んだ画像に対してこれらの処理が簡単に行われるようになっている．処理前の画素値 $f_{i,j}$，処理後 $g_{i,j}$，画素数 $m \times n$ など前節と同じ記号を用いる．

8.4.1 階調処理・色補正

画像装置の特性や撮像条件の影響を受けた画像の階調補正や色を変更したい場合は点処理を行う．

(a) 階調処理 図 8.3 にレベル補止処理のトーンカーブを示したが，他の例を図 8.9 に示す．**ガンマ補正**は画像システム全体として入出力が比例するように補正する処理である（**6.2.1 項**）．CRT のガンマは 2.2 で入出力の関係は図のような形をもつ．補正のガンマは $1/2.2 = 0.45$ で入出力の関係は図のような形となる．ネガポジ変換，等高線抽出の内容は自明であろう．

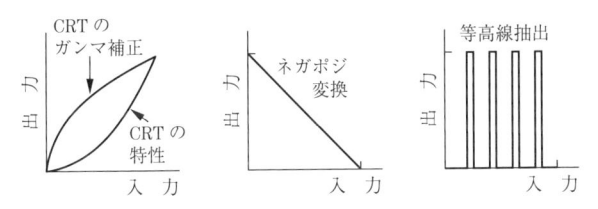

図 8.9 種々の階調処理の例

(b) ヒストグラム均等化処理 通常は画素値がかたよった画像は見にくく，均等に分布した画面は見やすいとされ，図 8.3 はその指針に従った処理であるが，本項では画素値均等化をさらに進める処理を示す．例えば，256×256 画素の像を 128 レベルで扱う場合，全画素のうち画素値の低いほうから 512 個ずつ順に 0, 1, 2, … のレベルを割り当てる．実行の際には**図 8.10** のように原画の画素値の累積ヒストグラ

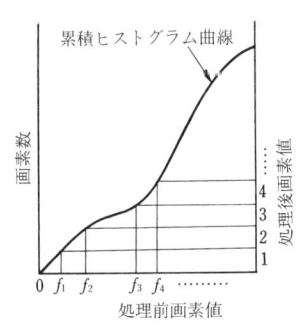

図 8.10 ヒストグラム均等化処理

ムを作り，縦軸を 128 等分し，$0\sim f_1, f_1\sim f_2, f_2\sim f_3, \cdots$ の範囲の画素に順に 0, 1, 2, $\cdots$ のレベルを与える．

（c）シェージング補正　レンズの周辺光量不足や照明の不均一などに基づく広範囲の明暗むらを**シェージング**（shading）という．画面の照明むらなど原因をあらかじめ測っておき，これを補正データとして取得原画の画素値を除算して補正する．なお，コンピュータグラフィックス（CG）分野ではシェージングを陰影付けの意味に使っている．

（d）色補正　6.2.2 項に示したように画像入力の際は原画の広い波長域の光を三色信号に縮退する過程でひずみを生じ，三原色を合成する表示装置では再現できる色範囲が限られるため，信号処理しても表示色のひずみは避けられない．さらに表示を見て感じる色は，撮像の際の照明や表示観察時の照明環境の影響を受ける．一方，観察者は顔色，風景などの色に思い込みをもつ．このためカラー画像を扱う場合，忠実な色よりも好まれる色の表示を目指すことが多い．

色の処理を三色信号 E_R, E_G, E_B の加減算で行うこととし，ある画素の原信号を添字 O，処理の結果を添字 P，3 定数を添字 C で表せば，処理は

$$\begin{bmatrix} E_{RP} \\ E_{GP} \\ E_{BP} \end{bmatrix} = \begin{bmatrix} a_{RR} & a_{RG} & a_{RB} \\ a_{GR} & a_{GG} & a_{GB} \\ a_{BR} & a_{BG} & a_{BB} \end{bmatrix} \begin{bmatrix} E_{RO} \\ E_{GO} \\ E_{BO} \end{bmatrix} + \begin{bmatrix} E_{RC} \\ E_{GC} \\ E_{BC} \end{bmatrix} \qquad (8.11)$$

となる．変換行列が単位行列，すなわち $a_{RR} = a_{GG} = a_{BB} = 1$，かつ他の要素が定数も含め，すべて 0 であれば，処理後の信号は原信号と同じになる．一方，被写体が無彩色，すなわち $E_{RO} = E_{GO} = E_{BO}$ の場合に信号が処理の影響を受けないための条件は定数項が 0 で，かつ

$$\left. \begin{array}{r} a_{RR} + a_{RG} + a_{RB} = 1 \\ a_{GR} + a_{GG} + a_{GB} = 1 \\ a_{BR} + a_{BG} + a_{BB} = 1 \end{array} \right\} \qquad (8.12)$$

となる．現実の処理は変換行列を直接扱うわけでなく，以下の各処理とも処理後の色を見ながら信号のレベルを（非線形の扱いも含めて）操作する．

(1) **微調整**　通常の撮像・表示で得た画像は，色ひずみを伴うが，極端に違った色が表示されているわけではないので，変換行列の各要素の値は単位行列の要素の値に近い．通常は人の肌と白をおもな対象に色を微調整する．

(2) **彩度低減**　像の色をソフトにするには原画に白成分を加える．式で表すと

$$\begin{bmatrix} E_{RP} \\ E_{GP} \\ E_{BP} \end{bmatrix} = p \begin{bmatrix} 1 & 0 & 0 \\ 0 & 1 & 0 \\ 0 & 0 & 1 \end{bmatrix} \begin{bmatrix} E_{RO} \\ E_{GO} \\ E_{BO} \end{bmatrix} + q \begin{bmatrix} 1 & 1 & 1 \\ 1 & 1 & 1 \\ 1 & 1 & 1 \end{bmatrix} \begin{bmatrix} E_{RO} \\ E_{GO} \\ E_{BO} \end{bmatrix} \quad (8.13)$$

となり，混合比 p, q を例えば $p = 0.7, q = 0.1$ とする．

(3) **彩度増加**　像の色を鮮やかにするには原画から白成分を減じる．式 (8.13) では例えば $p = 1.3, q = -0.1$ とする．

(4) **色変更**　例えば原画成分の G と R を入れ換え，B を保存することを式で表すと

$$\begin{bmatrix} E_{RP} \\ E_{GP} \\ E_{BP} \end{bmatrix} = \begin{bmatrix} 0 & 1 & 0 \\ 1 & 0 & 0 \\ 0 & 0 & 1 \end{bmatrix} \begin{bmatrix} E_{RO} \\ E_{GO} \\ E_{BO} \end{bmatrix} \quad (8.14)$$

となり，画面上で領域を囲って処理を行うと着衣の色変更や，新緑の風景を紅葉の風景に作り変えることができる．

8.4.2　ぼけ・流れの修正

レンズによるぼけや流れ画像（手振れ像）の修正について考える．

(**a**) **逆フィルタ**　ぼけ像を取得した撮像系の MTF または PSF がわかる場合は 8.2.3 項に述べた逆フィルタ処理が使われる．

(**b**) **流れ画像修正**　最も単純な劣化像は流れ画像，すなわち 1 方向（x 方向とする）の等速の手振れ写真状の像である．逆フィルタによる流れ画像の修正を考える．劣化が 1 次元であるから修正も 1 次元で行う．流れ画像の LSF $h(x)$ は図 **8.11**(*a*) の形になる．

176   8. 画像処理

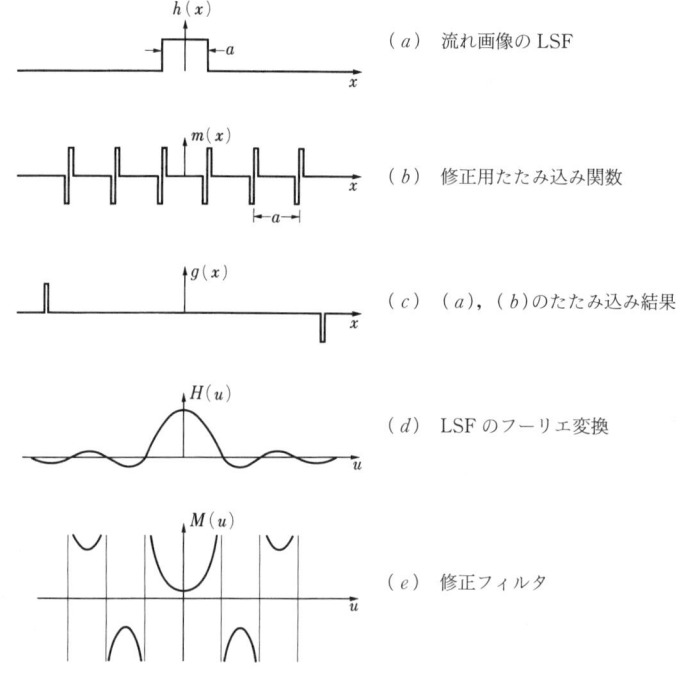

図 8.11 たたみ込みによる流れ画像の補正． a は流れの幅

- (a) 流れ画像のLSF
- (b) 修正用たたみ込み関数
- (c) (a), (b)のたたみ込み結果
- (d) LSFのフーリエ変換
- (e) 修正フィルタ

そこで図3.5を参照すれば $H(u)$ は図8.11(d)のようになり，$M(u)$ は式(8.6)に従って図(e)のようになる．この関数は有界ではなく逆フーリエ変換により $m(x)$ を求められないため式(8.7)により正攻法で補正を行うことはできない．しかし，図(b)の関数を用いればこれを修正することができる．$h(x)$ と図(b)の $m(x)$ とのたたみ込みは図(c)のようになる．すなわち，この $m(x)$ を流れ画像とたたみ込み処理すれば原画が修復され，離れた位置に白黒反転した像が得られる．

(c) アンシャープマスキング　一般のぼけ画像に対して厳密に $m(x,y)$ を求め，たたみ込みを行うことは容易ではない．一方，厳密さはともかくぼけ補正することは容易である．1次元画像に対するぼけ補正の原理を**図8.12**に示す．図(a)の点線のような輝度分布の像がぼけて図の実線のような光量分布になっているとする．ぼけ画像の2次微分は図(b)のようになる．ぼけ画像か

8.4 画像改善処理

$f(x)$ 　　　　（a）原　画

$f''(x)$ 　　　（b）2次微分

$g(x)$ 　　　　（c）出　力

$m(x)$ 　　　（d）この処理を行うためのオペレータ

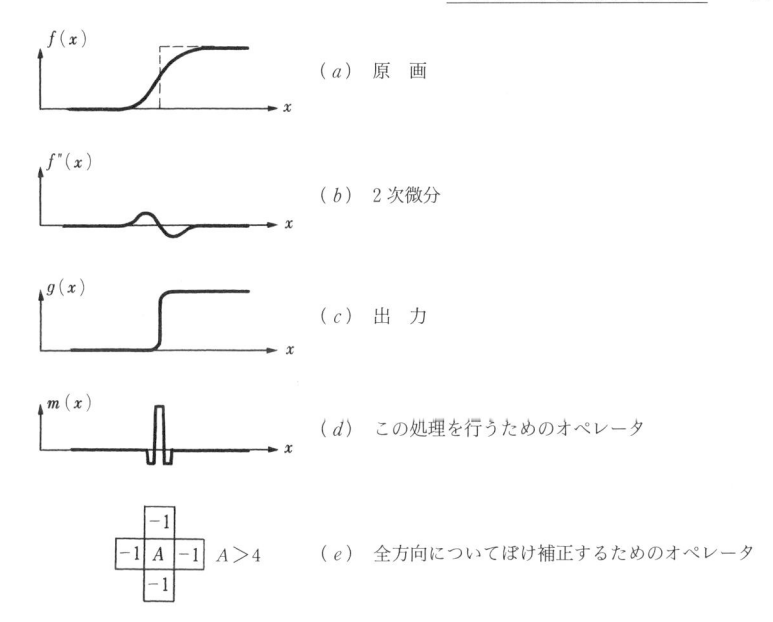

	-1	
-1	A	-1
	-1	

$A>4$ 　　　（e）全方向についてぼけ補正するためのオペレータ

図 8.12 ぼけ補正の原理

らこれを重みをつけて差し引くと図(c)のようになり，ぼけが改善される．補正のためのたたみ込み関数は上記の原理に従って図(d)のようになる．2次元画像に対する補正は2次元に拡張すればよく，図(e)で与えられる．

図(e)と原画をたたみ込むことは，原画から原画をぼかした画像を差し引くことを示し，印刷分野で**アンシャープマスキング**（unsharp masking），テレビでは**輪郭補償回路**として知られてきた．**図8.13**はテレビの垂直走査方向

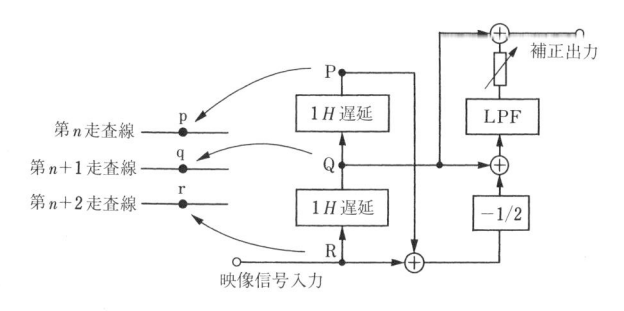

図 8.13 テレビの垂直走査方向の輪郭補償回路

の輪郭補償回路であり，図 8.8 のディジタルフィルタの一つである．遅延素子の遅延時間が 1 水平走査期間であるため，点 P，Q，R の信号はつねに垂直方向に隣り合う 3 画素 p，q，r の信号を示す．補正出力は原画と図 $8.12(d)$ の関数を y 方向にたたみ込み演算した結果となってぼけが補正される．実際のテレビでは図 8.13 の垂直方向と，同じ構成で 1 画素遅延素子を用いた水平方向の輪郭補償回路を併用し，2 次元的にぼけを補正する．図 8.14 にたたみ込み処理によるぼけ補正結果を示す．

(a) 原画  (b) 補正結果

図 8.14　たたみ込み処理によるぼけ補正

$8.3.2$ 項に述べたように 2 次微分は空間周波数の 2 乗に比例する高周波数成分の増強であり，これを利用する上記のぼけ補正は原画が高周波のノイズを含む場合，これを増強する効果をもつ．

$8.4.3$　ノ イ ズ 除 去

画像には電子装置のノイズや写真粒子の荒れが付加されていることが多い．印刷画像の網点成分は周期ノイズに相当する．本来の画像情報を保存したままノイズを除去する処理が望まれる．

(a) フィルタリング　　$8.2.3$ 項に述べたように，画像情報とノイズの空間周波数成分が異なるときはノイズのスペクトルを縮減すればよい．ただ

し，画像の線や縁がぼけ，以下の手法に比べ処理に時間がかかる．

（b） **近隣画素平均化**　原画の注目する画素の画素値を $f_{i,j}$ とし，その近隣 8 画素の画素値に**図 8.15** のような記号をつけるとき，処理後の画素値 $g_{i,j}$ を原画の $f_{i,j}$ と隣接 8 画素の平均値とする．処理はたたみ込みであり，フィルタリングと同じ内容をもつが計算量は少ない．処理後はノイズの分散は

$f_{i-1,j-1}$	$f_{i,j-1}$	$f_{i+1,j-1}$
$f_{i-1,j}$	$f_{i,j}$	$f_{i+1,j}$
$f_{i-1,j+1}$	$f_{i,j+1}$	$f_{i+1,j+1}$

図 8.15　処理の際の近隣画素の画素記号

1/9 となるが線や縁はぼける．近隣画素の範囲を大きくし（例えば近隣合計 25 画素），また重みつきの平均をとることで周波数フィルタの帯域を変えた処理と同様の効果が得られる．

（c） **近隣画素平均化（非線形）**　　上記と似た処理であるが

$$f_{i,j} - （隣接 8 画素の平均値） > しきい値 \qquad (8.15)$$

ならば $f_{i,j}$ を近隣より突出した明るい画素とみなして $g_{i,j}$ をこの 8 画素の平均値とする．条件が式 (8.15) と逆の場合はこの画素を被写体の辺縁の一部と考えて $g_{i,j}$ は $f_{i,j}$ の値をすえ置く．辺縁部はぼけない．

（d） **メディアンフィルタ**　　図 8.15 の $f_{i,j}$ と隣接 8 画素，計 9 画素の**メディアン**（**中央値**，大きい順または小さい順に数えて 5 番目の画素値）を $g_{i,j}$ とする．輪郭の辺縁部は保存されてノイズが減少する．ランダムノイズに対して効果的とされる．

線形処理 (a)，(b) ではノイズ除去は結局は高周波数成分の削減であり，画像の線や縁が不明確になる．上記の (c)，(d) は非線形処理で，縁は保存されるが細い線は痕跡なく消えるなど長短があり，画像の性質や目的に応じて処理法が選択される．

（e） **アンチエリアシング**　　白黒の境界が画面に斜めにあるとき，ディジタル画像の標本数が少ないと，表示像の境界部に**ジャギー**（白黒のギザギザ）が一種の雑音として現れる．この現象は**エリアシング**（aliasing）といわれ，ビデオカメラでさほど問題にならないが，CG 画面では輝度または色の段差の

部分で発生して問題となる．境界部の画素をその画素が該当する像の白黒の面積比に応じた中間調で表示すると，ジャギーが比較的目立たくなり画質が改善されたように見える．この手法を**アンチエリアシング**（anti-aliasing）という．

通信工学ではエリアシングは**折返し**と訳され，アナログ信号の A-D 変換の際，標本化周波数がナイキストの条件を満たさないと，高い周波数成分が干渉して**折返しひずみ**（雑音）が発生する現象を指し，上記ジャギーとは異なる．これについてはテレビ画面での妨害例とともに **3.2.7** 項に記した．

8.4.4 幾何学的処理

撮像装置と物体の位置関係などによりひずんだ入力像の修復を行うことがある．まず画像の移動・拡大などを考える．座標点 (x, y) を

$$X = ax + b, \quad Y = cy + d \qquad (8.16)$$

により，X, Y 座標に変換すれば移動・拡大・縮小が行われる．回転 $(\angle \theta)$ は

$$X = x\cos\theta + y\sin\theta, \quad Y = -x\sin\theta + y\cos\theta \qquad (8.17)$$

で表される．両者合わせた一般の一次変換は

$$\left.\begin{array}{l} X = lx + my + n \\ Y = px + qy + r \end{array}\right\} \qquad (8.18)$$

と表され，これによる写像を**アフィン変換**と呼んでいる．

一方，人工衛星から撮った画像は，カメラの姿勢，地表の湾曲により複雑にひずんでいる．画像上の座標 x, y から i, j を 3～5 次にとって

$$\left.\begin{array}{l} X = \sum_i \sum_j A_{ij} x^i y^j \\ Y = \sum_i \sum_j B_{ij} x^i y^j \end{array}\right\} \qquad (8.19)$$

により地図上の座標 X, Y に変換してひずみを修正する．衛星写真と地図との対応のつく点（岬, 橋など）の座標を上式に代入し，最小2乗法により，A_{ij}, B_{ij} を求めたのち，画像上の座標を地図上に写像する．

8.5 特徴抽出・計測

画像処理では原画から対象領域を抽出し,その特徴を数値化して認識に利用することが多い.使う特徴には輪郭の形状など線の情報,交点の位置など点の情報,空間周波数成分や色など面の情報がある.以下,白黒画像を対象にこれらの抽出や計測の技法を扱うが,色の利用についても容易に類推されよう.郵便番号読取りの早い時期の成功例は赤い字枠の採用が要因の1つとされる.

8.5.1 領域分割

画面の中から対象領域を背景と分けて切り出すことを**分割**(segmentation)という.領域の切出し技法と領域の連結性が問題となる.

(a) 分割 対象領域が輝度の違う部分として分割できる場合は比較的簡単で,**しきい値処理**(thresholding)により**2値化**される.白い紙に黒く書かれた文字の例では,画素値 $f_{i,j}$ をしきい値 t と比較してデータ $g_{i,j}$ を求める.

$$g_{i,j} \begin{cases} = 0 & \{f_{i,j} \geq t\} \\ = 1 & \{f_{i,j} < t\} \end{cases} \qquad (8.20)$$

結果のデータは文字が1,背景が0となる.

白黒の境界が不明確で画素値の配列(輝度の分布)が例えば図 **8.16**(b)のような場合,しきい値の選び方についてつぎのような工夫がある.

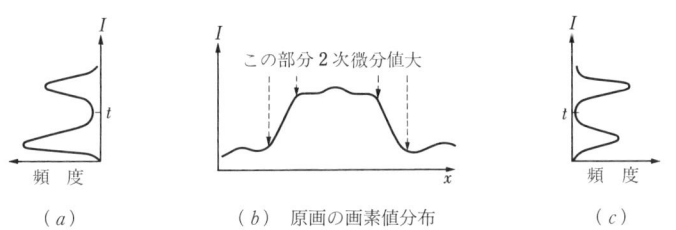

(a)　　　　　(b) 原画の画素値分布　　　　　(c)

原画の画素値のヒストグラム(a),または一定値以上の2次微分値をもつ画素のみについて画素値に対するヒストグラム(c)をつくり,その谷間 t で領域を分ける.I:画素値.

図 **8.16** 領域分割のためのしきい値

モード法　図 $8.16(a)$ のように全画素について画素値のヒストグラムを作り，その谷間に当たる画素値をしきい値とする．

微分ヒストグラム法　図 (c) のように一定値以上の2次微分の絶対値をもつ画素について，画素値に対するヒストグラムを作り，その谷間の画素値をしきい値とする．

動的しきい値法　画像全体を多数の少領域に分け，領域ごとに上記の処理を行う．画素値がゆるく変化している場合に有効である．

　工業製品の外形検査などは領域分割の容易な背景を選ぶが，自然画像の場合はしばしば困難が伴う．例えば，医用X線像でテクスチャ（**8.5.6**項）の違いとして現れる病変部を他の正常部と分割する場合，式(3.6)に従って領域の空間周波数成分を求めようとすると広い領域面積が必要であり，一方，高精度で病変部の位置を定めるには狭い面積で判定する必要があり，両立しない．

（b）　ラベリング　実用的な2値画像では背景（画素値0）の中に抽出した対象領域（画素値1）が散在する場合がある．こうした場合，対象領域に番号をつけることがあり，この操作を**ラベリング**という．ラベルの最大の番号が領域の数，画素値1の画素の総数がその領域の面積を示す．

　領域を画素の集合として表す場合，最短距離すなわち水平，垂直方向の近傍画素どうしが1である場合に両画素が連結した1つの領域とみなす場合（**4連結成分**という）と，斜め方向を含めた計8個の隣接画素で同様に考える場合

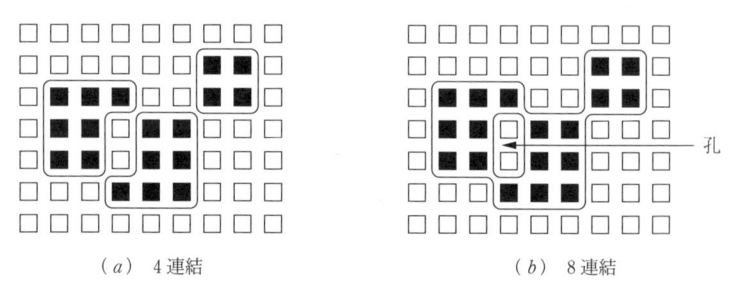

(a) 4連結　　　　　　　　　　(b) 8連結　　孔

図の画素配置で，図(a)の考え方では領域が3か所で分断されて領域は3個となるが，図(b)の場合は連結し，1個の領域とみなされる．

図 8.17　連結成分による領域の数え方

(8連結成分) とがある．図 **8.17** の例で図(*a*)の4連結成分の考え方では領域は3個となるが，図(*b*)の8連結成分では1個と数えられる．

8.5.2 構造線の抽出

画像の幾何学的な特徴を示す構造線の性格について **3.3.1** 項に述べた．ここでは構造線や特徴の抽出方法を述べる．

(a) 輪郭線　輪郭(エッジ)は **3.3.1** 項に記したように輝度の急変する部分すなわち微分値が大きい部分である．通常は画像を読み込む際に画素間距離を小さくとるので，微分に代わり隣接画素間の差分を用いる．

画像の一部の9個の画素値の記号として図 **8.15** を用いる．微分は一般に

$$|\mathrm{grad}\, f| = \sqrt{(f_{i+1,j} - f_{ij})^2 + (f_{i,j-1} - f_{i,j})^2} \tag{8.21}$$

または

$$\sqrt{(f_{i+1,j-1} - f_{ij})^2 + (f_{i,j-1} - f_{i+1,j})^2} \tag{8.22}$$

で演算され，この値の大きい所を輪郭とする．$|\mathrm{grad}\, f|$ は画像のこう配の方向に関係なく正しい値が得られ，式(8.22)は **Robertsの式** として有名であるが，演算時間が長いのが欠点である．そこで式(8.22)に代わり

$$|f_{i+1,j-1} + f_{i+1,j} - f_{i,j-1} - f_{ij}| + |f_{i,j-1} + f_{i+1,j-1} - f_{i,j} - f_{i+1,j}| \tag{8.23}$$

$$|f_{i+1,j-1} - f_{i,j}| + |f_{i,j-1} - f_{i+1,j}| \tag{8.24}$$

のいずれかを用いることが多い．演算時間は短いが，同じこう配でもその方向により微分値が異なる値として算出されるという欠点がある．

さらに，x 方向，y 方向の微分をそれぞれ

$$\left.\begin{array}{l}(f_{i+1,j-1} + 2f_{i+1,j} + f_{i+1,j+1}) - (f_{i-1,j-1} + 2f_{i-1,j} + f_{i-1,j+1}) \\ (f_{i-1,j-1} + 2f_{i,j-1} + f_{i+1,j-1}) - (f_{i-1,j+1} + 2f_{i,j+1} + f_{i+1,j+1})\end{array}\right\} \tag{8.25}$$

で演算し，式(8.21)または式(8.23)と同様な演算で輪郭を求めることがある．**8.3.2** 項に記したように微分操作は利得が周波数に比例するハイパスフィルタであるため，画像雑音が強調出力される．式(8.23)，(8.25)は平均化による雑音抑制の効果がある．式(8.24)はRobertsの，また式(8.25)はSobelの **微分オペレータ** として知られ，よく使われる．

輪郭抽出には2次微分（ラプラシアン演算）を用いてもよい．この場合

$$f_{ij} - (f_{i,j-1} + i_{i+1,j} + f_{i,j+1} + f_{i-1,j})\frac{1}{4} \qquad (8.26)$$

$$f_{ij} - (近隣8画素の和)\frac{1}{8} \qquad (8.27)$$

のいずれかを用いる．それぞれ **4近傍ラプラシアン**，**8近傍ラプラシアン**という．

　上記のようにして原画の全画素の微分値を求め，これをしきい値処理をすれば輪郭部が得られるが，得た輪郭は幅が1画素以上と広いことがある．輪郭線を求めるには(**d**)項に示す細線化処理を行う．

　輪郭は領域分割（前項）を行うとき，領域の境界線としても得られる．

　(**b**) **骨　格　線**　　骨格線(**3.3.1**項)は**スケルトン** (skeleton) ともいい，細長い図形の中心線を示す際に使われる．**図 8.18**(**a**)はこのような対象図形の2値化像で，図形内の画素を■，背景を□で示してある．図形内の各画素ごとに背景までの最短距離を碁盤目に沿った隣接画素間隔を単位として示すと（これを求めることを**距離変換**という）図(**b**)を得る．ある画素についてその距離数値より大きい値が隣接4近傍の中にない場合，背景までの距離が2方向以上についてほぼ等しいため，この画素は**3.3.1**項の定義に従って骨格線上の点である．図(**c**)はこうして得た骨格線を示す．図形の形状によっては骨格線が切れる．この場合，まず骨格線の黒に隣接する白画素をいったん黒に変えて線を太める作業を行い，つぎに逆の細め処理を行うと切れた線が接続する．

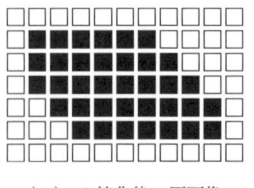

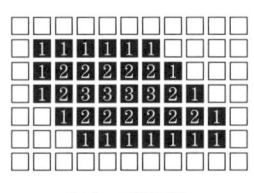

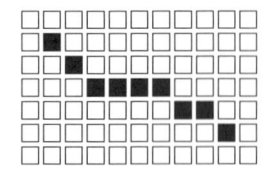

(*a*)　2値化後の原画像　　　(*b*)　距離画像　　　(*c*)　骨　格　線

（数字は背景からの距離）

図 8.18　2値化像の骨格線

(**c**) **尾根線・谷線** 輝度分布図を地形図になぞらえたとき，頂上に当たる輝度極大の点では $\mathrm{grad}\, f = 0$ である．読み込んだ画像をしきい値を順次下げながら2値化すると，最初に頂上が現れ，順次尾根筋が現れる．逆が谷筋である．

(**d**) **細 線 化** 字画のような細長い図形の構造を線として表すには2値化した画像を幅1画素の線に細める**細線化処理**（thinning）を行う．それには図 8.19(a) のように図形内の画素を■，背景を□で示した境界部の黒画素を中心として 3×3 画素のブロック（窓という）を考え，つぎのいずれかの場合を除き中央の画素を黒から白に変える．

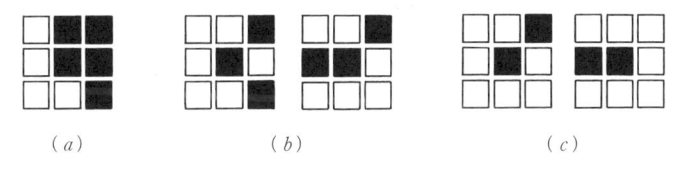

図(a)の白黒の境界部の画素を黒から白に変える．ただし，図(b)，(c)のように細線，端点となっている場合を除く．

図 8.19　細線化処理

(1)　中央の黒画素を白に変えることにより隣接する黒画素間の連結が絶たれる場合（例えば図(b)）．

(2)　中央の黒画素に隣接する黒画素が1個の場合（例えば図(c)）．

以上の操作を画面全体に繰り返せば黒領域を外側からしだいに削り，細線化が行われる．しかし，図 8.19 の処理を単純に繰り返すと残存する構造線の位置がかたよるので，処理を左右交互に行う．

前記のようにして得た輪郭や骨格なども複数画素の幅を持つ領域として得られることがあり，細線化処理で仕上げが行われる．

8.5.3　線 の 表 現

輪郭線や構造線を抽出したとする．この画像は白黒2値であり，線図で幅が1の特殊な画像である．これを表現する際，1画面すべての画素について行列要素の形で0か1かを示すのは得策でない．

このような線画の表現には**図 8.20** に示す**チェイン符号化**（chain encoding）が一般に用いられる．この方法ではまず図形に図(*a*)のように正方格子の網目をかぶせ，曲線と格子の交点に最も近い格子点を選び，これを結んで曲線を折線近似する．すると近似線上の各格子点からは隣接 8 格子点のいずれかへ折線がのびているため，図(*b*)のように 8 方向に 0〜7 の符号をつけ，方向符号の系列で図形の形状を表示する．この符号列を所定の符号列と比較すれば簡単な図形の認識を行うことができる．形状のほか図形の位置も示す必要があれば，チェイン符号列とその始点の座標をあわせて表示する．

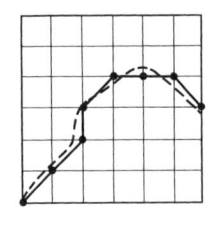

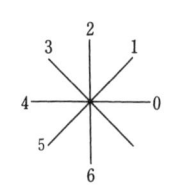

(*a*) 曲線の例 　　(*b*) 方向符号

図(*a*)の曲線は (0, 0) から始まり，図(*b*)の符号に従って 1121007 と書ける．

図 8.20 チェイン符号化

図 8.20 は 1 つの画素に **8 近傍**の画素があるとして連結成分を表したものである．近傍画素を上下左右の 4 近傍のみとすることもある．連結成分の方向はこの場合 2 ビットで表される（連結成分については図 8.17 参照）．

8.5.4 特徴の抽出

縁・角　　2 値化した画像から 4×4（場合により 3×3）画素の窓をとり，**図 8.21**(*a*)のパターンと照合し，同じビットパターンがあれば横方向の縁があると判定する．照合するパターンは**テンプレート**（template，鋳型の意）と呼ばれる．図(*b*)を用いて同じ手法で角の検出も行われる．

幾何学的特徴点　　幾何学的な特徴点としてここでは線の端点，交点，分岐点を扱う．細線化後の画像の 3×3 画素の窓について，**図 8.22** のようなテ

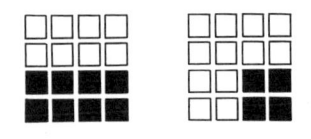

(*a*) 縁検出用　　(*b*) 角検出用

図 8.21　縁・角検出用テンプレート

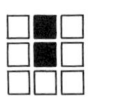

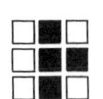

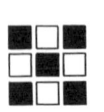

(*a*) 端点　(*b*) 分岐点　(*c*) 交点

図 8.22　幾何学的特徴点検出用テンプレート

ンプレートと照合し，整合すればそれぞれ図に示した特徴点とする．

8.5.5 点・線に伴う特徴量

画像の計測や認識の際には，特徴量の数値を利用する．人間が情景を見て理解に利用している特徴量は多岐にわたるが，ここでは検査ロボットなどに利用される簡単な幾何学的特徴量の数値を扱う．

（a）点に伴う特徴量 点の情報としては抽出した輪郭線や構造線などのもつ上記のような特徴点の有無，数，画像内での位置，相互の関係などがあり，文字読取りなどに利用される．

（b）線に伴う特徴量 線の計測量としては直線ならば長さ，角度（方向），位置など，曲線の場合は曲率（曲率半径）などがある．

厳密な意味を持つ曲率などの数値ではなくても，単純な構造線の曲りの目安がわかればよいといった場合も多く，**図 8.23**(a)のように黒ランの増え方を曲りの概数として使うこともある．

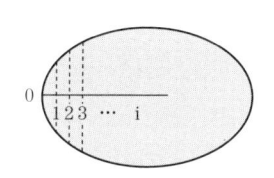

（a）黒ランを測り，その増え方で曲線の曲り方の目安とする．

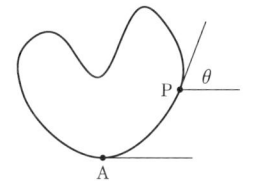

（b）フーリエ記述子 $\theta(l)$ を求める．本文参照

図 8.23 曲りの表し方の例

また，領域外周の閉曲線の複雑性を示す目安として，閉曲線の長さ L と面積 S の比（実際は無次元量とするため L^2/S，ここで L は2値化像で1と0が隣り合う数，S は1の個数）などが使われる．

同様に，閉曲線の性質を表すのに，**フーリエ記述子**を使うことがある．図 8.23(b)で閉曲線の全長を L，その上の点A（基点）から曲線に沿う長さ l の点Pにおける接線と点Aにおける接線の作る角 θ を l の関数として表すと，$\theta(L)=2\pi$ となる．そこで偏角関数と呼ばれる $\phi(l)$

$$\phi(l) = \theta(l) - 2\pi \frac{l}{L} \tag{8.28}$$

を作ると関数は周期 L の周期関数となる．これをフーリエ級数展開して得る係数がフーリエ記述子で閉曲線の細かい変化を表す．

8.5.6 面に伴う特徴量

面に関する計測量としては面積，輝度，色，ラクスチャなどがある．特に光沢が問題となる物体を対象とする場合，表面の反射率について光の波長や光入射・出射方向の角度依存性，偏光方向との関係などが問題となる．

テクスチャ（texture）は布の織模様を意味し，「ミクロに細かい繰返し模様があるが，マクロには一様に見えるパターン」を指す．織布のように単位の模様が規則的に繰り返すものと，規則性が不明瞭なもの（例えば芝生面．個々の葉の大きさ，向き，間隔，輝度などが一定の範囲内で不規則）とがある．前者の性質は繰返し要素と周期で表されるが，前者後者を含め，統計的手法で扱うことが多い．きめの荒さを簡単に数値化する統計的手法につぎのものがある．

（*a*） **微分値（差分値）解析**　画素と隣接画素との差分を全画素について求める．その数値のヒストグラムまたはモーメント（差分値の大きさとその頻度の積の総和）できめの細かさを表す．

（*b*） **2値画像解析**　原画像を適当な濃度レベルで2値化したパターンについて，輪郭線の長さと黒部の面積の比やランレングス分布（**3.3.2**項参照）を求めてきめの荒さの指標とする．パターンが粒状のときは，粒子面積（粒子ごとの黒画素数）のヒストグラムやそのモーメントで示す．

（*c*） **空間周波数スペクトル**　2次元フーリエ変換を行い，周波数スペクトルを求める．数学的には明快であるが計算処理の負担が大きい．

（*d*） **同時生起行列**　図 **8.24** に示すように輝度 p の画素から一定の距離 a, b 離れた画素の輝度 q の統計をとり，その頻度 $P(p, q)$ を要素とした行列を**同時生起行列**という．例えば $a = 1, b = 0, p = 2, q = 3$ の要素は，輝度2の画素の右隣画素の輝度が3となる頻度を示す．輝度を8ビットに量子化して全

データを扱うとすると，p, q の値に対応する 256 行，256 列の行列が a, b の組合せの数だけ発生し，全体のデータ量が膨大となる．

主対角線の要素が大きい行列が存在する場合，原画像はその行列に対応する a, b だけ離れた 2 画素の輝度が同じであることを示す．

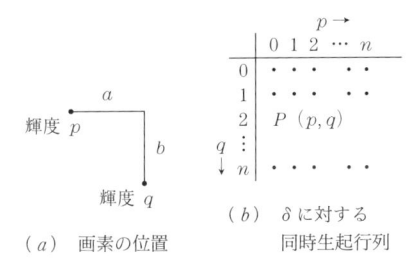

(a) 画素の位置　　(b) δ に対する同時生起行列

同時生起行列は画面上 $\delta(a, b)$ 離れた 2 点の輝度が p, q である確率（頻度）$P(p, q)$ の行列．n は輝度量子化のレベル数

図 8.24 同時（輝度）生起行列

8.6 画像認識

画像認識（pattern recognition，英語名は音声認識など広い意味を含む）は図 2.1 の視覚と同様に入力像から 2 次元的な特徴を抽出し，その結果を検討して画像を類別する．ここでは文字読取りや製品検査などへの応用例を紹介するが，実用されている装置でも処理の具体的内容は公表されないものが多い．

8.6.1 画像認識の概要

画像認識の代表的な実用手法はコンピュータに入力した画像情報を 2 値化して対象領域を背景から切り出し，領域の構造線など前節に示した幾何学的な特徴を抽出し，その結果を辞書と照合して対象を類別するものである．類別は対象を既知のカテゴリに分類すること，数字認識の場合は 0〜9 のどれかへ分けることを指し，辞書は 10 種の数字の特徴を表す規格の意味をもつ．

犬と猫とは色や姿勢がさまざまであっても，人間は容易に見つけてカテゴリ分けができるのに対し，画像処理装置では画面に動物がいるか否かを見いだすことすら難しい．

画像認識は有効な特徴による効率の良い類別が要点で，2 値化が容易で特徴の明確な文字読取りや製品検査に応用され，郵便区分機や工場の検査システム

として1970年ごろから使われ始めた．これに対し中間調が意味を持ち，特徴が明確とはいいがたい自然画像，例えば顔の個人認証や医用画像（X線透視像など）から異常な病変を探す処理などは実用化が遅れている．

人間の業務の多くは目と脳による画像認識とそれに基づく情報処理，さらにその結果に従った手足の動作といえる．脳は多数の神経回路による回路網で情報を高速に並列処理し，自然画像を対象に何かを探す処理が比較的得意とされる．一方，コンピュータは情報を逐次処理し，それを利用する画像認識は特徴の明確な類似試料の高速繰返し処理に適し，上述のような歴史が作られた．

8.6.2 文字認識

文字は情報装置ではコードとして扱われるが，本来視覚情報——画像である．紙面の文字を読取る**文字読取り装置**（optical character reader，**OCR**）は画像認識装置の一種で，図 8.25 に流れを示すように，文字情報を走査してコンピュータに入力したのちにソフトウェアで認識処理する．

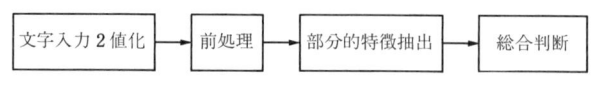

文字入力2値化 → 前処理 → 部分的特徴抽出 → 総合判断

図 8.25 文字読取り装置の情報の流れ

文字は人間が読みやすいように作られた記号的画像で，① 有意な画素値は2値，② 有意な字画の線幅は1，③ 幾何学的特徴が明確，などの特徴をもち，認識過程でもこれを生かして処理される．読取り装置では勝手に書かれた文字を読むことは難しく，対象は通常は印刷または手書きの英数字と片仮名（alpha-numeric-kana, ANK）および印刷漢字で，手書きの場合は文字と異なる色のマス目に丁寧に分かち書きする．以下，読取り対象の文は横書きとする．縦書きの場合，行と列を入れ換えれば容易に推察できよう．

（a） 走査と前処理　文字読取り装置の代表例は紙面の文字1行分をスキャナで5〜10画素/mm の密度で一括走査し，2値化してコンピュータに読み込む．インクの濃淡や紙の汚れなどに対応して2値化のしきい値を一定値とせず，近隣画素との差から定めるようにする．また，わずかにピントをぼかして

読み込み，文字線周辺の細かい凹凸を取り込まないようにする．

つぎに，1文字ずつ分離する．それには文字行に垂直方向に黒画素を累計し，黒画素のない部分を字間とし，ある部分を文字とする．「ハ」，「リ」などは1字が2分されないよう前後の大略の文字間隔から判断して処理する．

印刷文書1ページをスキャナで読み取り，全文を文字コードに変換する文章読込み装置では，まず黒画素を水平方向に累計し，黒画素のない部分を行間として文字行を見いだし，さらに文字行に上記の処理をして文字を1字ずつ切り出す．このような処理を**文書画像処理**という．

認識の手法は文字の種類により異なる．郵便番号の場合は書き方に制約がないが，制約（例えば6の下部は閉じたマルとする，5の左上は縦字画が横字画の上に突け抜けるなど）を設けることもある．

(b) パターン整合法　　特定の字形のプリンタで印刷された文字と標準パターンとの整合を調べる**マトリックスマッチング法**であり，初期に実用された．この方法は，認識の際に，かすれや染みなど不完全な印字に対する対応が必要である．

当初は全画素の整合を調べる方法が取られたが，その後要点となる画素のみの整合を調べる方法に移行し，OCR用の文字としては英数字および片仮名の字体がJIS (1976) に定められた．**図 8.26** はその規格に従って印刷された文字"B"を検出するための荷重パターンである．量子化した文字の白部を1，黒部を-1とし，文字領域のうちから52の画素を選び，図のパターンの重みをかけて和をとる．完全な字質の"B"ならば積和の値は93であるが，不完全な印字やほかの文字に対してはこの数値は小さくなる．各文字に対する荷重パターンを順次入力文字に対して作用させて整合度を調べ，文字を判定する．これは**単純類似**

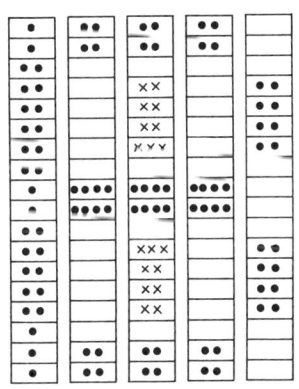

●は正，×は負の重み

パターンマッチングで"B"を検出するパターン

図 8.26　OCR用荷重パターン

度法と呼ばれるが，1文字に対して数枚の異なる荷重パターンを用いることにより認識率が大幅に向上する．この方法を**複合類似度法**という．なお，漢字は印刷であっても次項の手書き文字に準じた手法が使われる．

（ c ） 構造解析法 手書きの場合，枠の中に丁寧に書かれた文字でも筆記具や書き癖により字の形が全く不揃いとなる．そこでパターン整合に代わり字画の構造を解析して字種を認識する手法が開発された．

まず，読み込んだ文字を細線化する．

手書き文字ではインクのかすれにより字画に途切れを生じたり，無用の突起や点が生じたりする．前処理でこれを除くことは困難であるため，これらの不都合をもったまま後述の処理を行い，文字が判読できない場合，微小間隔の補間や微小突起の除去をソフトウェアで行ったのち，再度認識を試みる．

認識過程では細線化した文字の幾何学的な特徴を抽出し，コンピュータ内の辞書の特徴と比較する．具体的な認識プログラムは千差万別であるが図 8.27 に初期に提案された手法を示す．図(a)は原画，図(b)は入力後 2 値化したパターン，図(c)はそれを細線化したものである．部分的な幾何学的特徴を抽出するため全画素について図 8.22 のパターンとの照合を行い，総合判断として上半に上，上右または右向きの端点，下半にループが見いだされれば "6" とする．

別の例（郵便自動区分機）では，前処理を終わった文字パターンを上部から横の短冊状に切り分け，おのおの短冊の中で文字線が図 8.28 のどれに当た

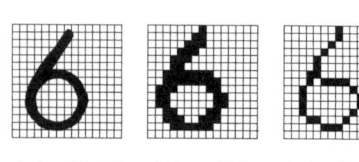

(a) 原 画　(b) 2 値化　(c) 細線化

図 8.27　手書き文字の読取り

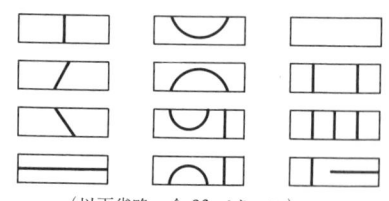

（以下省略，全 26 パターン）

図 8.28　手書き文字（郵便番号）読取りのための部分パターン

(K. Mori, et al.: Pattern Recognition, 2, p.177, (1970))

るかを部分判定し，その組合せとして文字を総合判定する．

構造解析法は当初，郵便区分機で手書き数字の読取りに実用されたが，印刷された ANK にはもちろん対応でき，漢字や平仮名にも適用されている．

8.6.3 画像認識

文字以外については，特徴が明確な大量の類似試料を繰返し高速処理するものが認識システム化に適している．8.6.1 項に示したように 2 値化した対象の図形的特徴を調べる手法が初期に導入され，部品の所定位置にリード線を接続する自動装置や作業員に代わる製品検査，農漁業産品の類別作業装置などに**検査ロボット**として実用されてきた．実際のシステムは対象とする画像により機械の構成もアルゴリズムもまちまちである．ここでは歴史の永い基本的な例をいくつか紹介する．

(*a*) 錠剤検査　　大量生産される錠剤には欠損，変形，異物付着などがあるため，古くは検査員により目視検査されていた．このような検査の自動化は視覚ロボットの代表例である．

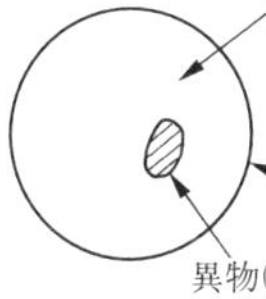

ベルト上に 1 列に並んで走る錠剤がカメラの前にくるとストロボが光り，1 錠分の姿が画像として処理装置にとりこまれる．良品は例えば図 8.29 に示すように円形で，内部にゴミなどはない．入力データを錠剤を "1"，背景（ベルト）を "0" に 2 値化して，つぎのような項目を測定する．

図 8.29 錠剤のデータ

面　積　　"1" の画素数を数えれば面積 A を得る．これを良品データと比べる．

周　長　　輪郭の長さ l を求めて良品データと比較する．良品では $A = l^2/4\pi$ であり，不良品ではこの関係が崩れる．

輪郭の長さを求めるには，一般に輪郭を抽出して細線化処理を行ったあと，4 連結の個数 n_4，8 連結と 4 連結の個数の差 n_8 を求めて $l = n_4 + \sqrt{2}\, n_8$ から求める．

(b) 外形検査　　きゅうりやメロンなどの出荷検査，等級分類が簡単な画像処理で行われている．きゅうり自動検査システムの構成を図 8.30 に，特徴パラメータを図 8.31 に示す．きゅうりはコンベヤのベルトに乗って流れてくるが，機械的に 1 本ずつ，走行方向とほぼ垂直とされている．これをラインセンサで主走査，機械的なきゅうり走行で副走査を行い，信号を処理してノイズを除く．きゅうりと背景（コンベヤのベルト）は輝度で容易に区別でき，信号を 2 値化して 1 本分の情報を 256 × 256 ビットのパターンメモリにきゅうりを"1"，背景を"0"として入力する．

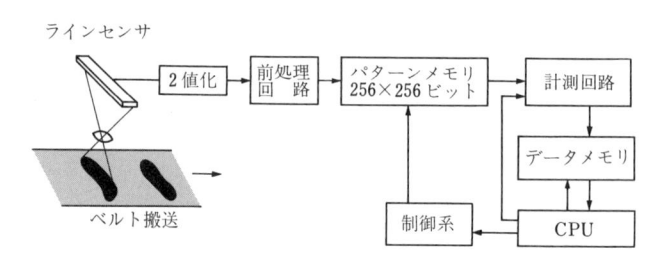

図 8.30　きゅうり自動検査システムの構成

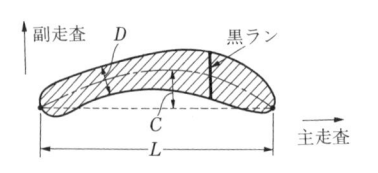

図 8.31　きゅうりの特徴パラメータ

処理プログラムでは，まず一定の長さ以下の黒ランはごみ，茎として除外する．つぎに，副走査方向の黒ランの中心を求めるときゅうりの心線が求められ，図に示した長さ L，太さ D，曲り C が簡単に算出される．断面を円形と仮定して重量を推定する場合もある．つぎに，これらの数値をあらかじめ入力した所定の値と比較し，等級を自動判定し，きゅうりを当該する箱へ自動投入する．この処理はデータ量も少なく，初期に実用された．

魚についても数種の魚の混合した集団をあじ，さんまなどに分別する作業がほぼ同じ装置で行われる．すなわち，上記と同様の装置で 1 尾ごとに魚の全長，尾びれを除いた体長（尾びれ部のくびれから頭の先端まで），体高（腹と背の間の最大幅），先端（口の部分）の角度などのパラメータを計測し，コンピュータによりこのデータを既知のデータと比べて魚を分別するものである．

（ c ） **染色体の解析**　人類の細胞には正常ならば46個の染色体が含まれる．例を図 8.32 に示すように形状は単純であるが，疾患によりその形状や数が変化する．形状の分類・計数は人の手に負えない仕事であり，早くからその機械化が望まれ，多くの研究が発表された．以下のアルゴリズムは比較的初期に開発された例である．

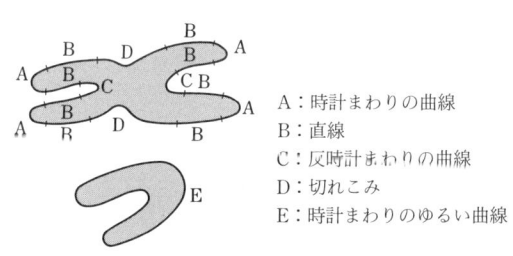

A：時計まわりの曲線
B：直線
C：反時計まわりの曲線
D：切れこみ
E：時計まわりのゆるい曲線

図 8.32　染色体の解析

解析システムでは顕微鏡下の染色体群全体を撮像し，適当な濃度レベルを設定して2値化しコンピュータに読み込む．つぎに，輪郭を検出し，これを短い区間に分けて符号化する．符号は染色体内部（黒部）を右に見て輪郭上を進むとき図 8.32 に示す5種とする．例えば，図の上の例では染色体全体の形状は BABCBABDBABCBABD となり，1次元の符号列となる．

そこで全部の染色体の形状を符号列で表し，同じ符号列をもつものを整理し，分類計数する．このような図形の構造に従う分類法は**シンタックス**（syntax）**法**といわれ，よく使われる手法である．2つの染色体が接触した場合などは認識不可能となり，人手の介入を必要とする．

（ d ） **血球の自動認識**　血球検査は採血した試料を1 000倍の顕微鏡下で観察し，分類計数を行う作業で，このとき多数の赤血球，血小板の中から白血球を見いだし，1試料当り100〜200個の白血球について正常6種類と異常白血球に分類して計数する必要がある．図 8.33 に顕微鏡視野と正常白血球の所見2例を示す．この作業は従前は人手に頼っていた．

サンプルを塗布したガラスを顕微鏡にセットすると，これをテレビカメラが撮像し，ステージが自動的に移動して検査が行われる．顕微鏡ピントは画像の

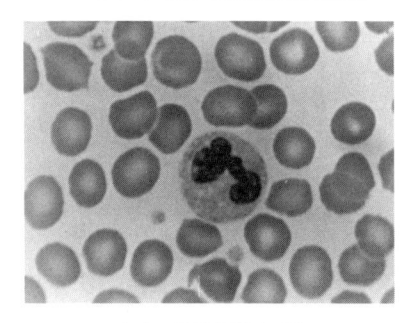

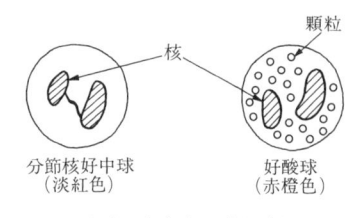

(a) 顕微鏡視野の例　　　　　　　(b) 白血球の所見2例

図(a)に多数あるのは赤褐色直径数μmの赤血球，小さいのは血小板，中央は白血球（分節核好中球）．白血球は直径十数μm

図 8.33　血球像認識（写真提供：日立中央研究所のご好意による）

微分値が最大になるよう自動調整される．

　白血球よりはるかに多数の赤血球と区別するには黄色の色フィルタを利用する．白血球6種の分類には色情報と形状の特徴を用いる．後者には核の面積，細胞質の面積，核の周囲長，核や細胞質の異なった波長照明での濃度，顆粒の個数などがあり，これらを計測したうえであらかじめ入力した標準値と比較して分類する．例えば，核面積と周囲長については**図 8.34**のような関係があるため，3群の分類が可能である．

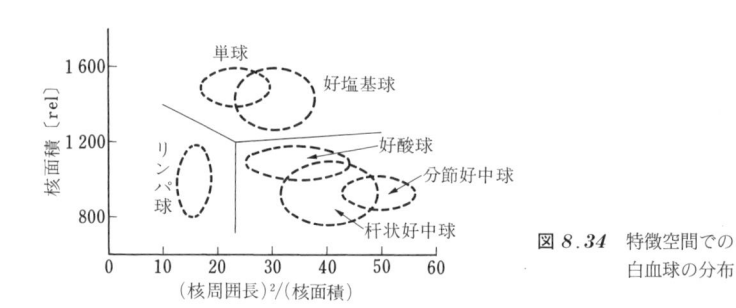

図 8.34　特徴空間での白血球の分布

8.7　各種の画像処理

本節ではこれまで扱っていない複数の画像間の処理などをまとめて示す．

（a）**画像間差分処理**　2枚の画像を元に，同じ画素どうしの画素値の差を求め，この差（または差の絶対値）を画像とする処理を指す．図 8.35 はこの原理を，適当な時間差をおいて道路を見下ろして撮像した画像について示す．両画像の同じ部分は減算の結果消え，違う部分のみが画像化される．この処理は血管狭窄（きさく）の診断の際の血管造影撮影に効果的に使われる．詳しくは $9.2.3$ 項に示す．

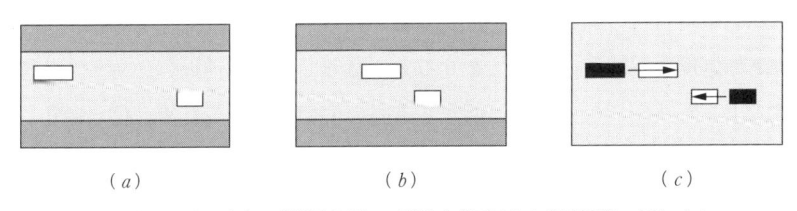

　　　　(a)　　　　　　　　　(b)　　　　　　　　　(c)

図 (a)，(b) は適当な時間差を置いて道路を見下ろした想定画像．図 (c) の
差分画像から動きがわかる．矢印は移動ベクトル

図 8.35　差分画像による動きの解析

（b）**動画像処理**　時間を追った画像系列の処理を指す．短い時間間隔の画像を図 8.35 のように差分処理すると，動く対象の**移動ベクトル**（図の矢印）が求められ，動きの解析に用いられる．画面上の移動ベクトルの分布は**オプチカルフロー**（optical flow）と呼ばれる．

（c）**映像信号処理**　テレビ番組では映像効果を増すため，カメラの出力信号にガンマ補正，振幅制限，輪郭補償などすでに記した1次的な信号処理を行い，信号をディジタル化してさらに種々の特殊効果が施される．深遠な原理があるわけではないが，実際には回路やスイッチの遅延時間や雑音の付加など技術的に難しい点がある．つぎに例を示すが，興味深いので実際にテレビ番組に見られる電子技術について各自その手法を考えてみよ．

　擬似カラー表示　元来色の情報がなく撮像後単色のモニタに表示すべき画像を映像信号の大きさに応じた特定の色に着色して表示する手法である．例えば赤外線テレビによる炉の像の高温↔低温部を赤↔青に着色表示する（$9.1.2$ 項参照）．

　3D 表示　ラスタ走査で画像を表示する際に，垂直偏向に輝度信号を重畳

し，平面的な分布情報を立体風に表示する．

クロマキー（chromakey）　映像信号に特別の色（ふつう高彩度の青）が検出された場合，別の映像信号に切り換える電子スイッチである．ニュース番組でスタジオのアナウンサーの青い背景を中継画面に切り換える際に用いるのが代表例である．

信号変換　映像信号を輝度信号と色信号に分け，輝度信号の極性を反転してネガフィルム状の画像を作ったり，色を変更するなど．

時間軸処理　映像の時間軸をそろえる処理である．他局の信号やVTRから読み出した映像信号は自局の信号と走査の位相が異なるため，信号源を切り換えると画面の同期が乱れる．1フレーム分のメモリを用意し，例えば，他局の信号をつねに書き込んでメモリ内容をリフレッシュしながら自局の同期信号でこれを読み出せば時間軸がそろう．これを**フレームシンクロナイザ**という．同じ装置はVTRのジッタ（7.3節参照）除去にも使われ，**タイムベースコレクタ**という．

演習問題

8.1　手もとにある素人の撮ったスナップ写真などについて，どんな画像処理を加えたら望ましい画像になるか，すなわち写真修正処理ソフトの備えるべき内容を考えてみよ．

8.2　画像の2次微分処理は空間周波数成分の2乗に比例するフィルタ操作であることを導け．

8.3　式(8.21)〜(8.24)による微分演算では，画素値のこう配の方向により算出される微分値が異なる場合がある．xまたはy軸方向，これと45°傾いた方向の画素値のこう配に対してそれぞれどの程度の違いがあるか．
　ラプラシアンによる2次微分演算ではどうか．

8.4　画面に斜めに存在する白黒境界線は，CGではジャギーが目立つが，ビデオカメラ（デジタルカメラ）による撮像画面では目立たないといわれる．理由

8.5 ある種の病気にかかった細胞核は白黒の不規則な模様ができ，病気が進行するほど模様が細かくなるという．その程度の異なる顕微鏡写真を相互比較する方法をできるだけ多く考えよ．

8.6 図 8.16 で，領域分割の際，2 次微分値のヒストグラムの谷間を用いる意味を考えよ．

8.7 図 8.32 の下側の染色体の形状を記号列で示せ．

8.8 円，正方形の外周の偏角関数を求めよ．

8.9 画素値が**図問 8.9** のように表される画面（画素値の配列）から，① $a=2, b=2$，② $a=-2, b=2$ の場合の同時生起行列を求めよ．a, b の値は図 8.24 を参照のこと．この画像は太字のパターン要素がずれて存在している．

1	2	**0**	**0**	3	2
0	**1**	**1**	2	3	1
2	**2**	3	2	**0**	**0**
3	3	0	**1**	**1**	3
0	3	**2**	**2**	3	1
1	0	3	1	2	0

図問 8.9

9. 画像電子システム

前章までに画像工学の基本手法を学んだ．本章では多岐にわたる応用システムの中から肉眼で見えない情報の画像化システムを学ぶ．範囲がきわめて広いが一般論ののち生活にかかわり深い医用画像をおもに，厳密さを省いて技術の流れがわかるように扱う．この分野では広範な科学，電子・情報工学の巧みな組合せが装置を作り，工学と医学が相互に刺激しながら長寿社会を支える柱の一つに発展した．

9.1 不可視情報の可視画像化

肉眼で見えない種々の対象を可視画像化する画像装置の例を表 9.1 に示す．このうち隠れて見えない内部情報や距離情報の画像化は後節にゆずり，本節では赤外線・紫外線の像や暗くて見えない像の可視化を扱う．

9.1.1 可視画像化デバイス

可視光は光子エネルギーが $1.8 \sim 3.1\,\mathrm{eV}$（波長 $0.7 \sim 0.4\,\mathrm{\mu m}$）の範囲の電磁波，可視画像は適度な強度をもつ可視光の分布であり，この条件をはずれる電磁波や超音波の像は肉眼では見えない．まずこれらの像の簡単な可視化を考える．

(*a*) 蛍 光 板　表 1.6 に示す蛍光体は X 線や紫外線を吸収して可視光を放出し，蛍光体を薄板とした蛍光板はそれらの像を可視画像に変える．

量子エネルギーの大きい X 線は物質の透過率が高いので透視検査に使われるが，X 線量子を吸収して電気現象に変えるセンサにとっては透過率の高い

9.1 不可視情報の可視画像化

表 9.1 不可視情報の可視画像化の例

<table>
<tr><th colspan="2">不可視対象 → 可視像の種類</th><th>可視画像化技術</th><th>応用例（分野）</th></tr>
<tr><td rowspan="8">表面情報</td><td>○赤外線放射体 → 表面温度像</td><td>赤外 VC＋擬似カラー表示</td><td>サーモグラフィー</td></tr>
<tr><td>○紫外線照射物体 → 白黒像</td><td>紫外線 VC</td><td>理工学, 生物</td></tr>
<tr><td>○低照度被写体 → カラー像</td><td>高感度 VC</td><td>暗夜野外・劇場中継など</td></tr>
<tr><td>○極低レベル光現象 → 白黒像</td><td>高感度 VC, PCI</td><td>物理現象観測</td></tr>
<tr><td>高速現象 → 動画（記録）</td><td>高速撮像・記録 → 低速再生</td><td>スロービデオ</td></tr>
<tr><td>微小物体 → 拡大像</td><td>顕微鏡・電子顕微鏡</td><td>理工学, 生物, 医療など</td></tr>
<tr><td>内部表面 → 映像表示</td><td>小形 VC 挿入 → 表示</td><td>内視鏡（胃カメラ, パイプ検査）</td></tr>
<tr><td rowspan="7">内部情報</td><td>○X 線吸収係数分布 → 透視像</td><td>X 線照射 → 透過線画像化</td><td>X 線撮影, X 線テレビ</td></tr>
<tr><td>○γ線放射源 → エミッション像</td><td>RI 投与 → γ線源計測画像化</td><td>ガンマカメラ</td></tr>
<tr><td>○X 線吸収係数 → 断層像</td><td>X 線照射 → 透過線計測 → 再構成</td><td>XCT（診断, 製品検査）</td></tr>
<tr><td>○γ線放射源 → 断層像</td><td>RI 投与 → γ線源計測 → 再構成</td><td>SPECT（診断）</td></tr>
<tr><td>陽電子消滅源 → 断層像</td><td>RI 投与 → 陽電子計測 → 再構成</td><td>PET（診断）</td></tr>
<tr><td>○内部構造 → 断層像</td><td>磁気共鳴現象 → 計測 → 再構成</td><td>MRI（診断）</td></tr>
<tr><td>○音響物性の差 → エコー像</td><td>超音波照射 → 反射波計測 → 画像化</td><td>超音波診断装置</td></tr>
<tr><td rowspan="2">ほか</td><td>音響物性の差 → 断面像</td><td>超音波照射 → 反射波計測 → 画像化</td><td>ソナー, 魚群探知機</td></tr>
<tr><td>電波反射源分布 → 平面図</td><td>電波発射 → 反射波画像化</td><td>レーダ</td></tr>
</table>

VC：ビデオカメラ, PCI：光子計数イメージング, ○：本文に解説

ことが不利となる．そこで図 9.1 のように，X 線吸収係数が大きく光吸収係数の小さい蛍光板で X 線像を可視光像に変え，光の像を撮像または記録することが行われる．蛍光板は薄いと X 線が十分吸収されず，厚いと光が拡散して解像度を下げるため最適な厚さが選ばれる．

(b) イメージ管　　イメージ管は図 9.2[†] のような断面のガラスの電子管である．光電陰極面に光学像を入力すると面の各部から照度に

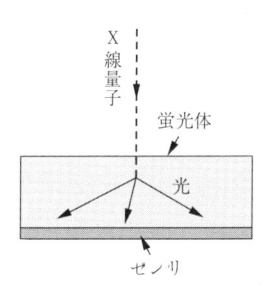

X 線や紫外線は蛍光体で可視光に変換したのち光センサ（画像センサ）で検出することが多い．画像の場合，斜めに走る光は解像度を下げる．

図 9.1　不可視線の検出

[†] 屈折率の高いガラスの周囲を屈折率の低いガラスでコートした直径 10〜数十μm の線はファイバオプティクスといわれ，その一端に入射した光は全反射を繰り返して他端に導かれ，光通信に使われる．これを数万本以上束ねたものは全体として可撓性があり，しかも一端に画像を入射すると他端で像が見られ，内視鏡として胃内壁を直接観察するとき使われた．ファイバオプティクスの束を融着して気密とした薄板が図 9.2 のファイバオプティクス板である．

図 9.2 イメージ管の原理

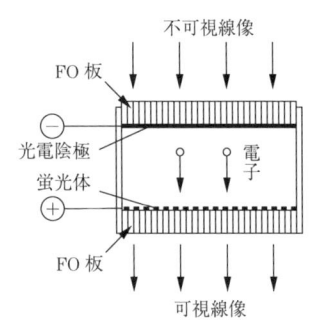

光電陰極は入力像の明暗に応じて電子を発生、電子は高速度で蛍光体に衝突し明るい像を作る。FO 板はファイバオプティクス板である。

応じて光電子が真空中に放出され，電子は強い電界で管軸方向に加速されて陽極の蛍光面に衝突し，ここに可視像を作る．つぎのような種類がある．

イメージコンバータ　不可視線像を可視化するイメージ管である．光電陰極を近赤外に感度をもつ材料とした管は近赤外像を可視化し，入力部を X 線用蛍光板と光電陰極の積層とした管は X 線像を可視像化する．

イメージインテンシファイア　像を明るくするイメージ管である．標準的な動作条件で光電陰極の量子効率は 10^{-1}，蛍光体の量子倍率（出力光子数/入力電子数）は 10^3，したがってイメージ管の光子利得は 10^2 程度と概算される．イメージ管どうし，またはイメージ管とビデオカメラを光の損失なく直接接続するために入出力端面をファイバオプティクス板 とする．

9.1.2 可視画像化システム

表 9.1 の不可視の表面情報については，見えない原因に対応する撮像装置，例えば不可視像が赤外像の場合は赤外ビデオカメラで像を映像信号に変え，これを表示端末で可視像化して表示するシステムが多い．

（a）赤外線撮像装置　赤外線は波長 0.7 μm 以上の電磁波であり，温度を擬似カラー表示する**サーモグラフィー**に多く利用される．物体表面はプランクの理論に従い高温ほど多量の赤外線を放射する．この装置は物体の出す赤外線を撮像し映像信号の大きさに応じて表面温度を推計し，例えば高温部を赤く，低温部を青く着色して表示する．放射の波長分布のピークは 1 000 K の炉では約 3 μm，310 K の人体では約 10 μm である．

赤外線撮像装置には **4.3.1** 項の固体撮像素子の画素として，つぎのような赤外線センサを組み込んだ素子が使われる．

量子形素子　p形SiとPtSiの接合センサである．両層間にショットキーバリヤが形成され，素子を80K程度に冷却すると波長1〜5μmの赤外域で良好な特性が得られる．これを組み込んだ赤外線撮像装置は，素子を電子冷却するとともに周辺を真空にして結露を避けている．VGA〜XGAの画素数，0.1K程度の精度のサーマルカメラが各種設備や人体の表面温度計測に使われる．

熱効果素子　数十μm角のボロメータ素子である．ボロメータは電気抵抗の温度依存性を利用した温度センサである．これを組み込んだ撮像素子で赤外撮像すると，ボロメータが赤外の放射を吸収して温度上昇し抵抗が変化するので，電気抵抗を測定して間接的に赤外線の量を知る．波長1〜10μmの赤外線に対して感度をもつ．低感度であるが常温で動作する．

（b）**紫外線撮像装置**　紫外線は波長0.4μm以下の電磁波で，生物系の観察などに使われる．紫外線像は蛍光板で可視化でき紫外線に感度をもつ撮像素子も市販されているが，紫外線はガラスを透過せず波長により空気も透過しないため，特殊なレンズを用いて系全体を真空にするなど対応が必要である．

（c）**極低照度撮像装置**　低照度撮像は暗夜のテレビ撮像のほか，理工学現象や生物の観察など用途が多い．通常の撮像素子の低照度動作限界はSN比で決まり，光電面照度が10^{-1}lx程度である．さらに低照度の撮像を行うには，撮像の動作の前に熱励起電子による雑音が付加されない状態で入力像を輝度増倍する．そのためイメージインテンシファイアと組み合わせた撮像素子や電子増倍機構を備えた撮像素子が使われ，1〜2桁程度低照度での撮像が可能となる．

極端に低照度の撮像の場合は，到来する光子の位置を計測する**光子計数イメージング**（photon counting imaging，PCI）という特殊な手法（技術内容は省略）が使われる．図**9.3**はこれによる照度10^{-8}lxの撮像例を示す．

極低照度で動作する画像装置は，入力光子が到着するたびに出力面で輝点が光り，**3.4.5**（a）項に述べた量子雑音の目立つ像となる．図9.3はその状態と長時間の信号加算により式(3.55)に従ってSN比が改善される様子を示す．

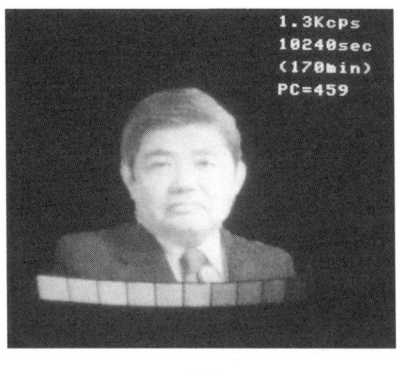

(a) (b)

高利得イメージ管の出力像を光子計数イメージングで撮像．光電面照度は推定 10^{-8} lx，出力輝点発生は1 300個/秒．露出時間および画像を構成する輝点の全数は図(a)では40秒，5×10^4個，図(b)では170分，1.3×10^7個

図 9.3 高利得イメージ装置の出力像（浜松ホトニクス(株)のご好意による）

9.2　X線透視画像システム

X線は光子エネルギーが大きい（診断用で30〜120 keV）電磁波で物質をよく透過するため，X線を使った人体・工業製品・手荷物などの内部の透視検査が日常行われる．本節では，医学診断用の静止画像を撮る装置と，動画像を扱うX線テレビをおもに説明するが，他の用途のものも仕組みは同じである．

X線による人体透視像の記録には永い間フィルムによるX線写真が使われてきた．図9.4(1)にその仕組みを示すように，点X線源から放射されたX線は直進するが，その際に進路の物質に吸収されX線量が減弱する（**9.2.2**項で扱う）．蛍光面に達した透過X線はここでその量に応じた量の光に変換され，透視像すなわち点光源からの光で対象を透かして見たような像を作る．X線源に近い被写体は拡大されるため微細な対象の拡大撮影に利用される．一方，被写体の位置による拡大率の違いは画像ひずみの原因となる．実際にはX線源が点でなく広がりをもつため，系の解像度（PSF）も被写体の位置により異なる．

9.2.1 透視静止画像システム

X線透視静止画の記録には，フィルム撮影のほかデジタルカメラに類似した電子撮像システムが使われ，21世紀の初頭には図 9.4 に示す4種類が電子システムに移行しつつ共存している．

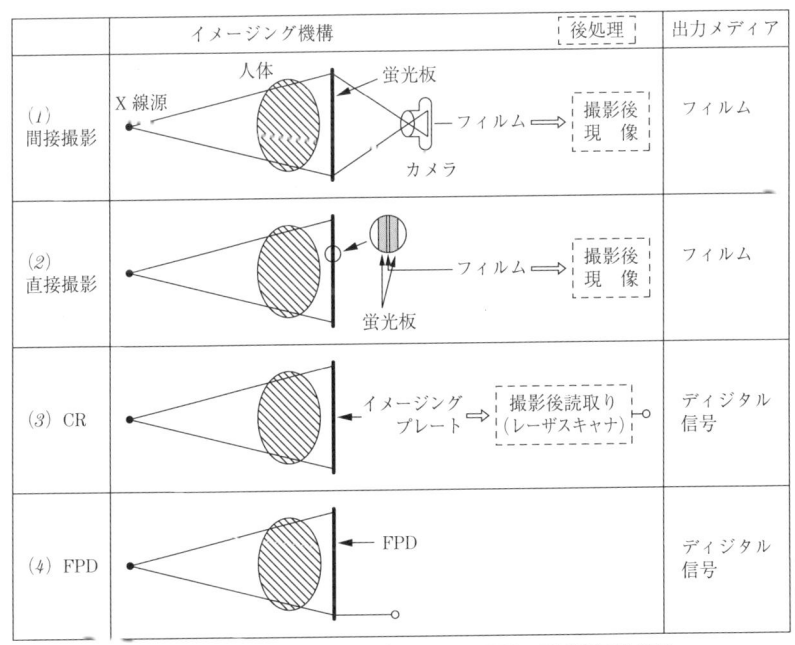

	イメージング機構	後処理	出力メディア
(1) 間接撮影	X線源　人体　蛍光板　カメラ　フィルム	撮影後現像	フィルム
(2) 直接撮影	蛍光板　フィルム	撮影後現像	フィルム
(3) CR	イメージングプレート	撮影後読取り(レーザスキャナ)	ディジタル信号
(4) FPD	FPD		ディジタル信号

CR：コンピューテッドラジオグラフィー，FPD：X線平面検出器

図 9.4 X線透視静止画の撮影・撮像システムの原理的構成

病院内の情報管理は電子化が進んでおり，X線画像も保存・検索の立場から電子化が促進されている．フィルムによるX線写真では，撮影・現像後に診たい部位が適切な濃度になるよう図 3.23 の変換特性と患者の体格を考慮して撮影の際のX線照射条件を決めることが難しく，ダイナミックレンジが広い電子撮像システムはこの制約が少ないため優位にある．

一方，診断用画像の代表例とされる胸部透視像の特長は
(1) 情報量がきわめて大きい（2000×2000 画素以上，12 ビット以上必要）

(2) 大面積（約 40 cm 角，大判の標準フィルムは 15 × 17 in.）
(3) 安全のため少ない X 線照射量で撮るには高感度が必要

であり，フィルムより優れる電子撮像装置の開発が難しく，移行を遅らせた．
以下，図 9.4 の透視静止画記録の 4 方式を簡単に解説する．

(**a**) **X 線撮影**　静止臓器の X 線写真は，**9.1.1** 項に記したように蛍光板で可視化した像を白黒写真と同じ銀塩フィルムで撮影して作る．

間接撮影　X 線を短時間照射し，蛍光板にその時間だけ現れる臓器の透視可視像を 60 mm 角のフィルムに縮小撮影する．集団検診用である．

直接撮影　大判フィルムを蛍光板にはさみ，X 線を短時間照射する．フィルムは両側の蛍光板の出す可視光に感光する．精密検診用である．

(**b**) **コンピューテッドラジオグラフィー**（computed radiography，CR）
輝尽性蛍光体（$BaFBr:Eu^{2+}$）と呼ぶ材料に X 線を照射すると励起状態となり，その後赤色光を当てると照射線量に比例した青色光を放出して基底状態に戻る．**イメージングプレート**と称するこの材料の板で X 線撮影すると励起により潜像が生じる．これを赤色のレーザ光で走査し，発生する青色光を測定して得られる映像信号を表示端末で画像化し，またディジタル化して保管する．雑音除去の画像処理を行うことにより，フィルムに比べ格段に少ない X 線量で良好な画像が得られる．この手法が CR で，1980 年代から使われている．

(**c**) **X 線平面検出器**（flat panel detector，FPD）　FPD は X 線用固体撮像素子であり，大判のガラス基板に X 線センサの画素を行列に配し，**4.3.1** 項に示した XY アドレス走査機能を設けてある．X 線を短時間照射すると，量子が吸収されて生じた電荷が画素の蓄積容量に蓄えられる．これを読み出して映像信号を得る．FPD は X 線デジタルカメラの機能をもつ．

FPD の画素の構造には**図 9.5** に示すように 2 種類ある．図の TFT（thin film transistor）は薄膜のスイッチングトランジスタで，走査に伴って SW 回路がオンになると導通状態となる．間接形 FPD は画素に入射した X 線を蛍光体で光に変え，この光をホトダイオードによって電荷に変えて蓄積し，これを走査時に TFT を通して読み出す．直接形は X 線センサ層（図では非晶質セ

9.2 X線透視画像システム

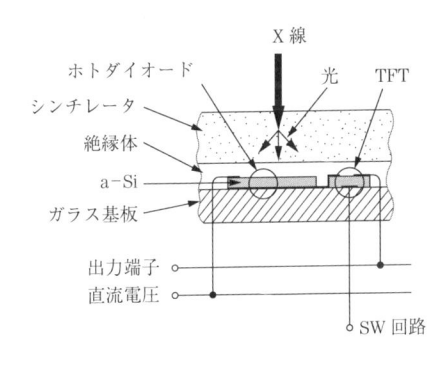

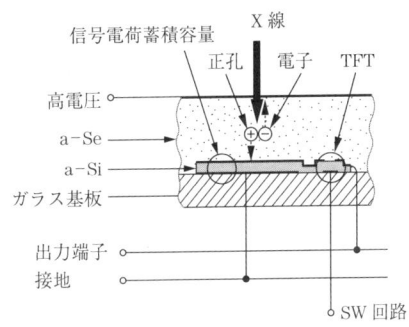

図中ラベル（a）間接形：X線／ホトダイオード／シンチレータ／絶縁体／光／TFT／a-Si／ガラス基板／出力端子／直流電圧／SW回路

図中ラベル（b）直接形：X線／信号電荷蓄積容量／正孔／電子／TFT／高電圧／a-Se／a-Si／ガラス基板／出力端子／接地／SW回路

固体撮像素子の画素をX線センサで置き換える．図は1画素分のX線センサを示す．太実線は導体層，a-は非晶質材料

図 9.5 X線平面検出器の構造

レン，a-Se）に高電圧を加えておき，入射X線を吸収して発生した正孔を蓄積用のコンデンサに蓄え，これをTFTを通して読み出す．

胸部診断用の装置は $40 \times 40\,\mathrm{cm}$ 程度の面積に総数 $3 \sim 7 \times 10^6$ 程度の画素をもち，直線性が優れ，ダイナミックレンジが広く，フィルムに代わって普及が見込まれる．FPDによる胸部ファントムの透視像の撮影例を**図 9.6**に示す．

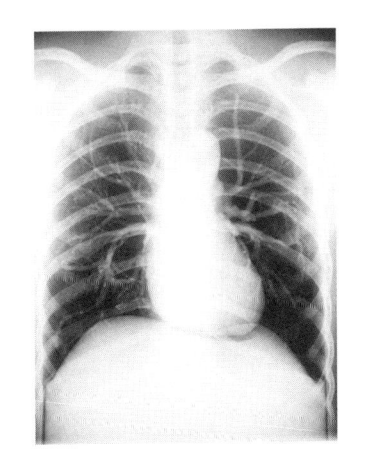

図 9.6 FPDによる胸部ファントムの透視像の撮影例
（大阪大学医学部松本政雄助教授のご好意による）

9.2.2 透視動画像システム

臓器の動態の透視観察には**X線テレビ**（X-ray television, **XTV**）が広く使われる．XTVの場合は前項の瞬間撮影に比べてX線照射時間が長いため，X線照射線量率を減らす結果，像がきわめて暗い．そこで**図 9.7**のように**X線蛍光増倍管**（X-ray image intensifier, **XII**）と呼ぶイメージ管で輝度増倍したのちビデオカメラで撮像

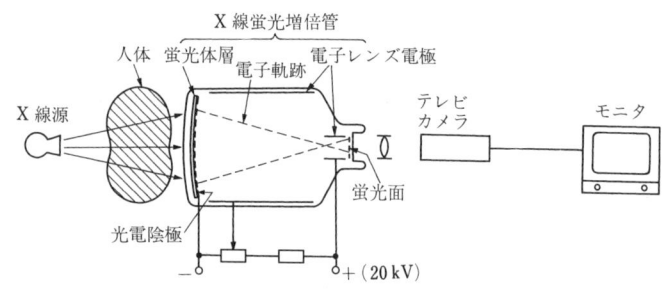

図 9.7 X線蛍光増倍管を用いた X線テレビの構成

する．

　XII の入力部は X線用蛍光板と光電陰極の積層構造で，X線光子が入射すると蛍光体が局部的に発光し，その位置の光電陰極から電子が放出される．電子は電子レンズで加速・集束されて蛍光面に縮小した像を結び，明るい出力像が得られる（縮小率は 1/10，光子利得は図 9.2 と同様に 10^2 程度）．

　胸部サイズの大きい蛍光像を小面積のカメラ感光面に入力する際に
　(1)　光学レンズで 1/10 に縮小してカメラに結像
　(2)　XII で 1/10 に縮小した像を光学レンズで等倍結像
の 2 手法のカメラ入力光束を式(1.11)で比較する．結像倍率以外の定数を同じとすれば，(2) の入力光束は (1) の約 30 倍と計算される．(1) では大きい像の出す光子の一部しかレンズが取り込まないため，(2) の XII は光子数を増倍するとともに像を光子のむだなく縮小する点に物理的な意味がある．

　テレビ系には走査線 1 000 本以上の高精細度システムが使われ，各部の解像度がバランスするよう考慮される．

　前節に扱った FPD も蓄積と走査の機能をもつため，NTSC 方式に比べて圧倒的に多い情報量に対する対応（例えば，出力を並列に高速で読み出すなど）を行ったうえで，動画の撮像に使うことが可能とされる．

9.2.3　ディジタルラジオグラフィー

　XTV の映像信号をディジタル処理する方式を**ディジタルラジオグラフィー**

(digital radiography, **DR**) と呼ぶ. 処理内容にはノイズ消去などの画像改善のほか, つぎに示す画像間差分処理がある.

血管を診ようとして臓器のX線像を撮っても, 血管と周辺組織のX線吸収係数の値が近いため血管像は見えない. X線吸収係数の大きい物質の溶液 (**造影剤**, 表 8.1 参照) を血管に注入して撮れば血管が明瞭に写る. この手法が**血管造影撮影**である. しかし, コントラストの強い臓器の像が背景にあると, それに惑わされて血管像は見にくい. そこで造影剤を血管に注射し, 血流に乗って造影剤が目的の臓器の血管に到着したときの像 (ライブ像) と到着直前の像 (マスク像) の間で画像間処理を行うと, 2枚の像にまったく同じに写っている臓器の像は消え, 背景のない血管像が得られる. この技法は **DSA** (digital subtraction angiography) と呼ばれ, よく使われる.

DSAの処理を詳しく考える. 図 9.7 で像をX線蛍光増倍管の入力面上の座標 x, y について表すこととする. 座標点 x, y のX線強度は線源からその点までの経路 (直線) のX線透過率に比例し, 血管に造影剤があるときのX線強度は造影剤のない組織のみの透過率と, 造影剤のみの透過率との積と考えられる. 像をX線強度分布 (透過率に比例) で表し, ライブ像を $L(x, y)$, マスク像を $M(x, y)$, 造影剤のみの像を $V(x, y)$ とすると

$$L(x, y) = M(x, y) \times V(x, y) \qquad (9.1)$$

となる. これにより各画素ごとにライブ像の画素値をマスク像の画素値で除算 (対数をとって減算) すれば血管像が得られ, 血管狭窄の診断に不可欠となっ

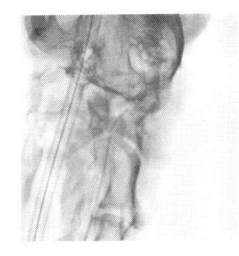

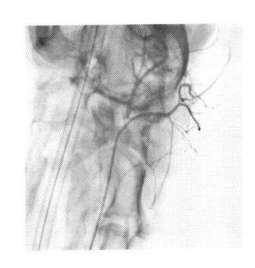

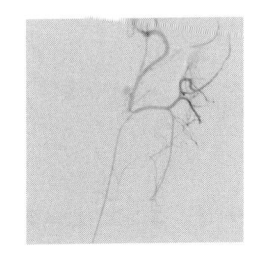

(*a*) マスク像　　　(*b*) ライブ像　　　(*c*) DSA による血管抽出像

図 9.8 ヒトの心臓の DSA 像 (高松工業高等専門学校本田道隆教授のご好意による)

ている．X線テレビの像についてこの処理を行うと，背景の像を消した状態で造影剤の流れがリアルタイムに表示される．実例を図 9.8 に示す．

9.3 RIシンチレーション像

人体の中で特定の原子は特定の臓器に集まる性質があり，その物質の放射性同位元素（RI）を含む薬剤を投与したのち RI が発生する放射線を体外で計測し，線源の分布を画像化すれば臓器が表示される．

γ線放出 RI を利用する**ガンマカメラ**と呼ぶ装置の計測部の原理構造を図 9.9 に示す．コリメータは細かい蜂の巣状の穴をあけた鉛の板で，図の下方でγ線放射が起きるとその方向の穴のみγ線が通り，シンチレータの対応部分にシンチレーション（短時間発光）が生じる．複数の光電子増倍管からパルスが出力されるが，パルスの高さは発光点からの距離に依存するのでその分布から発光点の座標を計算する．多数の発光点の座標を求め，輝点群として座標面に表示すると**シンチレーション像**（シンチグラム，scintigram）が得られる．

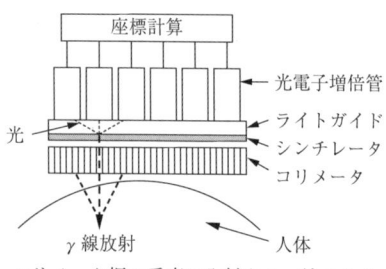

コリメータ板に垂直に入射するγ線のみこれを通過，シンチレータの対応部分が光る．光電子増倍管の出力パルスの高さは発光点からの距離に依存する．

図 9.9 ガンマカメラの計測部の原理構造

シンチレーション像は，臓器を平行光で透かして平面に投影した像に相当する．被爆の点から RI の投与量が制限されるため像を構成する輝点の数が少なく雑音の多い像であるが，臓器の代謝機能などを知るうえで重要とされる．

9.4 コンピュータ断層システム

コンピュータトモグラフィー（computed tomography，**CT**）は，人体の断面について組織の X 線吸収係数を画素値とした画像を表示する．画素値は人

体内の物性の値であり直接計測できないため，人体を透過する多方向のX線の透過率分布を計測し，その数値から一種の逆問題を解く手法で画素値を計算により求める．この手法を**画像再構成**，得られる像を**断層像**という．

この計算手法を使ってX線吸収以外の物理現象の断層像を描出する装置も開発され，診断に使われる．区別のためX線を使ったCTはX線CT（XCT）とも呼ばれ，工業製品の検査にも多く利用される．

9.4.1 画像再構成

CTの実用化は診断の革命といわれ，X線応用，画像工学，コンピュータ応用のどの立場からも画期的なものであった．本項では1973年に実用化された初期形装置について基本原理を示し，その後の発展については次節で扱う．

(*a*) **システム構成** 第1世代と呼ばれる基本的なCTの構成を図 *9.10* に示す．細いX線ビームを放出するX線管とX線センサが対向して枠に固定され，人体の周囲を体軸に垂直な面内で往復ならびに回転運転する．X線センサの出力を標本化・量子化し，コンピュータに入力する．

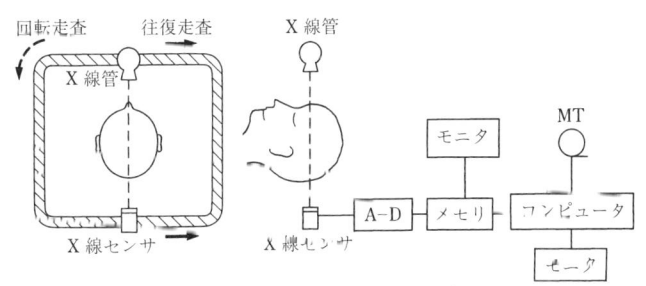

X線源（X線管）とセンサは枠（ハッチ部分）に固定されており，頭部の希望の画像化断面内で運動する．まず太矢印のように右へ直進運動，破線矢印の向きに1°回転したのち左向き直進，さらに1°回転して右向き直進し，180回繰り返す．この間人体は静止．

図 *9.10* CTの基本的な構成

X線は体軸に垂直な面内にあるにもかかわらず，人体断面を体軸方向から見た像を表示する原理をつぎに示す．

(*b*) **基本原理** 人体断面を n 行, n 列の等間隔の格子点で代表し，

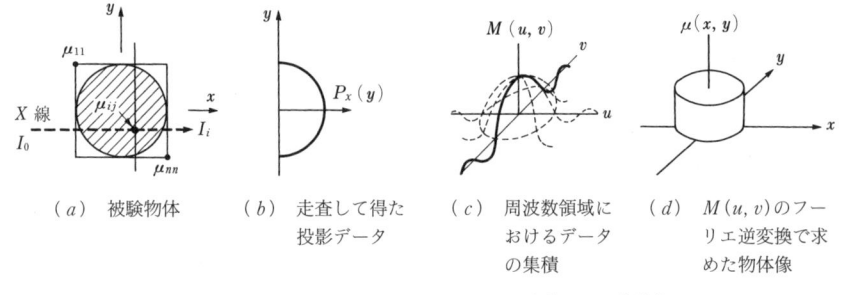

(a) 被験物体　　(b) 走査して得た投影データ　　(c) 周波数領域におけるデータの集積　　(d) $M(u,v)$ のフーリエ逆変換で求めた物体像

図 9.11　CT のデータ集積とフーリエ逆変換による物体像

図 9.11 のように各格子点の X 線吸収率を $\mu_{11} \sim \mu_{nn}$ と表す．

いま，図 (a) の破線のように i 行に沿って X 線ビームを入射したときセンサの出力を I_i，人体がないとしたときのセンサ出力を I_0，格子点の間隔を Δx とすると，X 線吸収の定義から

$$I_i = I_0 \exp(-u_{i1}\Delta x - \mu_{i2}\Delta x - \cdots - \mu_{in}\Delta x) \tag{9.2}$$

となる．両辺を I_0 で割って対数をとると

$$\mu_{i1} + \mu_{i2} + \cdots + \mu_{in} = P_i \tag{9.3}$$

とおくことができ，P_i は測定値の対数変換から求められる．

したがって，X 線を通す位置，角度を種々に変え，合計 n^2 回の測定値から n^2 個の連立方程式を立てて解けば n^2 個の未知数が計算され，原理的には μ の分布図が描けるはずであるが実行は難しい．CT 発明時には逐次近似法というおもしろい演算方法が採用されたが，現在はつぎに示す方法のいずれかが使われる．

(c)　**フーリエ変換法**　式 (9.3) で格子のきざみを細かくとり，吸収係数の分布を $\mu(x, y)$，その 2 次元フーリエ変換を $M(u, v)$ とする．X 線のペンシルビームを x 軸に平行としたまま y 方向に平行移動させて得られるセンサ出力 $I(y)$ を対数変換すると，式 (9.3) と同様の考え方で

$$P_x(y) = \int_{-\infty}^{\infty} \mu(x, y) dx \tag{9.4}$$

となり，図 9.11 (b) のように投影データ $P_x(y)$ を得る．ただし，定義した領

域の外での μ の値を 0 とし，積分領域を ∞ とした．これをフーリエ変換すると

$$M(v) = \int_{-\infty}^{\infty} P_x(y) \exp(-2\pi jvy)\, dy \tag{9.5}$$

となる．一方，$\mu(x,y)$ と $M(u,v)$ の間には式(3.6)を参照すると

$$M(u,v) = \int_{-\infty}^{\infty}\int_{-\infty}^{\infty} \mu(x,y) \exp\{-2\pi j(ux+vy)\}\, dxdy \tag{9.6}$$

の関係がある．式(9.6)で $u=0$ とおき，式(9.4)，(9.5)を入れると次式を得る．

$$M(u,v)|_{u=0} = \int_{-\infty}^{\infty}\int_{-\infty}^{\infty} \mu(x,y) \exp(-2\pi jvy)\, dxdy$$

$$= \int_{-\infty}^{\infty} P_x(y) \exp(-2\pi jvy)\, dy = M(v) \tag{9.7}$$

すなわち，ビームを y 方向に動かして得た投影データ $P_x(y)$ をフーリエ変換すると，$M(u,v)$ の v 軸に沿う値が得られる．座標軸を任意に回転しても同様な結果が得られる．したがって，種々の方向についてこの測定と計算を行えば，$M(u,v)$ を得ることができ（図(c)），これを2次元フーリエ逆変換すれば $\mu(x,y)$ が得られる（図(d)）．

(d) たたみ込み法　被写体として図 **9.12**(a)のように原点に穴のある吸収率の一様なプラスチック筒を考え，前記のように x 軸方向のX線ペンシルビームを y 軸に沿って動かすとする．センサからは $y=0$ のときのみ強い出力が得られる．このことは x 軸上のどこかにX線吸収の少ない点（または

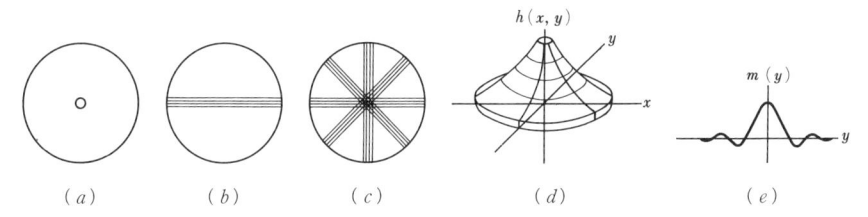

図(a)　モデル，　　図(b)　1回の走査によるメモリ上の情報
図(c)　各方向走査を重畳したメモリ上の情報
図(d)　バックプロジェクション法のPSF，　　図(e)　その修正のためのたたみ込み関数

図 9.12　バックプロジェクション法による画像の再構成

線）があることを示すから表示装置のメモリに図(b)のようにx軸上の点にやや明るい値を書き込む．

各方向について同じことを繰り返すと図(c)のように原点近傍の画素は何度も書き込まれ大きな値となるから，メモリの内容を表示装置に表示したとすると（この方法を**バックプロジェクション**（back projection）**法**という）表示面の輝度分布は図(d)のようになる．この関数の形はバックプロジェクションシステムのPSFである．したがって，この関数に対して逆フィルタの考え方でたたみ込みを解けば正しい像が得られる．実際には図(b)，(c)のメモリ書込みの際，図(e)の関数 $m(y)$ とたたみ込み演算をあらかじめ行うことにより，これを実現している．

（e）**特　　性**　図9.10の構造の代表的製品では $P_x(y)$ の測定は直進運動1回の間に240点，回転運動は$1°$刻みで$180°$，1枚の画像のデータ収集時間は4.5分であった．

X線吸収係数は骨について1 000，水を0，空気を－1 000とし，正負両範囲をそれぞれ1 000等分した値（**CT値**）で計算される．**図9.13**はこのうち＋500以上を白，＋50以下を黒，この間の数値のデータに階調を与えて表示したもので，実際は日付その他のデータとともに表示される．CTでは1断面（1スライス）の計測の途中で人体が動くと，(b)項で述べた計算のつじつまが合わず，原画にない**偽像**（artifact）を生じる．このため初期形CTの診断対象は静止臓器，事実上ほぼ頭部に限られる．

断層像は透視像に比べてSN比がよいといわれる．1画素の計算に数百回の計測値が使われ，各計測値に含まれる量子雑音が平均化されるためである．一方，被検体中にX

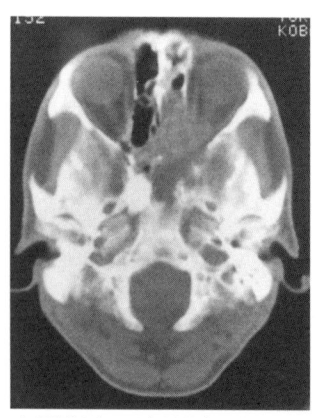

上咽頭腫瘍が眼窩頭蓋底に達しているのが見られる．

図9.13　初期形CTにより頭部の眼を含む面での断面を映し出した例（故 竹中栄一 防衛医大教授のご好意による）

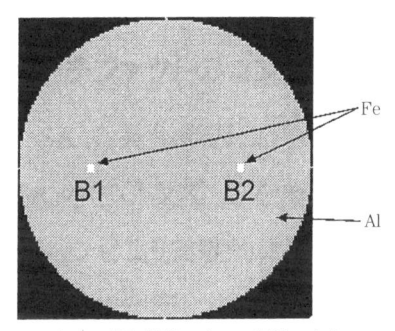

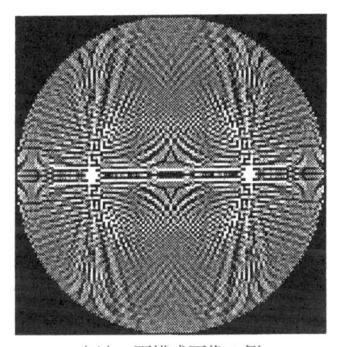

（a）吸収係数の大きい細線2本を　　　　（b）再構成画像の例
　　　もつ円筒の断面

図 9.14 CTの画像再構成の際に発生する偽像の例（偽像の状態は再構成の手法で大きく変わる（東芝富沢雅美博士のご好意による））

線吸収係数のきわめて高い金属があると事実上測定値が欠落し，やはり偽像を生じる．その例を図 9.14 に示す．

9.4.2 X線コンピュータトモグラフィーの発展

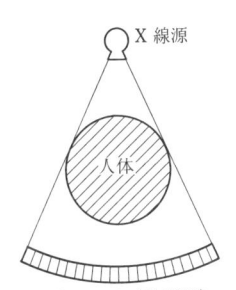

初期形CTでは頭部に限られていた断層撮影を胸部や腹部に適用し，さらに画質を向上するには，測定点数を増したうえで患者が息を止めて静止を保てる限界時間（10～20秒）以下に計測を終わる必要がある．

（a）高速動作CT　代表的な高速動作CTの構成を図 9.15 に示す．X線を扇状に発生する線源と数百個の小形センサが枠に固定してある．枠を人体を中心に回転しつつ全センサのデータを一定周期で並列に取り込む．図 9.10 の装置とのX線経路の違いは再構成計算の際に対応する．実機の例ではセンサ数900個，1回転の間に900回計測し，0.5秒で計測を終了する．

図 9.15 高速動作CTのX線源とセンサの配置

X線センサ（数百個）　X線源とセンサは相対位置を保ったまま人体のまわりを回転しつつデータをとり込む．

（b）ヘリカルスキャンCT　図 9.15 の装置で測定系の枠を連続回転し，1回転ごとに人体を体軸方向（人の乗る寝台をこの図では紙面に垂直方向）にずらせて計測・再構成を行い，画像データを集積すると臓器の3次元情

報を得る．実際は図 9.15 のセンサ群を体軸方向にも並べて 1 回転で複数断面のデータを同時に取り込み，上記の動きと組み合わせて 1 回の息止めで胸部全体を断層する．体軸方向の動きは実際は連続で，センサと人体の位置関係は螺旋運動となるためヘリカルスキャン CT の名がある．

実機の例ではセンサを 2 次元的に 30 000 個配置し，その選択により断層の厚さ（間隔）が変えられる．断層像の解像度と断層の厚さの最低値はともに 0.5 mm 程度で，断層間隔を 3 mm にすれば胸部全体の断層ができる．

この CT で得た 3 次元情報のデータを並べ換えて表示すると臓器の任意の断面の像が得られる．また，隣接する断層像の似た画素値の集合は同じ臓器であり，連続する多数の断層像に写っている特定の臓器の輪郭を求め，CG（computer graphics）手法で扱うと，その臓器を取り出して鳥瞰したように表示できる．現実には特定の臓器を近隣の他の臓器と間違いなく区分して描出するために相当の工夫を要する．図 9.16（a）はヘリカルスキャン CT による胸部断層像の 1 枚，図（b）は上記の手続きで血管（大動脈）立体像を取り出した結果である．

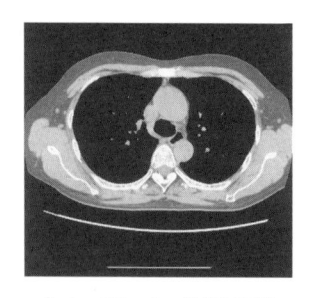

（a） CT による胸部断層像 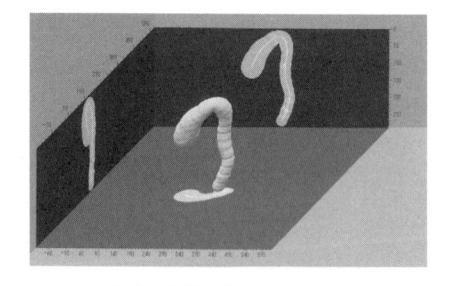　　　　（b） 血管の鳥瞰図と投影像

一連の胸部断層像の連続性から血管を求め，CG 手法で示した像

図 9.16 ヘリカルスキャン CT 像から求めた血管立体像
（東京工芸大学佐藤眞知子助教授のご好意による）

9.4.3　X 線以外のコンピュータトモグラフィー

X 線以外の物理を利用した CT には，つぎのようなものがある．

(***a***) **磁気共鳴イメージング**（magnetic resonance imaging, **MRI**）
核磁気共鳴現象を利用した断層装置である．強磁界中の水素原子核はある周波数の電磁波を照射するとこれを吸収して状態変化し，照射を終わると電磁波を放出して元の状態に戻る．強度にこう配をもたせた磁界中に人体を置き，ある条件で放出電磁波を計測すると，磁界が等しい値をもつ直線上の水素原子核の総数に比例する値が得られる．磁界の値を少しずつ変えた測定値の系列は断層面の水素数に関する投影データ（式(9.4)参照）に相当するので，磁界のこう配の方向を種々に変えてそのデータを計測し，再構成演算を行えば生体内水素原子の断層像が描かれる．MRI による脳の垂直断層像の例を**図 9.17** に示す．

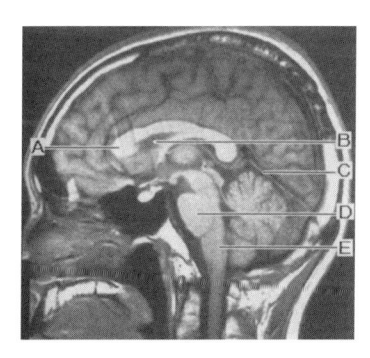

図**9.17** MRI による脳の垂直断層像
（大阪大学医学部松本政雄助教授のご好意による）

(***b***) **SPECT** （single photon emission CT） 図 9.9 のガンマカメラのコリメータの穴 1 個の出力は，穴方向の直線上の放射源の総数を表す．したがって，コリメータ面上で一直線に並ぶ穴の出力の分布は放射源の数に関する投影データ（式(9.4)参照）に相当する．そこでガンマカメラの測定系を人体の周辺を回転してこれを測定すると，初期形 CT と同様のデータが得られ，再構成演算により放射源分布の断層像を表示できる．

このほかに陽電子放出核種の RI を投与し，陽電子に特有の性質を使って放射源を測定し，再構成手法により断層像を表示する PET（positron emission tomography）というシステムもある．これらは特定の元素の状態を調べ，人体の組織の機能を知るのに有効とされる．

9.5 超音波エコー画像システム

超音波は耳に聞こえる範囲より高い周波数の弾性波（20 kHz 以上）を指

す.体表のある点から体内に向けて細い超音波ビームをパルスとして発射すると,体内の組織が一様であれば直進し,音響特性の異なる組織との境界に達するとビームの一部が反射されて戻る.戻り波動を**エコー**(echo)といい,往復時間を測れば境界点までの距離がわかり,ビーム発射の位置・方向が既知であれば組織境界点の座標がわかる.超音波ビームの位置または角度を少しずつ変えて人体内を超音波ビームで走査し境界点を座標面に表示すると,臓器の境界を断面図の形で示す**エコー画像**が得られる.画像化の基本原理は,海面から超音波を利用して海底や魚群の状況を調べるソナーや魚群探知器,電波を利用して航空機や雲からのエコーを画像化するレーダと同じである.

9.5.1 超音波の性質

超音波は気体や液体中では縦波(疎密波),固体中では縦波と横波が伝搬する.骨を除く人体の組織の密度や超音波伝搬速度などの定数は水に近く,人体中の超音波は粗い近似では水中を伝わる縦波として考えられている.

超音波は媒質密度を ρ,速度を c,波長を λ,周波数を f とすると

$$c = f \cdot \lambda$$

であり,固有インピーダンス $Z_0 = \rho c$ の異なる媒体の境界面での入射波の

$$R = \frac{(Z_{01}-Z_{02})^2}{(Z_{01}+Z_{02})^2} \qquad (9.8)$$

で与えられる R の部分が反射し,残部は透過する.

人体の各組織の Z_0 が相互に近い値をもつことは,式(9.8)の示す反射成分が小さく,その検出に技術が要る反面,いくつかの境界を越えて遠くまで超音波が届くため広範な臓器が画像化される利点につながる.

つぎに,超音波と電気信号の相互変換について考える.超音波を発生するには磁気ひずみ変換器,電気ひずみ変換器などに高周波の電気信号を与えればよいが,一般には後者すなわちジルコンチタン酸鉛(一種の磁器)に電界を加えるとひずみを発生する現象を利用する.この電気ひずみ効果は可逆的で,機械的な振動を電気信号に変換するため超音波のセンサとしても使用され,次節以

下の実用例ではすべて電気信号⇄超音波の変換器は送受信で兼用される．

　超音波画像装置の大部分は通常のレーダと同様に，発射した超音波が物標に衝突したとき，境界面でZ_0の差により式(9.8)に従って生ずる反射波（エコー）が戻ってくる時間を測定し画像化するものである．そこで解像度を決める要素となる超音波の指向性について考えておく．

　ここでは，方形振動子を扱うこととし，振動面をxy面にとって図 **9.18** のように表す．

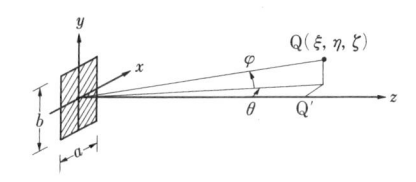

図 **9.18**　超音波振動子1個の振動面と指向性

　図中のハッチした素子がz方向に正弦振動すると，超音波は右側（超音波診断装置の場合は体内）に伝わるが，波動は$z=0$のハッチ面内で等位相である．点$Q(\xi, \eta, \zeta)$の波動の変位は振動子上の各点の影響の和であるから，図3.7(a)に示したコヒーレント光の場合の点Qの振動と同様に考えられる．光における式(3.16)は超音波の場合，媒体による音波の吸収を除けばあてはめることができ，式(3.18)も成立する．そこで吸収の影響を除くため，点Qの波動を軸上同じζの点Q′における値に対する相対値（指向性関数）として$\Phi(\theta, \varphi)$と表すと次式を得る．

$$\Phi(\theta, \varphi) = \iint P(x, y) \exp\{-jk(\theta x + \varphi y)\} dx dy \tag{9.9}$$

ここで，$P(x, y)$は図 **9.18** のハッチした長方形の内部で1，外で0である．

　図 **9.18** の$y=0$の半面を考えると，式(9.9)は幅aの方形パルスのフーリエ変換であり，図3.5(a)を参照して角度θに対する放射超音波強度を求めると図 **9.19** のようになる．すなわち振動子面に垂直にメインローブが放射されるほか，広い角度に弱いサイドローブが発生する．したがって，超音波ビームを細くして解像度を向上させるにはaを大きくとる（ふつう波長の数十倍）．水中での音速は常温で1520 m/s（人体中でもほぼ同じ値），使用周波数は数十 kHz〜数 MHz，水中の減衰は100 kHzで，0.7 dB/km，1 MHzで70 dB/kmで，空気中の値に比べ十分小さい．

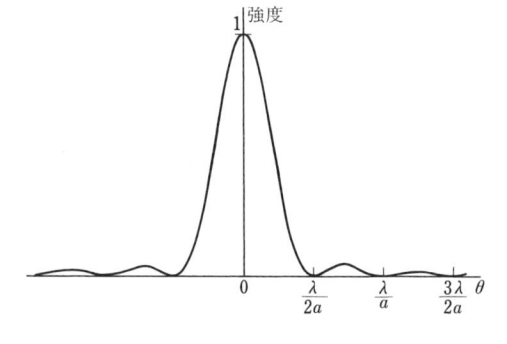

図 9.19 幅 a の振動子からの放射超音波強度の角度特性

9.5.2 超音波診断装置

超音波診断装置（ultrasonic diagnostic system）は，本節冒頭に記したように超音波のエコーを利用して人体の断面を画像化する．その構成を図 9.20 に示す．図の A～Z は 1 列に並べた超音波振動子群で一体に作られ（**探触子**という），断面を知りたい部分の体表に密着する．

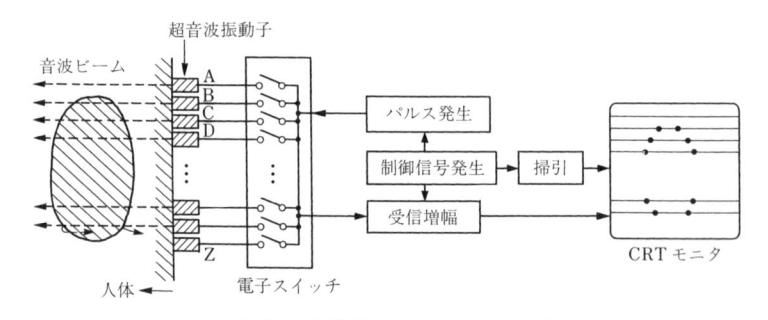

図 9.20 超音波診断装置（リニア電子走査方式）の構成

まず，振動子（送受信子）A に超音波のパルス信号を加え，同時に表示装置の第 1 行の走査（一定速度）をスタートさせる．A は超音波パルスを体内（図の左方）に送り出したのちエコーを待ち受ける．A がエコーを受信したらその大きさに応じた輝度の輝点を表示する．体内の音速はほぼ一定なので，体表から境界までの深さ，超音波の往復時間，表示装置上の距離が比例関係となる．つぎに，振動子 B について同じことを行って第 2 行の走査線に表示し，

これを繰り返すと組織の断面が表示される．上記の動作を毎秒20〜30回行うことにより組織断面の動態をリアルタイムに見ることができる．超音波の周波数としては2〜5 MHzが多く使われる．

　この装置の解像度について考える．体表から深さ15 cmまでの臓器を見たいとすると音波の往復時間が0.2 ms，したがって音波パルス数は5 000回/sが限度であり，25フレーム/sの周波数で動態検査を行うと，1フレームの走査線数（図9.20の場合振動子数）は200本に制限される．一方，超音波ビームの指向性をよくして解像度を向上させるには図9.19に従い素子寸法を大きくしなければならないが，それに伴って単位長さ当りの振動子数，したがって走査線数が減り，解像度低下を招くこととなる．

　この矛盾をさけるため，実際の装置では工夫がこらされる．**図9.21**はその例であり，振動素子の断面の幅を小さくし，数十個の素子をまとめて一度に励振することにより実効的な素子寸法は大きく，しかもこれを少しずつずらせて走査することにより走査線密度も大きくなる．

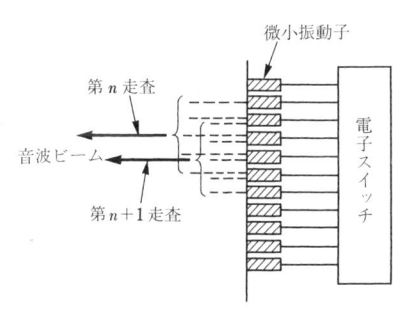

微小振動子をまとめて励振すると精細な音波ビーム走査が行われる．

図9.21 高解像度を得るための振動子励振法

　上記のような平行線走査でなく放射状走査も用いられる．これは**図9.22**の分割振動子に励振電圧を与える際，素子に順次遅延を与えておくと，フェーズドアレーアンテナと同様の原理により超音波ビームを任意の方向に出せることを利用したものである．1走査線ごとに遅延時間を変えると放射状の走査（セクタ走査）が行われる．骨と他の組織とは著しく固有インピーダンスが異なるため，骨の表面では超音波は反射されて内部に入らず，心臓の診察は肋骨の隙間からセクタ走査の超音波を送って行う．出力像の例を**図9.23**に示す．

222   9. 画像電子システム

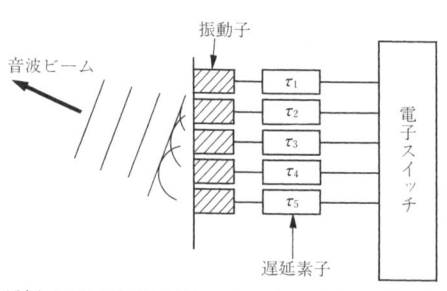

励振パルスの遅延時間を $\tau_1 > \tau_2 > \tau_3 \cdots$ としておくと矢印のように音波ビームが進む．

図 9.22 セクタ走査の原理

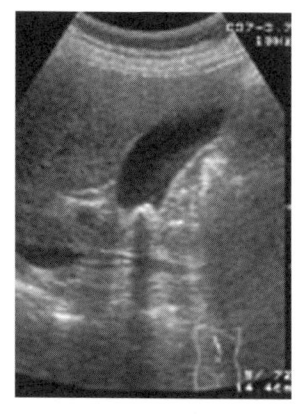

図 9.23 セクタ走査超音波診断装置による上腹部エコー画像
（大阪大学医学部松本政雄助教授のご厚意による）

9.6 コンピュータ支援診断

医療分野でも，画像処理の手法がコンピュータ支援診断（computer aided diagnostics, CAD）として，特に多数のX線画像を読影する集団検診の医師の手助け用に注目されている．例えば図 9.6 の胸部X線画像から前章の画像認識手法と同様，図形の構造的な特徴に基づいて健康体と違う形状のものを見つけるなどの努力がされたなかで，実用域にあるのは図 9.24 のような乳房のX線画像に対するCADである．そのなかからここでは癌につながる微小石灰化の集群を見いだすために開発されたアルゴリズムを紹介する．

微小石灰化のX線画像は直径 0.75 mm 以下の微細，かつ低コントラストの円に近い形の淡い陰影で，X線画像読影の際に見落としやすい病変

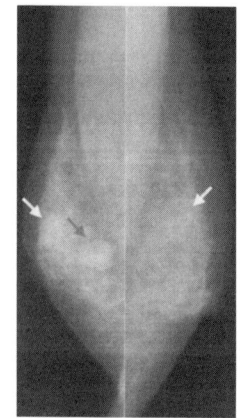

黒矢印は真陽性，白矢印は疑陽性（健常にもかかわらず病変と判定）
図9.24 乳房のX線画像とCADによる検出（岐阜大学医学部藤田広志教授のご厚意による）

9.6 コンピュータ支援診断

とされている．典型的な病変ではX線フィルム濃度が最も低い中心に向けて，周辺から回転対象的にほぼ一定の濃度こう配で（円すい状に）落ち込み，悪性のものほど対称性の崩れた複雑な形状をもつとされる．CADシステムは標本間隔 0.1 mm，量子化レベル10ビットで読み込んだX線透視像について上記の特徴をもつ直径数画素の病変候補を効果的に見いだすことが求められている．

画像処理では領域の濃度を補正したのち，式(8.25)に示したSobelの微分オペレータを適用して各画素の微分値（濃度こう配，ベクトル V）を計算し，このベクトルの大きさと円すい状変化との類似性を特徴量として数値化し，その値をしきい値処理して微小石灰化の病変候補を定め画面に表示する．

〔**注**〕 方向性の特徴量はつぎのように求める．画面上注目画素Oを中心として周辺の画素に図 **9.25** の記号を付ける．

濃度が円すい状に変化する場合は各画素のベクトルはOを向くのでこれを基本ベクトルとし，実測したベクトルと基本ベクトルの差の角度を θ として方向特徴量 D を

$$d = (1 + a \sin \theta)\cos \theta \qquad (9.10)$$

の平均値として求める．d はベクトルの方向が一致すれば1，直交する場合は0となる．係数 a は図の画素記号A，B，Cのリングの画素に対して異なる値を与え，平均値 D もリング別に求める．同様に強度特徴量 I を

```
      C C C
    C B B B C
  C B A A A B C
  C B A O A B C
  C B A A A B C
    C B B B C
      C C C
```

方向性の特徴量を求めるための注目画素Oの周辺の画素記号

図 **9.25** 濃度こう配解析に用いた画素アレー

$$i = |V|(1 + a \sin \theta)\cos \theta \qquad (9.11)$$

のリング別の平均値として求める．リング別処理には三重リングフィルタの名があるが8章で扱った周波数処理のフィルタとは異なる．

図 **9.26**(*a*)は乳房の微小石灰化の集群のX線画像，図(*b*)は濃度こう配の方向成分，図(*c*)は強度成分で微小石灰化に対応した画像が得られている．

乳房のX線画像の読影用CADシステムでは，微小石灰化以外の病変も拾い出して表示する画像処理機能を組み込んで実用が進みつつある．

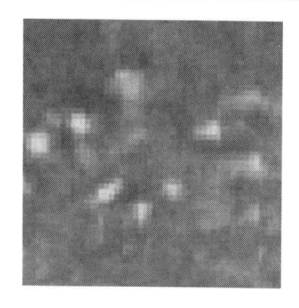

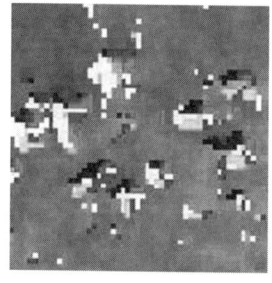

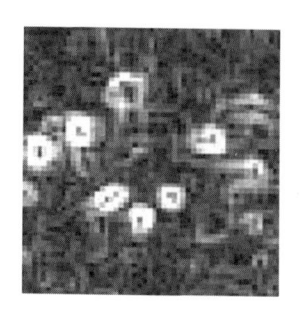

(a) 微小石灰化のX線画像　　(b) 濃度こう配の方向成分　　(c) 濃度こう配の強度成分

図 **9.26** 微小石灰化の CAD（岐阜大学医学部藤田広志教授のご厚意による）

前章の処理で扱った画像は背景から対象の切出しが容易で特徴が明確であるのに比べ，医用画像は一般に問題部位のコントラストが低く特徴が不明確で工学的に扱いにくい．CAD は医師が病変のどのような特徴を診断材料としているかをとらえて処理アルゴリズムに置き換えるものであるがむずかしい内容を含む．CAD の性能に関しては，多数の画像を処理した結果の

真陽性　　病変を正しく病変と指示（true positive, TP）
偽陽性　　正常を誤って病変と指示（false positive, FP）
偽陰性　　病変を見逃して正常と指示（false negative, FN）

の率で表される．医用画像は判断に際して考慮すべき条件が多く（個人差，前歴，撮影時の条件，その他），医用画像に基づく診断は医師が責任をもって行い，CAD はその際の参考意見を提供する立場にある．21 世紀初頭は CAD 実用の緒についたところといえる．

演 習 問 題

9.1 回転する棒状の対称物を画像診断装置で見たとき（回転軸を表示面に垂直とする）つぎのことを考えよ．
（1）超音波診断装置では棒が曲がって見える．その理由を考えよ．
（2）X 線テレビではどう見えるか．

（3） コンピュータトモグラフィー（CT）ではどうか．

9.2 （1） 図9.7のX線テレビでXIIとカメラを結ぶレンズの倍率を1，F値も1としてレンズの光利用率を概算せよ．

（2） XIIの出力部，カメラの入力部がともに図9.2のようなファイバオプティクス板（FO板）であれば光利用率はいくらか．

9.3 X線源は点光源でなく広がり（例えば直径0.1 mm）をもち，画像入力系にはある大きさのぼけが伴う（図9.1の拡散光や図9.4の画素が面積をもつのが原因）．**図問9.3**のA，B，C，Dの位置に置いた対象物をX線拡大透視で見るときの像の倍率，像に重なる線源のぼけの大きさを示せ．対象の微細部を見る場合，最適の拡大率が存在することを説明せよ．

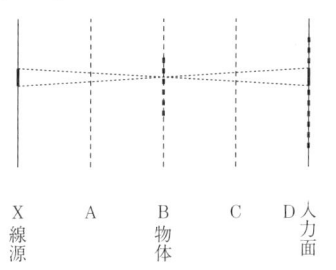

A …1：3，B …1：1，C …3：1，D：密着．
図はBに物体を置く場合，物体像（…）は2倍に拡大，線源については等倍の像（PSF―）がたたみ込まれることを示す．

図問9.3 X線源-物体間，物体-入力面間の距離比は上記のとおりとする．

9.4 X線平面検出器（FPD）のX線写真（フィルムによる）に対する利点を考えよ．

9.5 CTのデータとり込みに用いるA-D変換器はふつう7ビット，画像再構成後のX線吸収率の数値は11ビットの精度で示されている．数値に矛盾はないか．

9.6 超音波の人体内の伝搬速度を空気中の電磁波の速度と比較せよ．もし，前者が後者に近い速度であると仮定すれば超音波診断装置にどのような影響が考えられるか．

9.7 医用画像電子装置の分野ではしばしば新しい装置が開発実用化される．電子情報通信学会はじめ関連学会の雑誌（特に特集号），ハンドブックなどを参考に，そのような装置の目的，原理，内容を調べてみよ．本書で細かい説明を省略したPET，SPECT，MRIはそれぞれどうか．

参 考 文 献

(1) テレビジョン学会編："テレビジョン・画像情報工学ハンドブック"，
オーム社(1990) 〔全〕
(2) 映像情報メディア学会編："映像情報メディアハンドブック"，
オーム社(2000) 〔全〕
(3) テレビジョン学会編："画像エレクトロニクス講座"，コロナ社
全10巻のうち特に①宮川 洋 ほか：画像エレクトロニクスの基礎(1975) 〔全〕
(4) 大頭 仁，高木康博："基礎光学"，コロナ社(2000) 〔2〕
(5) 井上英一 ほか："印写工学〔Ⅰ〕"，共立出版(1970) 〔3〕
(6) 映像情報メディア学会編："目で見る画像圧縮"，コロナ社(1998) 〔3〕
(7) 映像情報メディア学会編："テレビジョンカメラの設計技術"，
コロナ社(1999) 〔4〕
(8) 竹村裕夫："CCDカメラ技術入門"，コロナ社(1997) 〔4〕
(9) 西久保靖彦："ディスプレイ技術の基本と仕組み"，秀和システム(2003) 〔5〕
(10) NHK編："ディジタル放送技術事典"，丸善(1994) 〔6〕
(11) 塩見 正，羽鳥光俊 編："ディジタル放送"，オーム社(1998) 〔6〕
(12) 朝枝 剛："光メモリの基礎知識"，オプトロニクス社(2002) 〔7〕
(13) J. Watkinson, 橋本慶隆訳："ディジタルビデオの基礎"，
科学技術出版(1998) 〔7〕
(14) 浮田宏生："オプトメカトロニクス"，森北出版(2001) 〔7〕
(15) A. Rosenfeld, et al, 長尾 真 監訳："ディジタル画像処理"，
近代科学社(1978) 〔8〕
(16) 谷口慶治："画像処理工学 基礎編"，共立出版(1996) 〔8〕
(17) 電子通信学会誌特集号：**59**, 11号(1976), **61**, 2号(1978), **71**, 11号(1988)
〔8〕
(18) 今里悠一，大橋照南："医用画像処理"，コロナ社(1993) 〔9〕
(19) 内田 勝 監修："ディジタル放射線画像"，オーム社(1998) 〔9〕
(20) 桂川茂彦 編："医用画像情報学"，南山堂(2002) 〔9〕

以上のほか，映像情報メディア学会（テレビジョン学会から1997年改名），電子情報通信学会の雑誌には，知りたい技術の開発初期に特集号，解説記事が多く刊行されている．

(**注**) 〔 〕内の数字は本書の対応する章番号である．

演習問題の略解

1.1 グラフはクラスの成績分布が直感的にわかる．クラス間，年度間の比較に便利．個人との対応がつかない点不利など．

1.2 (1)約700ページ，(2)約400ページ，(3)約14.2ページ，(4)約0.6ページ．なお，(1)と(2)はほぼ同じ程度の文意を表す．

1.3 hc/λ から計算．答 3.11 eV, 1.78 eV, 2.24 eV

1.4 上記の値を用いる．答 (1) 2.8×10^{18} 光子/s, 4.1×10^{15} 光子/s, (2) 5.1×10^{-3} lm, 2.1×10^{13} 光子/s, (3) 4.2×10^7 光子/s

1.5 $r^2 + f^2 = (f + n\lambda/2)^2$ より λ^2 の項を省略．

1.6 ヒント：$\angle\theta$ の方向では発光部の面積は正面から見たときの $\cos\theta$ 倍となる．

1.7 完全拡散(反射)面から 2π 空間に光束 L が放射されるとき，面に垂直な方向には単位立体角当り L/π の光束が出ることを利用せよ．

1.8 省略

1.9 (1) 増幅器雑音と光電流に含まれるショットノイズとを考慮する．後者はきわめて小さい．答 2.0×10^{-8} A, 4×10^{-5} lm, 4.0 lx
(2) 1次光電流の含むショットノイズが増幅器の出力雑音となる．答 光電流 0.128 nA (出力電流は 128 μA), 8.5×10^{-7} lm, 6.8×10^{-4} lx

---

2.1 蛍光灯の輝度は 6.0×10^3 cd/m², 光覚閾は蛍光灯の 1.6×10^{-10} 倍．

2.2 1.6×10^{-17} A

2.3 1 W の緑色光は 2.8×10^{18} 光子/s に相当．これが 4π 空間に均等に放出される．答 290 km

2.4 眼球径約 25 mm, 視力1は2光の角度 1′ に相当する．答 7 μm

2.5 550 nm における強度1の光の R, G, B を図2.8(b)より求め式(2.3)へ入れる．

2.6 赤い紙は赤い光だけ反射する．(1)黒，(2)赤

2.7 （1）式(2.10)と同様の関係，（2）原点，（3）式(2.5)のように光束と結びつかない．負の光を考えなければならないなど．

3.1 省略

3.2 $k = qM + k_0$ （q：任意の整数）として式(3.10)に入れ，$u_0 MX = 1$ を用いる．

3.3
$$f(x) = \sum_m F_m \exp(jmx)$$
とおいて式(3.19)に入れ $x - x' = z$ とおく．

3.4 $F(u, v) = \int_{-a}^{a} \exp(-j2\pi ux) \int_{-b}^{b} \exp(-j2\pi vy) dx dy \propto \dfrac{\sin 2\pi au \sin 2\pi bv}{u \cdot v}$

3.5 本文中の証明を高次の項まで拡張せよ．$R(11n)/11, H(9u)/9$

3.6 ピントを大きく外した撮像系のPSFは，図答3.6に示すように，レンズ面から1点に集まる光または電子の円すいを途中で切った形となるため，一様な強度の円（トップハット状）となる．したがって，そのOTFは図3.12の下の図のようになり，空間周波数が高くなるに従って正-0-負-0-正を繰り返し，図問3.6(b)のようになる．

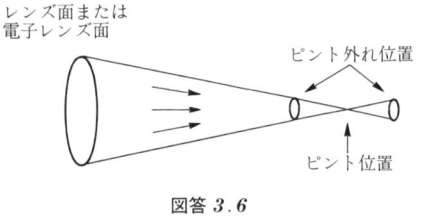

図答 3.6

3.7 式(3.25)によりLSFを求めさらにフーリエ変換する．偽解像は生じない．

3.8 $g(x)$はたたみ込みの式(3.19)で与えられる．
$$g(x) = \int_{-\infty}^{x} h(x) dx$$

3.9 3.4.3項参照．筆者の経験ではLSFは解像度表現に用いても利点はないが，解像度劣化の原因を探るには有用．

3.10 逆問題は解けず，PSFは導けない．

3.11 A，B，Cは$\rho_s \theta_s$面で図答3.11のように$\sqrt{2}, \pi/4$で交わりB(1,1)を通りOBに垂直な直線上にあることがわかる．

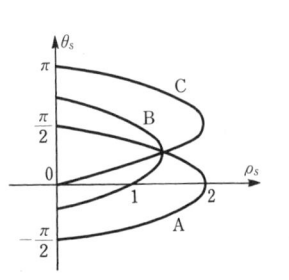

3.12 FZPに任意の直線を引くと，直線上のすべての位置で直線に垂直な方向の空間周波数成分が等しく，原点から直線までの距離に比例する．

図答 3.11

3.13 信号の振幅を V_0 とすると1ステップの階段は $V_0/2^n$, したがって量子化誤差は $\pm V_0/2^{n+1}$ の間に均等に分布する. その2乗平均平方根は $V_0/\sqrt{12}\cdot 2^n$ となり, 式(3.58)が求まる.

3.14 ①ハードウェアの構成簡単, ②画素間の相関が強いので圧縮有利.

3.15 式(3.59)を逆に解く. 例えば $F_0 \sim F_7$ の和を計算せよ.

4.1 (1)省略. (2) 4倍の光量必要. 実際の撮像デバイスでは各画素にマイクロレンズをつけて見掛けの開口部面積率を増す.

4.2 信号電流と暗電流に伴う雑音は相関がないので加算される.

4.3 原色信号を取り出す単板カメラではフィルタにより平均2/3の光を吸収.

4.4 3.2.6項の標本化定理を用いる. 100 lp/mm のとき約233万画素, 50 lp/mm のとき約58万画素.

5.1 300 cd/m² で全面 (0.19 m²) 光らせるには58.2 cd 必要, 2π 空間への放出光量は365 lm, 5.3 W.

5.2 ブラウン管で4 W, 80 W.

5.3 表5.1はすべてカラー動画の表示可能. 対象までの距離が光学的には一定にもかかわらず感覚的には変化するため, 疲労が激しいのは共通の欠点.
HMD方式……見掛け上大画面で頭の動きに応じて画面を変えられ, 臨場感大きい. 実際の画面は小形で解像度確保が問題.
偏光眼鏡方式……画質良く多人数同時観賞可. 画面が暗くなりやすい.
時分割方式……表示装置1台で多人数同時観賞可. フリッカ出やすい.
レンチキュラー方式……眼鏡なし. 大画面.

5.4 省略.

6.1 図答6.1参照.

6.2 飛越し走査の長所:同じ最高周波数(標準方式の場合4.3 MHz)の順次走査よりちらつき少なく動きが滑らか. 映像信号の最低周波数が飛越し走査では60 Hz で, 30 Hz の順次走査より増幅容易.

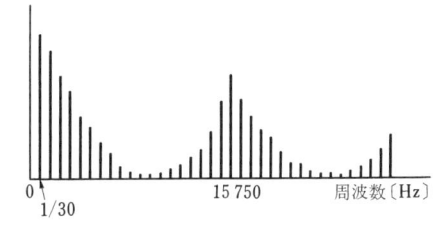

図答6.1 順次走査テレビ系の信号スペクトル

短所： インタラインフリッカにより垂直解像度が順次走査より低下．

6.3 表答 6.3 参照．

表答 6.3

項　目	日・米	ヨーロッパ	HDTV
水平走査周波数〔Hz〕	15 750	15 625	33 750
水平走査周期　〔μs〕	63.5	64.0	29.6
信号帯域幅*　〔MHz〕	$\begin{cases} 4.3 \\ 4.2 \end{cases}$	$\begin{cases} 5.2 \\ 5.0 \end{cases}$	$\begin{cases} 24.9 \\ 30 \end{cases}$

* 上段は本文中の考え方に基づく計算値，下段は規格の示す公称値

6.4 処理回路のガンマ値を 0.45 とする．

6.5 NTSC の三原色は彩度が低く，色度図上加色のみで合成できる範囲が狭い．

6.6 R, G, B をフィールドごと，あるいは走査線ごとに切り換える．

6.7 装置が簡単．白黒が急に変化する輪郭についていけない．一様な濃度の部分にも濃度の変化が発生する．

6.8 式 (6.8) を利用．約 6.2 分．

7.1 磁気テープ：(a)，ヘッド：(b)

7.2 7.4.1 項に示した磁気記録の周波数特性の非線形性のほか，ヘッドが磁気信号を拾うのはギャップの前後に広がること，テープが厚みをもつ影響などで高周波特性がさらに低下するため．

7.3 記録波長 1 μm まで記録できるとして 5.8 MHz．

7.4 DVD は外径 116 mm，内径 48 mm，面積 113 cm²．

SVHS では 33.35 mm/s，7 200 s として長さ 240 m，面積 3.03 m²．

項目の比較ではアクセス，巻戻し，記録密度，劣化などを比較．

7.5 レーザ光を集束しても干渉現象により波長で決まる半径以下に集束できないため，応答が劣化する．

図 7.2(b) を 2 値化するとしきい値の設定により結果が変わる．磁気ヘッドの出力は式 (7.1) のように磁界の微分に比例するため，理想的なヘッドを用いれば出力

(a)
(b)
(c)

$\varDelta$：ピークの位相ずれ

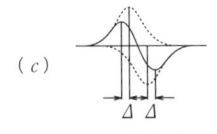

図答 7.5 磁気録画の出力

は図答 7.5(b)のように正負のパルスとなる．ヘッドの特性を考えれば各パルスに対する応答は図(c)の点線，総合出力は実線のようになると考えられる．磁気データは正負のピーク間の時間差として決められるためピークがずれると結果が変わる．

7.6 信号系およびピットのトラッキングに光の空間的なコヒーレンスを利用している．一般の光源でも図1.4(a)のようにすればコヒーレント光は得られるが系全体の大きさ，サーボ系でピット列やディスク面の動きに追随させることを考えると利用は難しい．

7.7, 7.8 省略

8.1 省略

8.2 式(8.9)を2回微分する．

8.3 式(8.21)，(8.22)による演算は等方，式(8.23)，(8.24)は$\sqrt{2}$倍異なる．

8.4 CGでは各画素に白または黒が割り振られる．ビデオカメラの場合は境界の画素は白黒の面積比に応じた中間色となる．

8.5 光学的測定……自己相関関数またはスペクトルを求め，その半値幅などで示す．

映像信号の測定……高周波成分測定，映像信号がゼロとなる回数の測定など．

コンピュータで測定……上記の値をコンピュータで求める．2値化し輪郭線の長さを求めるなど．

8.6, 8.7 省略

8.8 図答8.8参照．

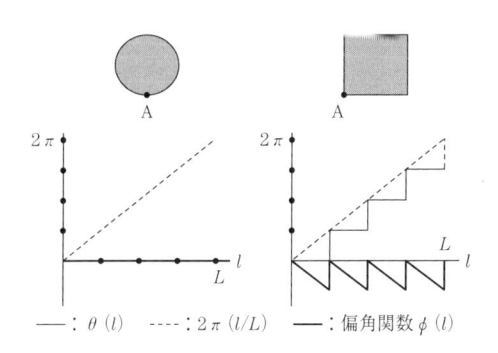

図答 8.8 円と正方形の偏角関数

8.9 図答 8.9 参照.

①
	p			
	0	1	2	3
q 0	3	1	0	0
1	0	2	1	1
2	1	0	3	0
3	0	1	1	2

②
	p			
	0	1	2	3
q 0	0	1	0	2
1	1	1	0	1
2	4	0	1	0
3	0	2	2	1

図答 8.9

9.1 (1) 先端部,中央部,回転軸の部分について違った時刻の状態が撮像されるため.作図してみよ.

(2) 軸近傍ははっきり,先端部分はぼけて写る.信号を蓄積するため.

(3) 原画にない模様が写る.式(9.3)の測定値が矛盾するため.

9.2 (1) 式(1.11)より $T = 0.8$ として 5%, (2) 1

9.3 像の拡大率は A:4倍,B:2倍,C:4/3倍,D:1倍.X線源によるぼけの拡大率は A:3倍,B:1倍,C:1/3倍,D:0倍.

9.4 X線像は長期保存される.フィルムは保存場所,検索,多人数同時観察に不便.FPDはガンマが1,ラチチュードに相当するダイナミックレンジが広く,画像処理に適当.

9.5 X線系のノイズは光子の揺らぎ $\sqrt{N}$ となる.CTでは同一画素を数百回測定,加算しているため結果のSN比は向上している.

9.6 電磁波と同じ速度 (3×10^8 m/s) とすると,1 mm の解像度を得るためには 3×10^{-12} s の戻り波の時間弁別が必要で実現は難しい.

9.7 省略

むすび

　本書の新版執筆に当っている 2005 年現在，電器店に並ぶ受像機はすべて液晶やプラズマを使った平板形であるが，多くの家庭では近年まで唯一の表示装置だったブラウン管の画像を見ている．同様にカメラ，録画，テレビ放送，CG，ネットワークなど種々の画像関連の分野で，方式や装置などが革新的な変革の最中にある．画像工学は基礎的な物理・化学現象，最新の電子・情報工学など広範な技術の上に立つ総合的な科学技術であり，関連する医学や産業分野などの内容と密接に関係し，1 つのブレークスルーがシステム全体に影響を及ぼし，上記のような変革がこれまでも絶えず行われてきた．

　こうしたことから画像工学は体系化が難しく，画像全般にかかわる講義は扱いにくい一方，卒論や修論のテーマとして，また理工学の多くの分野で画像技術に関係する機会が多い．画像に携わる技術者には細分化された専門分野の深い知識や解決能力とともに，広い視野の知識と総合力が要求される．本書は画像工学全体を見渡す教科書として，独学者も意識して努力してまとめた．

　高柳健次郎の『イの字のテレビ撮像』以来，画像電子工学の進展に日本は多くの貢献をしてきた．この分野は知識集約的分野であり，省資源，芸術的センスが必要など日本に適した工学分野と考える．読者の中には画像工学を生涯の仕事として選択される方もあろう．画像工学は種々の立場の技術者の夢を託すに足る分野である．努力を重ねて思うとおりの成果が得られたとき，思いもかけない成果が得られたとき，成果としての画像が目に見えるだけにその喜びは他分野の技術で味わえないというのが筆者の経験である．若い優れた技術者が先達の業績を継ぎ，さらに進展させることを願っている．本書がそのために役立つならば嬉しく思う．

索　引

〔A〕

アダマール変換　80
アドレス走査方式固体素子　93
アフィン変換　180
アクティブマトリックス駆動　108
アナログ放送　124
アンシャープマスキング　176
アンチエリアシング　179
アスペクト比　126
誤り訂正　150
アジマス記録　153

〔B〕

バックプロジェクション法　214
バースト誤り　149
弁別閾　29
微分ヒストグラム法　182
微分オペレータ　168, 183
ビデオカセットレコーダ　153
ビデオ信号　7
ビデオテープレコーダ　151
ビームスプリッタ　11
ぼけ画像修正　175
ぼけ補正　168
文書画像処理　191
ブラウン管　109

〔C〕

CAD　222
CCD　95
CRT　109
CT　210

〔D〕

DCT　48
DFT　47
DMD　119
DPCM　81
DSA　209
DVD　155
ダイナミック駆動　106
ダイナミックレンジ　68
断層像　211
電荷結合素子　95
電荷転送素子　95
電気光学効果　22
電子シャッタ機能　104
電子銃　111
デジタル放送　124, 134
デジタルカメラ　104
ディスプレイ　106
ディジタルフィルタ　171
ディジタルラジオグラフィー　208
動画像処理　197
同　期　126
ドロップアウト　149
同時生起行列　189

〔E〕

EDTV　133
EFM 符号　151
ELD　118
映像信号　7
映像信号処理　197
液　晶　22
液晶表示装置　112
エコー画像　218
エリアセンサ　92
エリアシング　179

〔F〕

F 値　12
FAX　138
FPD　206
FZP　13
ファクシミリ　138
フィルタリング　168, 178
フォーカスサーボ　158
フォトレタッチ　173

〔G〕

ガンマ　68
ガンマ補正　173
ガンマ補正回路　127
ガンマカメラ　210
画信号　138
画　質　67
画　像　3
画像微分　166
画像伝送システム　123
画像表示装置　106
画像間差分処理　197
画像関数　3
画像計測　162
画像強調　164
画像認識　162, 189, 193
画像再構成　211
画像処理　162
画像修復　164
画像雑音　73
画像情報論　41
限界解像度　69
減法混色　38
偽解像　56
偽信号　103
擬似カラー表示　197
偽　像　214

〔H〕

HDTV　132
ハードコピー　120
ハフ変換　66
ハフマン符号化　141

ハイビジョン	132	イメージ管	201	輝　度	14	
配向膜	113	イメージコンバータ	202	幾何学的処理	180	
発光現象	20	イメージングプレート	206	幾何学的特徴点	186	
はりつき雑音	74	イメージスキャナ	104	近傍処理	166	
8-14 符号	151	インタラインフリッカ	133	近隣画素平均化	179	
変換符号化	79	インタライン転送方式	97	均等色空間	37	
変換特性図	67	インタレース走査	126	均等拡散面	16	
偏　向	111	色	31	帰線期間	127	
偏　光	8	色分解光学	100	記　述	64	
偏光板	12	色フィルタ	12	コヒーレント光	9	
偏光子	12	色フィルタアレー	101	骨格線	65, 184	
ヘリカル走査	153	色補正	174	コンピュータ支援診断	222	
ヘリカルスキャン CT	215	色副搬送波	131	コンピュータ		
光物性	22	色立体	32	トモグラフィー	210	
光ディスク	155	色再現	76	コンピューテッド		
光起電効果	18	1 次元符号化	141	ラジオグラフィー	206	
光ピックアップ	158			コントラスト	67	
比視感度曲線	13	〔**J**〕		コルトマンの式	58	
ヒストグラム均等化処理	173	JPEG	83	固体撮像素子	92	
被写界深度	11			固定パターン雑音	74	
ホトダイオード	20	〔**K**〕		交番数	81	
ホトレタッチ	173	壁電荷	115	光電感度	19	
不可視情報	200	可逆符号化	79	光電効果	18	
副走査	138	加法混色	32	光電子放出	18	
フラッシュメモリ	148	回路雑音	74	光電子増倍管	19	
フレーム	126	回　折	10	光　度	14	
フレーム間符号化	82	階　調	67	光導電効果	18	
フレームメモリ	147	階調処理	165, 173	光学フーリエ変換	48	
フレーム内符号化	79	解像度	68	光学ローパスフィルタ	100	
フレーム転送方式	98	可干渉性	9	光学素子	11	
フレネル輪帯板	12	書換え形 DVD	160	光　源	21	
フーリエ変換	44	感　度	102	光覚閾	29	
フーリエ変換法	212	干　渉	9	高能率符号化	79	
フーリエ解析	40	干渉フィルタ	12	高精細度テレビ	132	
フーリエ記述子	187	完全拡散（反射）面	16	光　子	10	
フーリエ級数	42	カラーバースト	131	光子計数イメージング	203	
標本化	61	カラーテレビ	128	光子雑音	73	
標本化定理	61	可視化デバイス	200	光　束	14	
		蛍光板	200	光束発散度	14	
〔**I**〕		蛍光体	20	構造解析法	192	
ISDN	137	血管造影撮影	209	構造線	64, 183	
イメージインテンシファイア		検査ロボット	193	空間周波数	41	
	202	ケルファクタ	72, 127	空間周波数処理	168	

空間周波数特性	54	尾根線	65,185	量子雑音	73
クリアビジョン	133	オプチカルフロー	197	粒状雑音	74
クロック再生	149	折返し雑音	63		
クロマキー	198			〔S〕	
クロストーク	149	〔P〕		SPECT	217
距離変換	65,184	PCM	78	差分符号化	81
		PDP	114	再生装置	148
〔L〕		pixel	7	細線化	185
$L^*a^*b^*$ 表色系	37	PSF	53	錯視	31
LCD	112	パルス符号変調	78	サーモグラフィー	202
LED ディスプレイ	119	パッシブディスプレイ	108	3 板方式	99
LSF	52	パターン整合法	191	3D 表示	197
		プラズマ表示装置	111	三刺激値	32
〔M〕		プリンタ	120	散射雑音	74
MH 符号	141	プログレッシブ走査	126	撮像装置	89
MOS 形撮像素子	93			赤外線撮像装置	202
MPEG	85	〔R〕		線広がり関数	52
MRI	217	READ	141	視覚	29
MTF	56	RGB 表色系	32	色度図	35,37
マッハ効果	31	ラベリング	182	しきい値処理	181
マトリックスマッチング法	191	ランドルト環	29	色差信号	129
メディアンフィルタ	179	ランレングス符号化	65	シンチレーション像	210
メモリカード	148	ランレングス制約符号	151	視力	29
面積階調記録	38	ラン長	65	測光量	13
密着センサ	104	ラプラシアン	184	走査	7,126
モデルベース符号化	83	ラプラシアン演算	167	走査線	7
モード法	182	ラスタ走査	7	相対画素位置選定符号化	141
文字認識	190	ラチチュード	68	スケルトン	65,184
		連結成分	182	スペクトル軌跡	35
〔N〕		レンズ	11	スペクトル三刺激値曲線	33
ND フィルタ	12	リードソロモン符号	150	ストレージメディア	146
NTSC	128	リニアセンサ	92	シェージング補正	174
流れ画像修正	175	輪郭補償回路	177	主走査	130
ナイキスト周波数	61	輪郭線	64,183		
肉眼	27	離散フーリエ変換	47	〔T〕	
2 次元符号化	141	離散コサイン変換	48	対比効果	31
濃度階調記録	38	立体表示装置	120	帯域幅	127
ノイズ除去	178	録画装置	148	単板方式	100
ノンリニア編集	170	類似度法	191	谷線	65,185
		ルミネセンス	20	単純マトリックス	106
〔O〕		領域分割	181	たたみ込み	50
OCR	190	量子化雑音	78	たたみ込み法	213
OTF	54	量子効率	19	たたみ込み処理	167

テクスチャ	188	チェイン符号化	186	X線蛍光増倍管	207
点広がり関数	53	直線偏光	8	X線テレビ	207
点処理	165	超音波エコー画像		X線透視画像	204
テレビ	5	システム	217	XYZ表色系	34
テレビカメラ	99	超音波診断装置	220		
テレビシステム	125			〔**Y**〕	
蓄積形撮像装置	90	〔**U**〕		予測符号化	81
飛越し走査	126	UCS	37		
特性曲線	68	動き補償予測符号化	82	〔**Z**〕	
特　徴	64			残　像	103
特徴量	187	〔**V**〕		前値予測	82
特徴抽出	181	VCR	153	磁気共鳴イメージング	217
トーンカーブ	165	VTR	151	自己相関関数	59
統合サービスディジタル				ジッタ	149
通信網	137	〔**W**〕		造影剤	209
等高線	65	ウィーナ-キンチンの定理	60	像面照度	16
トラッキングサーボ	158	ウィーナスペクトル	60	ジャギー	179
投射形表示装置	119			情報量圧縮	65, 77, 150
追記形DVD	159	〔**X**〕		順次走査	126
チャネルコーディング	150	X線平面検出器	206		

―― 執筆者略歴 ――

昭和29年　東京大学工学部応用物理学科卒業
昭和29年　東芝（マツダ研究所，中央研究所）勤務
昭和41年　工学博士（東北大学）
昭和42年　電気通信大学助教授
昭和48年　電気通信大学教授
平成7年　 電気通信大学名誉教授
　同　年　東京工芸大学教授
平成12年　退職
主要研究　光電変換・テレビジョン・撮像管・画像
　　　　　処理・画質等の研究

新版 画像工学
Image Science and Technology (New Edition)
　　　　　Ⓒ 社団法人 電子情報通信学会　2006

昭和58年10月10日　初版第1刷発行
平成2年3月30日　　初版第5刷発行
平成3年1月25日　　改訂版第1刷発行
平成14年9月25日　 改訂版第11刷発行
平成18年12月25日　新版第1刷発行
平成21年5月25日　 新版第2刷発行

検 印 省 略

編　者　　（社）電子情報通信学会
執筆者　　長　谷　川　　伸
　　　　　 は　せ　がわ　　しん
発行者　　牛　来　辰　巳

112-0011　東京都文京区千石4-46-10
発行所　株式会社　コロナ社
CORONA PUBLISHING CO., LTD.
Tokyo Japan　　Printed in Japan
振替 00140-8-14844　電話 (03) 3941-3131 (代)

ホームページ http://www.coronasha.co.jp

ISBN 978-4-339-00069-6

印刷：三美印刷（株）／製本：染野製本所

本書の内容の一部あるいは全部を無断で複
写複製（コピー）することは，法律で認め
られた場合を除き，著作者および出版社の
権利の侵害となりますので，その場合には
あらかじめ小社あて許諾を求めて下さい。

電子情報通信学会 大学シリーズ

(各巻A5判，欠番は品切です)

■(社)電子情報通信学会編

配本順			頁	定価
A-1	(40回)	応用代数	伊藤 理正 重悟 夫 共著	242	3150円
A-2	(38回)	応用解析	堀内和夫著	340	4305円
A-3	(10回)	応用ベクトル解析	宮崎保光著	234	3045円
A-4	(5回)	数値計算法	戸川隼人著	196	2520円
A-5	(33回)	情報数学	廣瀬健著	254	3045円
A-6	(7回)	応用確率論	砂原善文著	220	2625円
B-1	(57回)	改訂電磁理論	熊谷信昭著	340	4305円
B-2	(46回)	改訂電磁気計測	菅野允著	232	2940円
B-3	(56回)	電子計測(改訂版)	都築泰雄著	214	2730円
C-1	(34回)	回路基礎論	岸源也著	290	3465円
C-2	(6回)	回路の応答	武部幹著	220	2835円
C-3	(11回)	回路の合成	古賀利郎著	220	2835円
C-4	(41回)	基礎アナログ電子回路	平野浩太郎著	236	3045円
C-5	(51回)	アナログ集積電子回路	柳沢健著	224	2835円
C-6	(42回)	パルス回路	内山明彦著	186	2415円
D-2	(26回)	固体電子工学	佐々木昭夫著	238	3045円
D-3	(1回)	電子物性	大坂之雄著	180	2205円
D-4	(23回)	物質の構造	高橋清著	238	3045円
D-5	(58回)	光・電磁物性	多田邦雄 松本俊 共著	232	2940円
D-6	(13回)	電子材料・部品と計測	川端昭著	248	3150円
D-7	(21回)	電子デバイスプロセス	西永頌著	202	2625円
E-1	(18回)	半導体デバイス	古川静二郎著	248	3150円
E-2	(27回)	電子管・超高周波デバイス	柴田幸男著	234	3045円
E-3	(48回)	センサデバイス	浜川圭弘著	200	2520円
E-4	(36回)	光デバイス	末松安晴著	202	2625円
E-5	(53回)	半導体集積回路	菅野卓雄著	164	2100円
F-1	(50回)	通信工学通論	畔柳功芳 塩谷光 共著	280	3570円
F-2	(20回)	伝送回路	辻井重男著	186	2415円

記号	書名	著者	頁	価格
F-4 (30回)	通信方式	平松啓二著	248	3150円
F-5 (12回)	通信伝送工学	丸林 元著	232	2940円
F-7 (8回)	通信網工学	秋山 稔著	252	3255円
F-8 (24回)	電磁波工学	安達三郎著	206	2625円
F-9 (37回)	マイクロ波・ミリ波工学	内藤喜之著	218	2835円
F-10 (17回)	光エレクトロニクス	大越孝敬著	238	3045円
F-11 (32回)	応用電波工学	池上文夫著	218	2835円
F-12 (19回)	音響工学	城戸健一著	196	2520円
G-1 (4回)	情報理論	磯道義典著	184	2415円
G-2 (35回)	スイッチング回路理論	当麻喜弘著	208	2625円
G-3 (16回)	ディジタル回路	斉藤忠夫著	218	2835円
G-4 (54回)	データ構造とアルゴリズム	藤原信男・西原清一 共著	232	2940円
H-1 (14回)	プログラミング	有田五次郎著	234	2205円
H-2 (39回)	情報処理と電子計算機（「情報処理通論」改題新版）	有澤 誠著	178	2310円
H-3 (47回)	電子計算機 I ―基礎編―	相磯秀夫・松下 温 共著	184	2415円
H-4 (55回)	改訂 電子計算機 II ―構成と制御―	飯塚 肇著	258	3255円
H-5 (31回)	計算機方式	高橋義造著	234	3045円
H-7 (28回)	オペレーティングシステム論	池田克夫著	206	2625円
I-3 (49回)	シミュレーション	中西俊男著	216	2730円
I-4 (22回)	パターン情報処理	長尾 真著	200	2400円
J-1 (52回)	電気エネルギー工学	鬼頭幸生著	312	3990円
J-3 (3回)	信頼性工学	菅野文友著	200	2520円
J-4 (29回)	生体工学	斎藤正男著	244	3150円
J-5 (59回)	新版 画像工学	長谷川 伸著	254	3255円

以下続刊

- C-7 制御理論
- F-3 信号理論
- G-5 形式言語とオートマトン
- J-2 電気機器通論
- D-1 量子力学
- F-6 交換工学
- G-6 計算とアルゴリズム

定価は本体価格+税5％です。
定価は変更されることがありますのでご了承下さい。

図書目録進呈◆

電子情報通信レクチャーシリーズ

■(社)電子情報通信学会編　　　（各巻B5判）

白ヌキ数字は配本順を表します。

			頁	定価
⑭ A-2	電子情報通信技術史 ―おもに日本を中心としたマイルストーン―	「技術と歴史」研究会編	276	4935円
⑥ A-5	情報リテラシーとプレゼンテーション	青木 由直著	216	3570円
⑲ A-7	情報通信ネットワーク	水澤 純一著	192	3150円
⑨ B-6	オートマトン・言語と計算理論	岩間 一雄著	186	3150円
① B-10	電 磁 気 学	後藤 尚久著	186	3045円
⑳ B-11	基礎電子物性工学―量子力学の基本と応用―	阿部 正紀著	154	2835円
④ B-12	波 動 解 析 基 礎	小柴 正則著	162	2730円
② B-13	電 磁 気 計 測	岩﨑　俊著	182	3045円
⑬ C-1	情報・符号・暗号の理論	今井 秀樹著	220	3675円
㉑ C-4	数 理 計 画 法	山下・福島共著	192	3150円
⑰ C-6	インターネット工学	後藤・外山共著	162	2940円
③ C-7	画像・メディア工学	吹抜 敬彦著	182	3045円
⑪ C-9	コンピュータアーキテクチャ	坂井 修一著	158	2835円
⑧ C-15	光・電磁波工学	鹿子嶋 憲一著	200	3465円
㉒ D-3	非 線 形 理 論	香田　徹著	208	3780円
㉓ D-5	モバイルコミュニケーション	中川・大槻共著	176	3150円
⑫ D-8	現代暗号の基礎数理	黒澤・尾形共著	198	3255円
⑱ D-11	結 像 光 学 の 基 礎	本田 捷夫著	174	3150円
⑤ D-14	並 列 分 散 処 理	谷口 秀夫著	148	2415円
⑯ D-17	VLSI工学―基礎・設計編―	岩田　穆著	182	3255円
⑩ D-18	超高速エレクトロニクス	中村・三島共著	158	2730円
㉔ D-23	バ イ オ 情 報 学 ―パーソナルゲノム解析から生体シミュレーションまで―	小長谷 明彦著	172	3150円
⑦ D-24	脳 工 学	武田 常広著	240	3990円
⑮ D-27	VLSI工学―製造プロセス編―	角南 英夫著	204	3465円

以下続刊

共通

A-1	電子情報通信と産業	西村 吉雄著
A-3	情報社会と倫理	辻井 重男著
A-4	メディアと人間	原島・北川共著
A-6	コンピュータと情報処理	村岡 洋一著
A-8	マイクロエレクトロニクス	亀山 充隆著
A-9	電子物性とデバイス	益　一哉著

基礎

B-1	電気電子基礎数学	大石 進一著
B-2	基礎電気回路	篠田 庄司著
B-3	信号とシステム	荒井　薫著
B-4	確率過程と信号処理	酒井 英昭著
B-5	論 理 回 路	安浦 寛人著
B-7	コンピュータプログラミング	富樫　敦著
B-8	データ構造とアルゴリズム	今井　浩著
B-9	ネットワーク工学	仙石・田村・中野共著

基盤

C-2	ディジタル信号処理	西原 明法著
C-3	電 子 回 路	関根 慶太郎著
C-5	通信システム工学	三木 哲也著
C-8	音声・言語処理	広瀬 啓吉著
C-10	オペレーティングシステム	徳田 英幸著
C-11	ソフトウェア基礎	外山 芳人著
C-12	データベース	田中 克己著
C-13	集 積 回 路 設 計	浅田 邦博著
C-14	電子デバイス工学	和保 孝夫著
C-16	電 子 物 性 工 学	奥村 次徳著

展開

D-1	量子情報工学	山崎 浩一著
D-2	複 雑 性 科 学	松本　隆編著
D-4	ソフトコンピューティング	山川・堀köp共著
D-6	モバイルコンピューティング	中島 達夫著
D-9	デ ー タ 圧 縮	谷本 正幸著
D-10	ソフトウェアエージェント	西田 豊明著
D-12	ヒューマンインタフェース	西田・加藤共著
D-13	コンピュータグラフィックス	山本　強著
D-15	自然言語処理	松本 裕治著
D-16	電波システム工学	唐沢 好男著
D-19	電磁環境工学	徳田 正満著
D-20	量子効果エレクトロニクス	荒川 泰彦著
D-21	先端マイクロエレクトロニクス	大津 元一著
D-22	ゲノム情報処理	小柳・田中共著
D-25	生 体・福 祉 工 学	高木・小池編著
D-26	医 用 工 学	伊福部 達著
		菊地 眞編著

定価は本体価格+税5％です。
定価は変更されることがありますのでご了承下さい。

図書目録進呈◆